JN418813

# Periodic Table of the Elements

- Metals (main-group)
- Metals (transition)
- Metals (inner transition)
- Metalloids
- Nonmetals

| Period | MAIN–GROUP ELEMENTS 1A (1) | 2A (2) | TRANSITION ELEMENTS 3B (3) | 4B (4) | 5B (5) | 6B (6) | 7B (7) | 8B (8) | 8B (9) | 8B (10) | 1B (11) | 2B (12) | MAIN–GROUP ELEMENTS 3A (13) | 4A (14) | 5A (15) | 6A (16) | 7A (17) | 8A (18) |
|---|---|---|---|---|---|---|---|---|---|---|---|---|---|---|---|---|---|---|
| 1 | 1<br>**H**<br>1.008 | | | | | | | | | | | | | | | | | 2<br>**He**<br>4.003 |
| 2 | 3<br>**Li**<br>6.941 | 4<br>**Be**<br>9.012 | | | | | | | | | | | 5<br>**B**<br>10.81 | 6<br>**C**<br>12.01 | 7<br>**N**<br>14.01 | 8<br>**O**<br>16.00 | 9<br>**F**<br>19.00 | 10<br>**Ne**<br>20.18 |
| 3 | 11<br>**Na**<br>22.99 | 12<br>**Mg**<br>24.31 | | | | | | | | | | | 13<br>**Al**<br>26.98 | 14<br>**Si**<br>28.09 | 15<br>**P**<br>30.97 | 16<br>**S**<br>32.07 | 17<br>**Cl**<br>35.45 | 18<br>**Ar**<br>39.95 |
| 4 | 19<br>**K**<br>39.10 | 20<br>**Ca**<br>40.08 | 21<br>**Sc**<br>44.96 | 22<br>**Ti**<br>47.88 | 23<br>**V**<br>50.94 | 24<br>**Cr**<br>52.00 | 25<br>**Mn**<br>54.94 | 26<br>**Fe**<br>55.85 | 27<br>**Co**<br>58.93 | 28<br>**Ni**<br>58.69 | 29<br>**Cu**<br>63.55 | 30<br>**Zn**<br>65.41 | 31<br>**Ga**<br>69.72 | 32<br>**Ge**<br>72.61 | 33<br>**As**<br>74.92 | 34<br>**Se**<br>78.96 | 35<br>**Br**<br>79.90 | 36<br>**Kr**<br>83.80 |
| 5 | 37<br>**Rb**<br>85.47 | 38<br>**Sr**<br>87.62 | 39<br>**Y**<br>88.91 | 40<br>**Zr**<br>91.22 | 41<br>**Nb**<br>92.91 | 42<br>**Mo**<br>95.94 | 43<br>**Tc**<br>(98) | 44<br>**Ru**<br>101.1 | 45<br>**Rh**<br>102.9 | 46<br>**Pd**<br>106.4 | 47<br>**Ag**<br>107.9 | 48<br>**Cd**<br>112.4 | 49<br>**In**<br>114.8 | 50<br>**Sn**<br>118.7 | 51<br>**Sb**<br>121.8 | 52<br>**Te**<br>127.6 | 53<br>**I**<br>126.9 | 54<br>**Xe**<br>131.3 |
| 6 | 55<br>**Cs**<br>132.9 | 56<br>**Ba**<br>137.3 | 57<br>**La**<br>138.9 | 72<br>**Hf**<br>178.5 | 73<br>**Ta**<br>180.9 | 74<br>**W**<br>183.9 | 75<br>**Re**<br>186.2 | 76<br>**Os**<br>190.2 | 77<br>**Ir**<br>192.2 | 78<br>**Pt**<br>195.1 | 79<br>**Au**<br>197.0 | 80<br>**Hg**<br>200.6 | 81<br>**Tl**<br>204.4 | 82<br>**Pb**<br>207.2 | 83<br>**Bi**<br>209.0 | 84<br>**Po**<br>(209) | 85<br>**At**<br>(210) | 86<br>**Rn**<br>(222) |
| 7 | 87<br>**Fr**<br>(223) | 88<br>**Ra**<br>(226) | 89<br>**Ac**<br>(227) | 104<br>**Rf**<br>(263) | 105<br>**Db**<br>(262) | 106<br>**Sg**<br>(266) | 107<br>**Bh**<br>(267) | 108<br>**Hs**<br>(277) | 109<br>**Mt**<br>(268) | 110<br>**Ds**<br>(281) | 111<br>**Rg**<br>(272) | 112<br><br>(285) | 113<br><br>(284) | 114<br><br>(289) | 115<br><br>(288) | 116<br><br>(292) | | |

As of late 2007, elements 112 through 116 have not been named.

INNER TRANSITION ELEMENTS

| Period | | | | | | | | | | | | | | | |
|---|---|---|---|---|---|---|---|---|---|---|---|---|---|---|---|
| 6 | Lanthanides | 58<br>**Ce**<br>140.1 | 59<br>**Pr**<br>140.9 | 60<br>**Nd**<br>144.2 | 61<br>**Pm**<br>(145) | 62<br>**Sm**<br>150.4 | 63<br>**Eu**<br>152.0 | 64<br>**Gd**<br>157.3 | 65<br>**Tb**<br>158.9 | 66<br>**Dy**<br>162.5 | 67<br>**Ho**<br>164.9 | 68<br>**Er**<br>167.3 | 69<br>**Tm**<br>168.9 | 70<br>**Yb**<br>173.0 | 71<br>**Lu**<br>175.0 |
| 7 | Actinides | 90<br>**Th**<br>232.0 | 91<br>**Pa**<br>(231) | 92<br>**U**<br>238.0 | 93<br>**Np**<br>(237) | 94<br>**Pu**<br>(242) | 95<br>**Am**<br>(243) | 96<br>**Cm**<br>(247) | 97<br>**Bk**<br>(247) | 98<br>**Cf**<br>(251) | 99<br>**Es**<br>(252) | 100<br>**Fm**<br>(257) | 101<br>**Md**<br>(258) | 102<br>**No**<br>(259) | 103<br>**Lr**<br>(260) |

# 무기화학강의

| 이 승 희 지음 |

INORGANIC CHEMISTRY

# 머리말

무기화학은 과거의 연금술에서 시작하여 유기물이 아닌 모든 화합물을 다루는 화학의 한 분야로 발전하였고 주기율표 상에 나타나는 모든 원소의 화합물에 대해 관여한다고 해도 무방하다. 다양한 원소들로 이루어진 화합물이 계속 합성되고, 알려진 화합물을 이용한 신소재가 연구되고 있으며 앞으로의 발전 가능성 또한 무한하다고 하겠다. 기초화학의 한 분야로서의 무기화학은 학계간 연구가 성행하는 무기화학은 촉매화학과 촉매공학, 의약 분야의 생무기화학, 반도체나 나노 과학의 무기 신소재 등으로 분화하고 있다.

이 책에서는 물질의 특성과 화합물의 반응성을 예측할 수 있는 능력을 키우기 위해 2장에서는 원자와 분자의 구조 및 결합이론을 간단히 복습하고, 3장에서는 화학 반응의 주된 형식인 산/염기 반응과 산화/환원 반응을 살펴보았다. 4장에서는 무기 고체 화합물의 특성을 좌우하는 고체 결정 구조에 대해 5장의 배위화학에서는 전이금속 화합물의 결합이론에 대해 6장에서는 배위화합물 중 유기금속 화합물의 종류와 반응성에 대해 살펴보았다. 6장의 끝절과 7장에서는 각각 촉매반응과 생무기화학을 다루어 배위화학의 응용분야와 활용범위를 소개하였다.

이 책은 화학을 전공하지 않는 학생들에게 무기화학을 단기간 강의할 수 있도록 또는 혼자서 자습할 수 있도록 기존의 화학과 학생들을 대상으로 하는 교재보다 학습의 양을 대폭 줄였다. 만일 대학화학에서 원자와 분자에 대한 기초 지식을 가지고 있는 경우 2장을 학습하지 않아도 무방하다. 공과대학에서 추진 중인 공학교육인증(ABEEK)은 실무적인 공학교육을 강조하므로 많은 기초과학의 교육이 약화된 것은 어쩔 수 없는 현실이다. 공학을 공부하거나 의학을 공부하는 학생들이 단기간에 무기화학을 학습하여야 하는 경우를 위하여 양자화학의 최소 개념으로 원자구조와 분자 결합을 설명하려 노력하였다. 본인의 강의 경험을 바탕으로 공학도에게 꼭 필요하다고 생각되는 부분만을 모아 단학기용 무기화학 교재로 개발하였으므로 그 내용이 미약할 수 있을 것이라 본다. 그러나 짧은 시간에 무기화학을 학습해야 하는 학생들에게 도움이 되길 바라며, 부족한 점에 대해 많은 조언을 부탁드린다. 이 책이 나올 수 있도록 격려해 주신 학과 동료 교수님들께 감사드린다.

2009년 조치원에서

# 차례


## 제1장 무기화학이란? / 9

1.1 무기화학의 역사 ······ 9

1.2 무기화학의 범위 ······ 9

1.3 무기화학의 연구분야 ······ 10

## 제2장 원자와 분자 / 15

2.1 원자의 구조 ······ 15

2.1.1 양자 역학의 원리 ······ 16

2.1.2 원자 궤도 ······ 21

2.1.3 전자 배치 ······ 28

2.1.4 유효핵전하($Z_{eff}$) ······ 31

2.1.5 원자반경, 이온반경 ······ 32

2.1.6 이온화에너지(Ionization energy) ······ 35

2.1.7 전자친화도(Electron affinity) ······ 37

2.2 분자 내 원자 간 결합 ······ 39

2.2.1 Lewis 구조 ······ 39

2.2.2 VSEPR 모델(원자가 전자쌍 반발 모델) ······ 43

2.2.3 혼성궤도(Hybridization) ······ 45

2.2.4 분자궤도 함수(Molecular Orbital) ······ 50

2.2.5 원자 간 결합의 세기 ······ 58

2.3 분자 간 결합 ······ 59

## 제3장 분자간 반응 / 63

3.1 산·염기 반응 ······ 63
3.1.1 정의 ······ 63
3.1.2 산의 세기 ······ 65
3.1.3 용매의 평준화 ······ 69
3.1.4 금속과 비금속의 산화물 ······ 70
3.1.5 Lewis Acidity ······ 72
3.2 산화(Oxidation)와 환원(Reduction) 반응 ······ 77
3.2.1 산화, 환원이란 ······ 77
3.2.2 산화, 환원 반응식 ······ 78
3.2.3 불균등화 반응(Disproportionation) ······ 80
3.2.4 환원 기전력(Reduction potential) ······ 80
3.2.5 열역학적 이해 ······ 83
3.2.6 수용액 중에서의 안정도 ······ 84
3.2.7 환원 기전력의 다이어그램 ······ 87

## 제4장 고체상의 무기화합물 / 95

4.1 결정의 구조 ······ 95
4.2 합금(Alloy) ······ 102
4.3 이원소 결정의 구조 ······ 104
4.3.1 조밀 쌓임 구조 내의 공간 ······ 104
4.3.2 기본적인 이온 결정 구조 ······ 105
4.3.3 삼원소 결정 구조 ······ 109
4.4 이온 반경과 배위수 ······ 111
4.5 고체결정의 열역학 ······ 112
4.5.1 격자 엔탈피(Lattice enthalpy) ······ 113
4.5.2 Madelung 상수 ······ 114

4.6 격자엔탈피의 의미 ········· 116
4.6.1 용해도 ········· 116
4.6.2 열분해 ········· 117
4.7 띠이론(Band Theory) ········· 118

## 제5장 배위화합물 / 123

5.1 배위화합물의 구조 ········· 123
5.1.1 Lewis acid로서의 금속 원자 ········· 125
5.1.2 배위 화합물의 가능한 구조 ········· 126
5.1.3 가능한 리간드 ········· 128
5.1.4. 배위화합물의 이성질체 ········· 131
5.1.5 명명법 ········· 135
5.2 결정장 이론(Crystal Field Theory) ········· 139
5.2.1 팔면체 구조 ········· 139
5.2.2 사면체 구조 ········· 146
5.2.3 Jahn-Teller 뒤틀림 ········· 149
5.2.4 평면사각형 구조 ········· 151
5.3 분자궤도함수 ········· 152
5.3.1 금속과 리간드들이 $\sigma$ 결합을 이룰 수 있는 경우 ········· 152
5.3.2 금속과 리간드들이 $\pi$ 결합을 이룰 수 있는 경우 ········· 155
5.4 배위화합물의 반응성 ········· 161
5.4.1 팔면체 화합물의 치환반응 ········· 161
5.4.2 평면 사각형 화합물의 치환반응 ········· 165
5.4.3 산화·환원 반응 ········· 168
5.5.4 Alkyl 이동(alkyl migration) 또는 CO 삽입(CO insertion) 반응 ········· 169
5.4.5 산화·첨가 반응(Oxidative addition) ········· 170
5.4.6 $\beta$-수소 제거 반응($\beta$-hydrogen elimination) ········· 172
5.5 배위화합물의 안정성 ········· 173

## 제6장 유기 금속 화합물 / 177

6.1 명명법 ········· 177
6.2 산화수와 형식전하 ········· 178
6.3 18개 전자 규칙(18-electron rule) ········· 179
6.4 유기금속 착화합물의 리간드 ········· 182
6.5 촉매 반응 ········· 188

## 제7장 생무기화학 / 195

7.1 생체 내에서 금속 원소들의 역할 ········· 196
7.2 산소 운반체 ········· 198
7.3 Fe의 운반과 저장 ········· 200
7.4 철의 산화·환원 반응 ········· 201
7.5 비타민 $B_{12}$ ········· 202
7.6 탄산 탈수 효소(Carbonic anhydrase) ········· 204
7.7 의약 화학에서 사용되는 착화합물 ········· 206
  7.7.1 항암제 ········· 206

▶ 찾아보기 ········· 207

# 제1장 무기화학이란?

## 1.1 무기화학의 역사

연금술이 존재하기 이전부터 화학 반응은 생활 속에서 이용되고 있었다. 청동기 시대에 석탄불을 이용하여 광석으로부터 구리 금속을 환원시켜 얻어냈고 은, 주석, 납 등은 기원전 3000년부터 알려져 있었다. 연금술은 중국과 이집트 등지에서 활발히 행해지고 있었으며 그 주요 목적은 보통의 금속을 금으로 변화시키는 것이었다. 아랍과 유럽으로 넘어간 연금술이 17세기에 들어서 강산과 염의 개념을 바탕으로 화학반응에 대한 지식이 쌓여지게 되었다.

19세기에 들어 원자와 분자의 개념이 정립되면서 Mendeleev와 Meyer가 주기율표를 만들게 되고, 20세기에 들어서 원자론과 양자화학이 발전되었다. 산업혁명이 진행되는 동안 무기화학은 암모니아, 질산, 황산, 가성소다 등의 무기물 대량 생산에 주로 관심을 가졌으나 20세기 초에 배위화학이 등장하여 노벨상을 받은 이후 무기화학은 전이금속 화합물과 유기금속화합물에 대한 연구로 옮겨졌다.

## 1.2 무기화학의 범위

'무기화학'이란 원래 '무생물 화학'을 뜻하여 금속이나 원광을 다루는 방법 등을 논하였었다. 그러나 이런 것들은 현재 광물학(mineralogy)이나 지질학(geology)에서 다루고 있다.

무기화학은 유기화학의 경계부터 물질의 물리적 성질 및 정량적 성질을 연구하는 물리화학의 경계까지 포함하는 것으로, 주기율표(그림 1.1)상에 있는 모든 원소에 관심을 갖는다. 따라서 유기화학에서 다루는 분자 물질 뿐만 아니라 기체 상태, 고체 상태, 공기에 민감한 것, 수용성인 것, 극성용매에 녹는 것, 또는 그렇지 않는 것 등 유기화학보다 여러 종류의 물질을 다룬다. 유기화합물이 탄소를 포함하는 화합물을 일컫는다면 무기화합물은 유기화합물 이외의 모든 화합물을 말하며 화합물의 반응성이나 물성은 화합물의 종류만큼이나 다양하다. 즉 연구나 개발 분야가 무한하다고 할 수 있겠다.

| 1 | 2 | 3 | 4 | 5 | 6 | 7 | 8 | 9 | 10 | 11 | 12 | 13 | 14 | 15 | 16 | 17 | 18 |
|---|---|---|---|---|---|---|---|---|---|---|---|---|---|---|---|---|---|
| 1<br>H<br>1.0079 | | | | | | | | | | | | | | | | | 2<br>He<br>4.0026 |
| 3<br>Li<br>6.941 | 4<br>Be<br>9.012 | | | | | | | | | | | 5<br>B<br>10.81 | 6<br>C<br>12.011 | 7<br>N<br>14.0067 | 8<br>O<br>15.9994 | 9<br>F<br>18.9984 | 10<br>Ne<br>20.179 |
| 11<br>Na<br>22.9898 | 12<br>Mg<br>24.305 | | | | | | | | | | | 13<br>Al<br>26.9815 | 14<br>Si<br>28.0855 | 15<br>P<br>30.9738 | 16<br>S<br>32.06 | 17<br>Cl<br>35.453 | 18<br>Ar<br>39.948 |
| 19<br>K<br>39.0983 | 20<br>Ca<br>40.08 | 21<br>Sc<br>44.9559 | 22<br>Ti<br>47.88 | 23<br>V<br>50.9415 | 24<br>Cr<br>51.996 | 25<br>Mn<br>54.9380 | 26<br>Fe<br>55.847 | 27<br>Co<br>58.9332 | 28<br>Ni<br>58.69 | 29<br>Cu<br>63.546 | 30<br>Zn<br>65.39 | 31<br>Ga<br>69.72 | 32<br>Ge<br>72.59 | 33<br>As<br>74.9216 | 34<br>Se<br>78.96 | 35<br>Br<br>79.904 | 36<br>Kr<br>83.30 |
| 37<br>Rb<br>85.4678 | 38<br>Sr<br>87.62 | 39<br>Y<br>88.9059 | 40<br>Zr<br>91.224 | 41<br>Nb<br>92.9064 | 42<br>Mo<br>95.94 | 43<br>Tc<br>(98) | 44<br>Ru<br>101.07 | 45<br>Rh<br>102.906 | 46<br>Pd<br>106.42 | 47<br>Ag<br>107.868 | 48<br>Cd<br>112.41 | 49<br>In<br>114.82 | 50<br>Sn<br>118.71 | 51<br>Sb<br>121.75 | 52<br>Te<br>127.60 | 53<br>I<br>126.905 | 54<br>Xe<br>131.29 |
| 55<br>Cs<br>132.905 | 56<br>Ba<br>137.33 | 57<br>La<br>138.906 | 72<br>Hf<br>178.49 | 73<br>Ta<br>180.948 | 74<br>W<br>183.85 | 75<br>Re<br>186.207 | 76<br>Os<br>190.2 | 77<br>Ir<br>192.22 | 78<br>Pt<br>195.08 | 79<br>Au<br>196.967 | 80<br>Hg<br>200.59 | 81<br>Tl<br>204.383 | 82<br>Pb<br>207.2 | 83<br>Bi<br>208.980 | 84<br>Po<br>(209) | 85<br>At<br>(210) | 86<br>Rn<br>(222) |
| 87<br>Fr<br>(223) | 88<br>Ra<br>226.025 | 89<br>Ac<br>227.028 | 104<br>Unq<br>(261) | 105<br>Unp<br>(262) | 106<br>Unh<br>(263) | 107<br>Uns<br>(262) | | | | | | | | | | | |

| | | | | | | | | | | | | | |
|---|---|---|---|---|---|---|---|---|---|---|---|---|---|
| 58<br>Ce<br>140.12 | 59<br>Pr<br>140.908 | 60<br>Nd<br>144.24 | 61<br>Pm<br>(145) | 62<br>Sm<br>150.36 | 63<br>Eu<br>151.96 | 64<br>Gd<br>157.25 | 65<br>Tb<br>158.925 | 66<br>Dy<br>162.50 | 67<br>Ho<br>162.50 | 68<br>Er<br>167.26 | 69<br>Tm<br>168.934 | 70<br>Yb<br>173.04 | 71<br>Lu<br>174.967 |
| 90<br>Th<br>232.038 | 91<br>Pa<br>231.036 | 92<br>U<br>238.029 | 93<br>Np<br>237.048 | 94<br>Pu<br>(244) | 95<br>Am<br>(243) | 96<br>Cm<br>(247) | 97<br>Bk<br>(247) | 98<br>Cf<br>(251) | 99<br>Es<br>(252) | 100<br>Fm<br>(257) | 101<br>Md<br>(258) | 102<br>No<br>(259) | 103<br>Lr<br>(260) |

〈그림 1.1〉 주기율표

## 1.3 무기화학의 연구분야

무기화학의 연구 분야는 크게 아래와 같이 나눌 수 있다.

- 무기 착화합물(inorganic complex) 또는 유기금속 화합물(organometallic compounds)의 합성 및 반응 메카니즘 연구
- 무기 화합물을 이용한 촉매(inorganic catalysts) 개발
- 생무기화학(bioinorganic chemistry)
- 무기 신소재 개발

금속을 포함하는 화합물을 무기 착화합물(inorganic complex)이라 하는데, 그 중 금속과 탄소가 결합을 이루고 있는 경우 다른 무기 화합물과 구분하여 유기금속 화합물(organometallic complex)이라 한다. 예를 들면 <그림 1.2> (a)의 백금 화합물은 Pt에 탄소가 결합되지 않은 무기 착화합물이며 <그림 1.2> (b)의 Grignard 화합물은 Mg와 탄소 사이에 결합이 이루어져 있으므로 유기금속 화합물이라 분류한다.

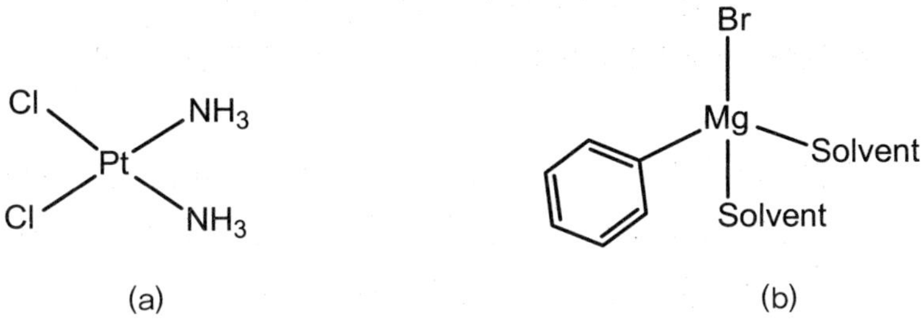

(a) (b)

〈그림 1.2〉 분자 구조: (a) cisplatin, (b) 용액 중의 PhMgBr

촉매로 알려진 착화합물들에는 고분자 화합물 합성에 사용되고 있는 Ziegler-Natta 촉매로 Ti 착화합물이 있으며, 유기화학에서 aryl halide를 치환할 때 사용하는 Friedel-Craft reaction의 Al 촉매화합물을 예로 들 수 있다. 유기합성에서 한 가지 이성질체만을 순수하게 얻는 것, 즉 높은 *ee* 값을 갖는 반응을 얻기 위해 촉매를 개발하는 것 역시 무기화학의 한 분야이다.

학문 분야의 세분화에 이어 학제간 융합 연구가 수행되어지면서 연구하는 관점에 따라 새로운 연구 분야가 생성되었다. 생체 내에서 존재하거나 필수적인 무기 화합물을 연구하는 분야가 생무기화학으로 세분화되었다. 대표적인 예로 헤모글로빈(hemoglobin)을 들 수 있는데, 헤모글로빈 내에 존재하는 헴(heme, 그림 1.3)에는 중심에 Fe 원자가 존재하며, Fe의 산화가가 변하면서 산소와의 결합이 가역적으로 이루어진다는 메카니즘이 규명되었다. 생무기화학 분야에서는 헤모글로빈을 대체할 수 있는 인공 혈액 연구를 수행하는 등 여타 질병 치료를 위한 의약화학 분야도 포함한다. 예를 들면 선천적으로 헤모글로빈을 합성하지 못하는 $\beta$ thalassemia (Cooley's anemia) 환자는 장기 수혈을 해야 하는데, 결과적으로 체내에 누적되는 철분의 독성을 막기 위해 철분 배출을 위한 약품을 개발하는데 기여하기도 한다.

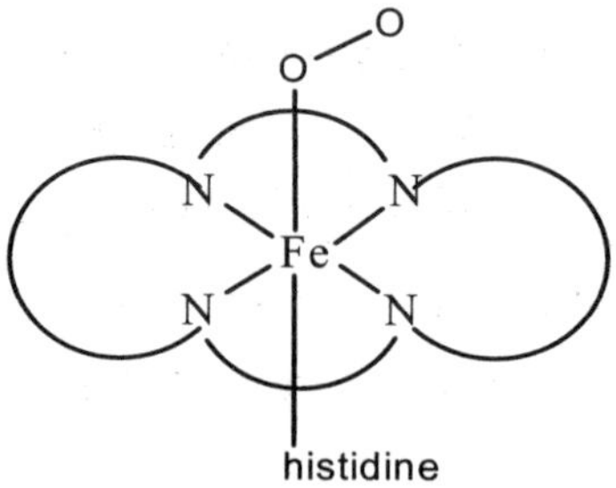

〈그림 1.3〉 Heme 단위체의 간단한 구조
(Fe 주변의 거대고리 화합물은 porphyrin ring을 표현한 것이다.)

무기 신소재분야에서는 촉매의 담채, 초전도 물질(superconducting material), 반도체, 형상 기억합금 등 다양한 소재 창출이 가능하다. 예를 들면 제올라이트(Zeolite)는 자연 중에 존재하는 다공성 암석을 뜻한다. 주성분은 Na, Ca, Si, Al, O, H 이외에도 여러 종류의 무기원소들이 포함되어 있다. 그 구조는 매우 다양하며 한 예가 아래 <그림 1.4>에 보이는 것인데, 크기가 다른 빈 공간을 이용하여 다양한 성질들을 보인다. 제올라이트를 이용한 몇 가지 예를 아래에 들었다.

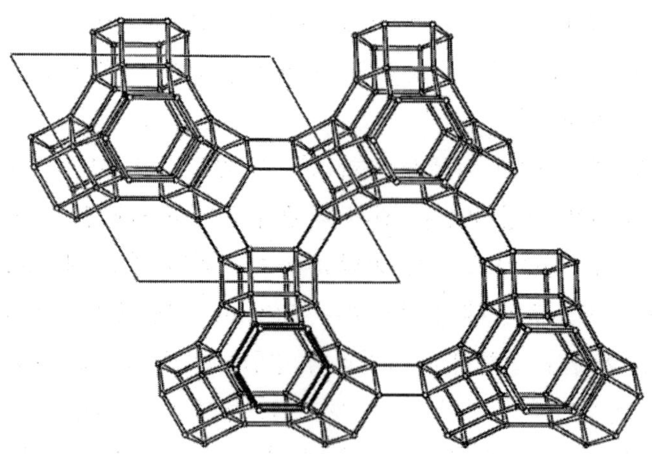

〈그림 1.4〉 6각 고리를 갖는 제올라이트의 구조 예: EMT4,6와 FAM4,6.

(1) 비등석

(2) 물의 연수화: 경수의 $Ca^{2+}$이나 $Mg^{2+}$을 zeolite의 $Na^{+}$과 바꾸어 줌으로써 연수화 할 수 있다. 비누에 zeolite를 첨가하여 경수에서도 비누화 효과를 높이는 역할을 한다.

(3) 분자체(molecular sieves): 천연가스로부터 $H_2O$, $CO_2$ 등의 기체를 분리하거나 용매중의 물 분자를 제거하는 건조제로도 사용될 수 있다.

(4) 촉매: 석유 산업 공정에서 크래킹에 촉매로 사용되기도 하고 ZSM-5 등은 화학 반응의 선택성이나 속도를 조절하는 촉매로 사용되기도 한다.

i ) toluene + $CH_3OH \xrightarrow{ZSM-5}$ xylene (특히 *p*-xylene) <그림 1.5>

ii ) methanol $\xrightarrow{ZSM-5}$ 고옥탄 가솔린

iii ) $6NO_x + 4xNH_3 \xrightarrow{ZSM-5} (3+2x)N_2 + 6xH_2O$

iv ) $2NO \xrightarrow[Zeolite]{Cu(\mathrm{I})/Cu(\mathrm{II})} N_2 + O_2$

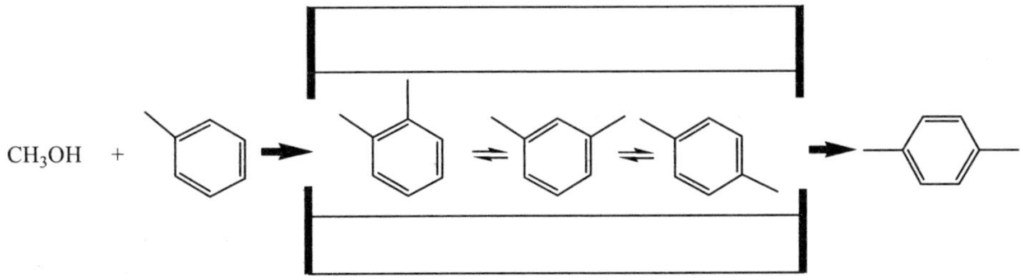

〈그림 1.5〉 ZSM-5를 이용한 톨루엔으로부터 *p*-xylene의 합성 모형

특히 zeoloite는 원하는 형태로 합성이 가능하므로 산업 촉매로 사용될 수 있다.

**Project 1 Zeolite의 모형 만들기**

무기 고체 화합물을 이해하기 위해 분자체 모형을 만들어 보고 그의 구조에 대해 토론한다.

**방법:** 팀을 구성하여 제올라이트의 종류나 구성 재료, 크기 등을 자유롭게 정한다. http://www.iza-structure.org에서 data base로부터 한 가지 씩의 모델을 구성하여 본다. 참고자료를 이용하여 발표 자료를 만든 후 구조와 성질 등에 대해 발표하도록 한다.

**평가:** 모형과 그에 대한 설명(구멍의 크기, 형태, 잡을 수 있는 분자의 종류), 모형의 단단한 정도에 따라 평가한다.

# 제2장 원자와 분자

2장은 물질의 성질을 이해하기 위한 첫 장으로, 물질을 이루는 가장 기본적인 원자로부터 시작한다. 원자의 구조, 원자간 결합에 의해 이루어지는 분자, 분자간 인력에 의해 이루어지는 물질의 순서로 이루어져 있다.

## 2.1 원자의 구조

화합물의 성질을 이해하기 위해 분자를 알아야하며, 분자의 성질을 예측하기 위해서는 그것을 이루고 있는 원자들의 관계를 이해하여야 한다. 본 절의 목표는 원자의 구조를 이해하고 그로부터 주기적인 성향을 예측할 수 있도록 하는 것이다.

알려진 원소들에 대해 Mendeleev는 화학적 성질을 독일의 Meyer는 물리적 성질을 각각 분석하여 주기적인 성향을 정리하였고, 그것이 지금 사용하고 있는 주기율표가 된 것이다. 그 때까지 알려지지 않은 원소들의 자리는 빈 칸으로 두었으나 19세기에 들어 원자 스펙트럼(Atomic spectroscopy)의 도움으로 밝혀지게 되었다.

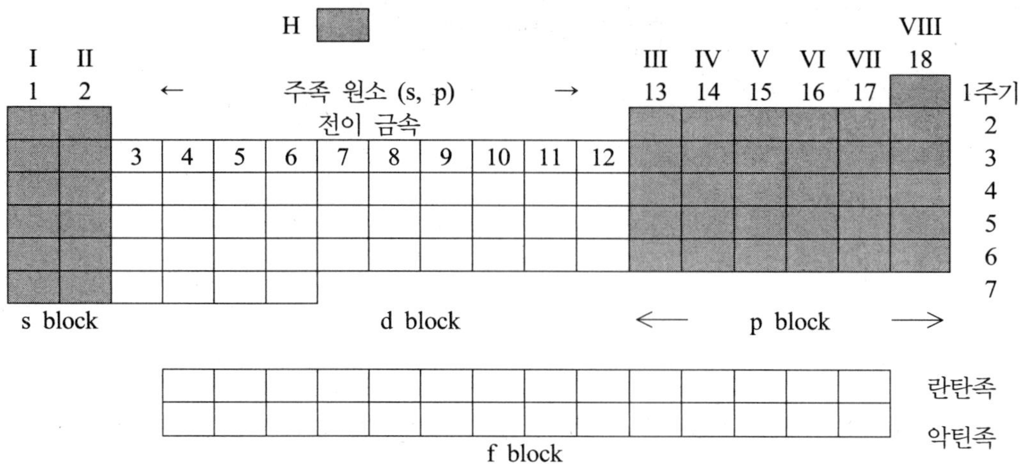


〈그림 2.1〉 주기율표. 색이 칠해진 부분이 주족 원소들이다.

<그림 2.1>에서 보듯이 주기율표는 주기(periods)와 족(group)으로 원소들을 구분하고 있으며, 주족 원소와 d-block 원소(전이 금속)들, f-block 원소(란탄족과 악틴족)들로 세분한다. 족의 번호에 대해서는 여러 가지 방법이 있다.

◎ 주족에 대해 고전적인 번호(I부터 VIII까지)를 매기거나

◎ IUPAC이 추천하는 바 대로 1에서 18까지 연속해서 번호를 매기는 방법이 있다.

f-block 원소들은 란탄족과 악틴족 간에 유사성이 결여되어 숫자를 붙이지 않는다.

## 2.1.1 양자 역학의 원리

### [1] 수소: 전자 1개를 가진 원자

진공관에 소량 존재하는 수소 기체에 과량의 전압(약 5000V)을 걸어주었을 때 <그림 2.2>에서 보이듯이 선으로 스펙트럼이 나타난다. 태양빛은 회절에 의해 연속 스펙트럼을 보이는 데 반해 원자를 방전시켜 얻는 선 스펙트럼의 현상을 Niels Bohr는 수소의 양자화된 에너지 준위들 사이에서 일어나는 전자의 전이에 의한 것으로 설명했다 (scheme 2.1).

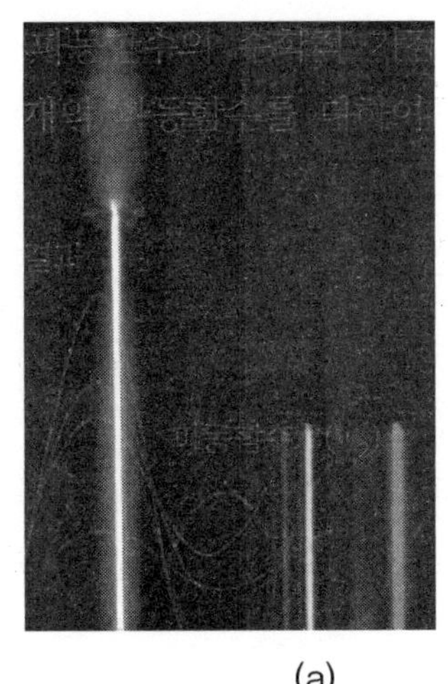

(a)

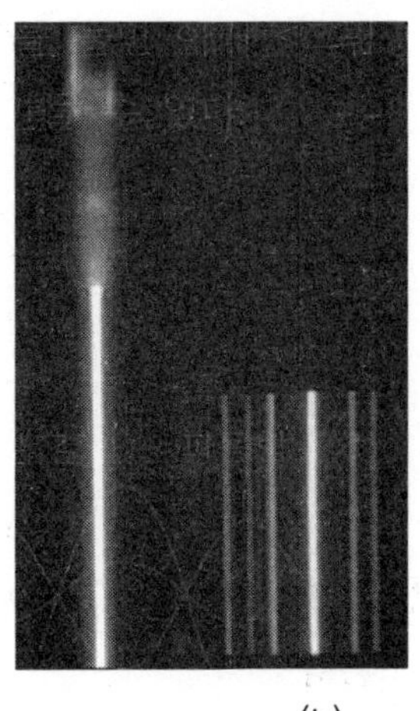

(b)

〈그림 2.2〉 진공관의 기체 분자에 5000V의 전압을 방전시키고 600 선/mm의 회절판으로 회절시킨 후 90° 각도에서 본 선 스펙트럼: (a) 수소 기체, (b) 헬륨 기체.

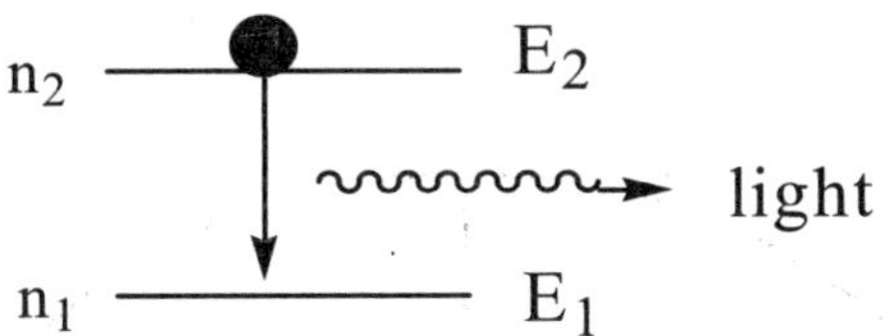


〈Scheme 2.1〉 수소의 전자에 대한 에너지 도식화 그림.

에너지가 바닥상태(ground state, $E_1$)에 있던 수소에 방전에 의한 에너지가 주어지면 들뜬상태(excited state, $E_2$)로 올라갔다가 다시 바닥상태로 떨어지면서 여분의 에너지를 갖는 광자(photon)를 내어놓게 된다. 이것을 Bohr는 전자가 일정한 에너지를 갖는 준위에 존재하기 때문으로 설명하였으며, 이를 '전자가 양자화(quantized)되었다'고 표현한다. 즉 어느 정도 이상의 에너지를 주어야 $E_1$ 상태에 있던 전자가 $E_2$ 상태로 전이할 수 있으며, 그보다 적은 에너지는 아무리 오랜 기간 준다고 하더라도 $E_2$ 상태로의 전이가 불가능하다는 말이다.

$E_2$에서 $E_1$으로 떨어지면서 빛의 형태로 에너지가 방출되면 식 (2.1)에 나타낸 Planck의 가설대로 진동수 $\nu$를 갖는 빛이 방출된다. 이렇게 나타난 선 스펙트럼의 에너지를 식으로 표현하기 위한 시도가 여러 사람에 의해 이루어졌다(그림 2.3). Lyman은 자외선 영역의 빛에 대해, Balmer는 가시광선 영역에 대해, Paschen은 적외선 영역에 대해 정리하였으며, 이를 일반화시킨 것이 식 (2.2)이다. 이 때 사용된 것이 자연수 n이며, 이는 앞서 Bohr가 양자화된 에너지 준위의 개념과 맞는다.

$$E_{photon} = E_2 - E_1 = h\nu \quad (2.1)$$
$(h = 6.626 \times 10^{-34} \mathrm{J \cdot S}$, Planck 상수; $\nu$: 진동수)

$$h\nu = \frac{2\pi^2 me^2}{h^2}\left[\frac{1}{n_1^2} - \frac{1}{n_2^2}\right] = 13.6\left[\frac{1}{n_1^2} - \frac{1}{n_2^2}\right]\ eV \quad (2.2)$$
($n_1$, $n_2$는 자연수, $n_1 < n_2$)

위의 계산식에 따르면 수소 원자에서 전자를 떼어내는 데 드는 에너지의 계산도 가능하다. $n_1=1$에서의 에너지와 $n_2=\infty$의 에너지 간에 차가 그에 해당하는 값이 되며 실험값과도 일치한다.

**(예제 2.1)** 수소 원자의 전자를 떼어내는 데 드는 에너지를 $eV$의 단위로 계산하시오.

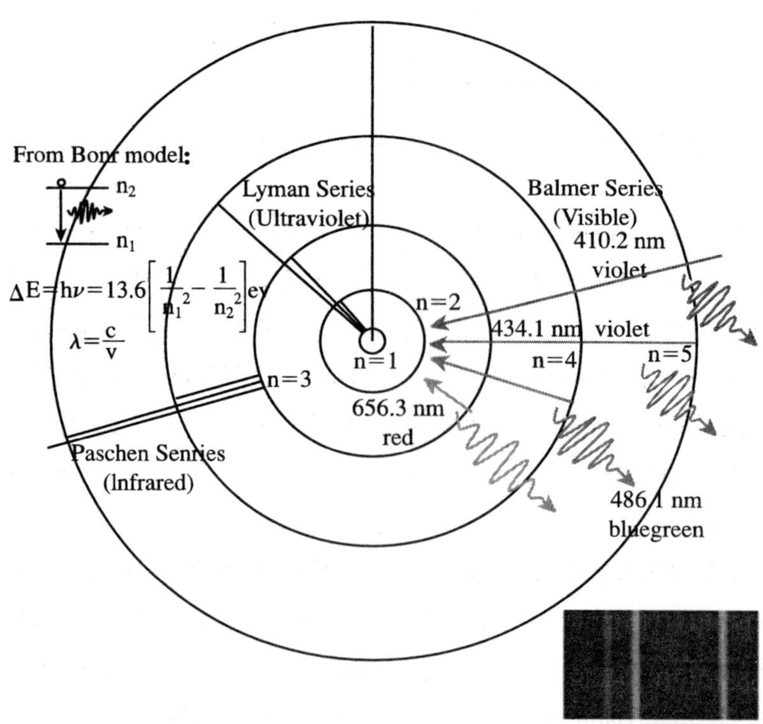


〈그림 2.3〉 Bohr의 모델과 측정된 선 스펙트럼으로부터 계산된 양자수(n)

### [2] 양자 역학(quantum dynamics)

그러나 Bohr의 수식으로는 수소 원자에 대해서만 계산할 수 있었으며, 두 개 이상의 전자를 갖는 원자의 경우는 Bohr의 계산과 다소 달랐다. 이것은 수소 보다 많은 전자를 갖는 원자 내에서는 전자 간 반발이 존재하기 때문으로 본다.

고전 물리학으로 수소 원자 내의 전자 움직임을 설명하면 핵 주변에서 전자가 공전하다가 인력에 의해 핵으로 접근하게 되며, 결국은 핵에 합쳐지게 되는 결과를 얻는다. 따라서 전자가 입자성과 파동성을 모두 갖는다는 것을 이용하여 전자의 운동을 설명하는 양자역학이 등장하고, 1926년에 Schrödinger가 원자 내 전자에 대한 파동함수를 발표하였다: 작은 공간 안에서 강하게 잡혀있는 작은 입자의 경우(원자 내의 전자) 파동성에 의해 그 성질이 좌우된다는 것이다. 이러한 파동성은 거대한 물질의 경우 그 성질에 관여하는 바가 극히 미약하나 미립자의 경우 큰 영향을 미친다.

파동함수( Ψ)는 위치 좌표 x, y, z와 시간 t로 표현되는 수학적인 함수( Ψ(x,y,z,t))로, 그 자체는 입체적인 의미를 갖지 않으나, 매우 작은 공간에서 입자를 발견할 확률은 파동함수의 제곱에 비례한다(식 2.3).

$$P(x,y,z) \propto \Psi(x,y,z,t) \times \Psi(x,y,z,t) = \Psi^2(x,y,z,t) \qquad (2.3)$$

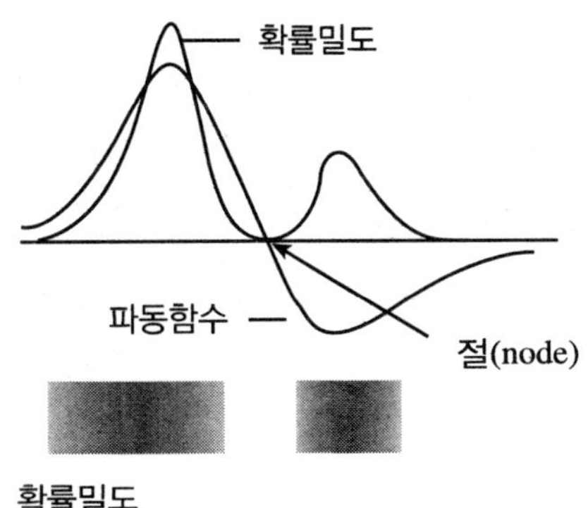


〈그림 2.4〉 파동함수와 그 확률. 확률이 0인 곳이 절(節, node)이다.

<그림 2.4>에서 보듯이 파동함수의 제곱이 확률이므로 확률은 모두 양의 값을 가지며 그 크기는 파동함수의 절대값에 따른다. 즉, $\Psi^2$ 값이 크면 입자를 찾을 확률이 크고, $\Psi^2$의 값이 작으면 입자를 찾을 확률이 작다. 확률이 0인 node(절, 節)에서는 입자를 찾을 확률이 0이 된다.

두 번째의 특징은 확률이므로 주어진 공간에서 입자를 찾을 확률을 합하면 1로 제한된다. 즉 한 쪽에서 찾을 확률이 커지면 다른 쪽에서의 확률은 감소한다.

세 번째의 특징은 파동함수의 수학적 가감승제가 가능하다. 예를 들면 아래 <그림 2.5>에서 보이듯 두 개의 파동함수를 더하여 새로운 파동함수를 만들 수 있다.

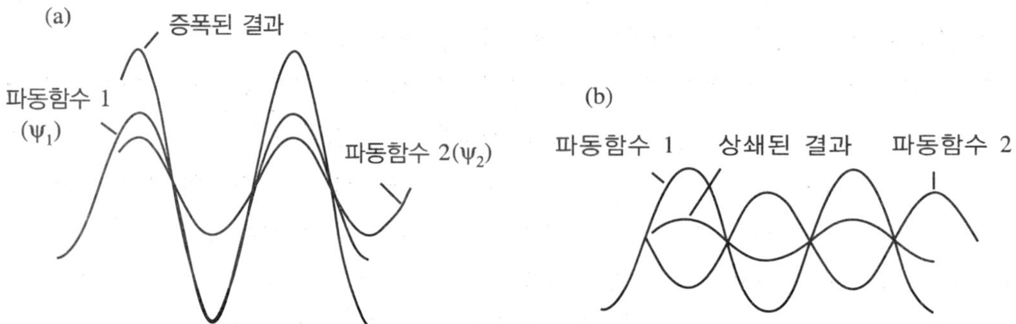


〈그림 2.5〉 같은 영역 내에 존재하는 파동함수들은 서로 간섭한다. (a) 두 개의 함수가 같은 부호를 가지면 파동함수는 증폭하고, (b) 다른 부호를 가지면 파동함수는 상쇄된다.

두 파동함수는 서로 간섭하여 <그림 2.5>(a)의 경우는 같은 부호의 두 파동함수가 합해져 증폭하며, 따라서 확률은 증가한다. 반면 <그림 2.5>(b)는 두 파동함수가 상쇄되어 확률은 감소한다. 두 원자가 근접하여 결합을 이룰 때 이같은 파동함수의 간섭은 중요한 원리가 된다.

네 번째로는 파동함수의 가감승제를 통해 새로운 파동함수를 생성할 때, 사용한 파동함수의 개수와 생성된 파동함수의 개수가 같아야 한다는 것이다. <그림 2.5> (a)와 같이 파동함수 1($\psi_1$)과 파동함수 2($\psi_2$)를 더한 $\psi_1 + \psi_2$의 증폭된 함수와, (b)에서와 같이 $\psi_1$에서 $\psi_2$를 뺀 $\psi_1 - \psi_2$의 함수를 얻는다. 이 함수는 $\psi_1 + (-\psi_2)$와 같으며 $\psi_2$에 -1을 곱한 함수를 더한 것과 같다. 즉, 두 파동함수 $\psi_1$과 $\psi_2$로부터 새로운 함수 2개가 생성된다.

### [3] 불확실성의 원리(Uncertainty Principles)

전자의 움직임을 예상하고 에너지를 예측할 수 있는 근거는 제시하였으나, 전자가 매우 작고 가벼워서 실제 측정하는데 한계가 있다. 전자는 외부에서 자극을 주어 그 반응을 관찰하여야 볼 수 있으나, 이미 외부 자극을 받은 전자는 그 자리에 없고 더 이상 본래의 에너지를 갖지 못한다는 것이 Heisenberg의 불확실성의 원리이다. 즉 달리는 스포츠카의 사진을 찍으려 할 때 사진기의 셔터 시간을 짧게 하면 자동차의 모습은 사진기에 담을 수 있으나 그 배경의 화질이 떨어지며, 선명도를 증가시키기 위해 셔터 시간을 정상으로 하면 자동차의 모습을 담을 수가 없게 된다. 식 (2.4)에서 보이듯 전자의 위치와 그 운동 에너지의 측정 한계가 존재한다.

$$\Delta x \, \Delta p \quad \approx \quad \hbar \tag{2.4}$$

$\Delta x$: 위치 변화량, $\Delta p$: 운동량 변화량, $\hbar = \dfrac{h}{2\pi}$

따라서 원자궤도, 즉 전자의 움직임과 전자의 존재는 확률로 언급할 수 밖에 없다. 원자를 입체적으로 그릴 때 전자를 電子雲으로 그리는 이유가 그것이다.

## 2.1.2 원자 궤도

양성자 1개와 전자 1개를 갖는 가장 간단한 원자인 수소 원자에서 전자가 핵에 의해 정해진 공간에서 운동하고 있다고 보자. 물론 고전물리학으로 해석하면 전자는 양성자에 의해 핵으로 끌려 들어가야 하나 실제로 전자는 외부의 자극이 없는 한 핵 주위에서 무한히 운동하고 있다. 파동함수를 고안한 Schrödinger는 우선 수소의 파동함수를 이해하기 위해 수소 내 전자가 제한된 공간에 갇혀있다고 보았고, 그 운동을 Particle-in-a-Box의 파동함수로부터 계산하였다. Box 내에서의 파동운동은 <그림 2.6>과 같이 도식화할 수 있으며, 제한된 공간에서 파동운동을 계속하기 위해서는 파장이 <그림 2.6>에 보이

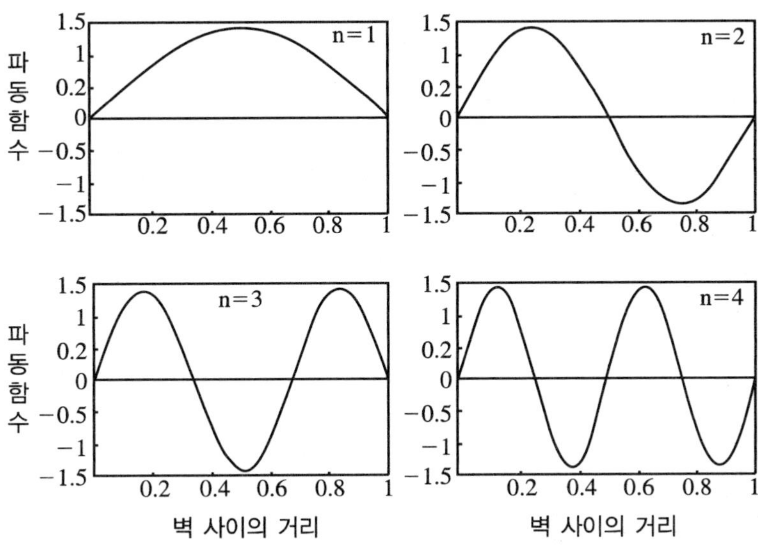


〈그림 2.6〉 Particle-in-a-Box의 파동함수와 양자화된 에너지

는 것과 같이 제한되어야 한다. 즉 파동함수의 값은 box의 벽에 이르렀을 때 0이어야 하므로 파장이 제한된다. 제한된 파장을 갖는 파동함수는 제한된 즉, 양자화된 에너지만을 갖는다. 이러한 제한적인 에너지를 표시하기 위해 인위적인 정수를 사용해야하며, 이를 양자수(quantum number)라 부른다. 양자화된 에너지를 표시하기 위해서는 4 종류의 양자수가 필요하며, 이것으로 전자가 존재하는 상태를 표현하는 원자궤도함수를 나타낸다.

## [1] 양자수

(i) **주양자수(n)**: 전자의 양자화된 에너지를 나타낸다. <그림 2.7>에서 보이듯이 n의 값이 증가하면 주어진 공간에서 진동수가 많아지며 그에 따라 에너지가 증가한다(파동 에너지 ∝ 진동수). 이것의 에너지 준위를 그린 것이 <그림 2.7>이며, 식 (2.5)는 양자화된 에너지는 항상 음의 값을 가짐을 보인다.

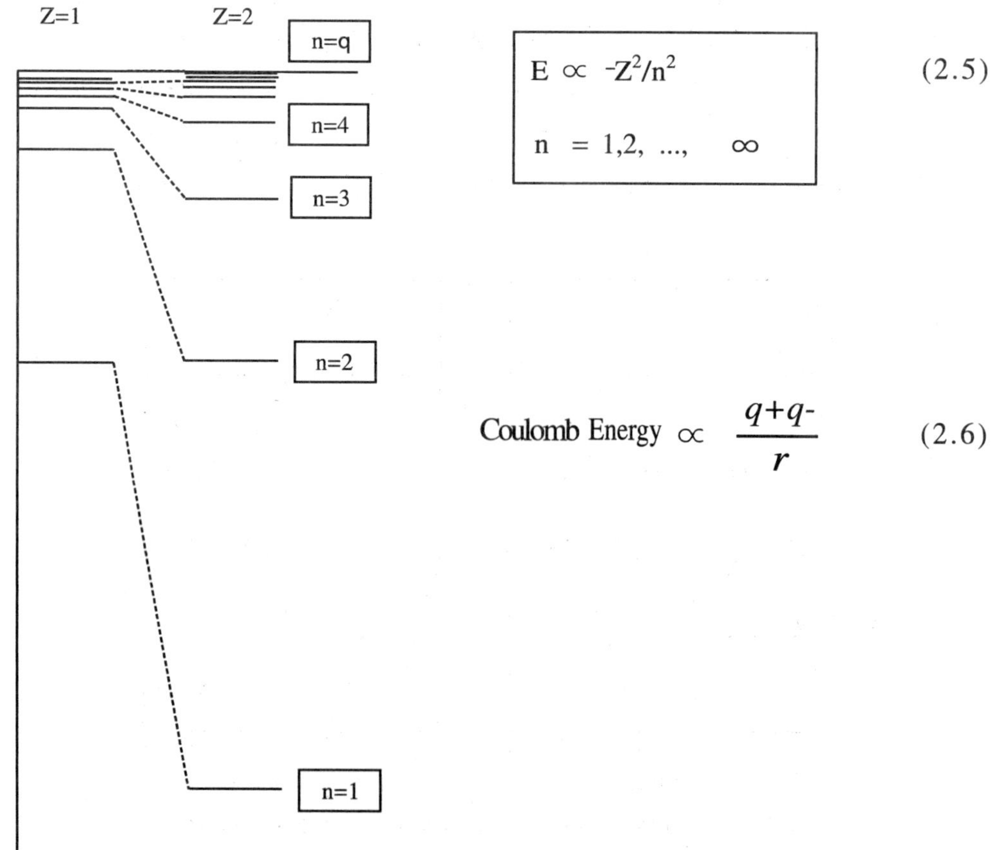


$$E \propto -Z^2/n^2 \qquad n = 1, 2, \ldots, \infty \qquad (2.5)$$

$$\text{Coulomb Energy} \propto \frac{q+q-}{r} \qquad (2.6)$$

〈그림 2.7〉 양자화된 전자의 에너지. Z: 핵의 양성자수. n: 주양자수.

n=∞일 때 에너지가 0이 되는데 이는 핵과 전자와의 인력이 없음을 의미하고, 이는 자유 전자 상태가 됨을 뜻한다. 즉 n의 값이 클수록 핵과 전자간 인력이 약하며, 고전역학에서의 정전기적 에너지(식 2.6)로 해석하면 핵과 전자와의 거리가 멀어짐을 의미한다.

(ii) **부양자수($l$)**: 전자가 핵 주위를 궤도에 따라 원운동하므로 각 양자화된 궤도의 각운동량(angular momentum, 그림 2.8)이 존재한다. 이 때 원운동에 의해 파동이 상쇄되지 않으려면 파동의 주기 역시 제한된다. <그림 2.8> (a)에서 보이는 원운동의 원통을 2차원으로 펴놓았을 때 (b) 또는 (c)와 같은 파동을 그릴 수 있다. (b)와 같이 두 번째 회전에서 파동이 첫 번째 것과 상쇄되지 않아야한다. 따라서 (c)와 같이 전자의 파동운동에서 파장이 제한되며 결과적으로 각운동량이 양자화된다. 이 에너지를 표시하기 위해 새로운 양자수, 부양자수($l$)가 필요하다.

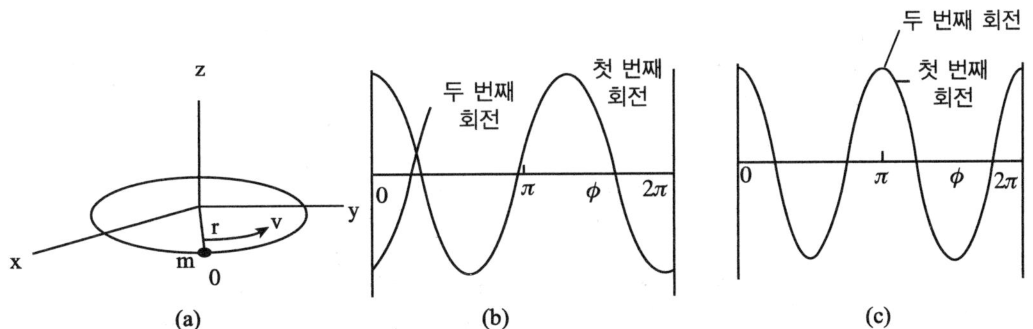


〈그림 2.8〉 전자의 원운동에서 나타나는 파동의 간섭현상. (a) 각 운동량 = mvr (b) 두 파동함수의 상쇄현상, (c) 파동함수가 상쇄되지 않는다.

가능한 $l$ = 0, 1, 2, 3, ⋯, n-1

(iii) **자기양자수($m_l$)**: 각 운동량의 양자화된 방향을 나타내며(그림 2.9), z 축의 값만을 고려한다.

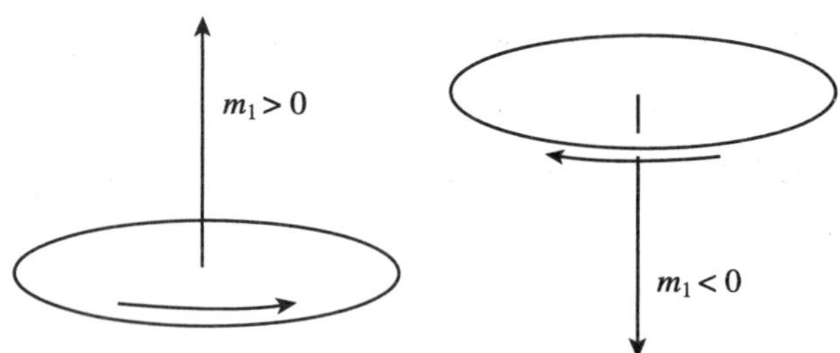


〈그림 2.9〉 전자의 각운동량의 방향에 따라 즉, 파동운동의 방향에 따라 z 축에 나타나는 자기장의 값이 달라진다.

가능한 $m_l$ = $-l$, $-l+1$, $-l+2$, …, 0, …, $l-2$, $l-1$, $l$

$l$=2에 대한 $m_l$은 아래 <그림 2.10>에서 보이듯 z축 상에 나타나는 자기장의 크기와 방향을 달리하는 것으로 구별할 수 있다. $m_l$=-2, -1, 0, 1, 2의 5가지이며, $m_l$=0일 때는 z축상의 자기장이 0인 원운동을 뜻하며 $m_l$=-2, -1일 때와 $m_l$=2, 1일 때는 자기장의 방향이 반대가 된다. 이 에너지는 상온이나 자기장이 걸려 있지 않은 상태에서는 보통 구별되지 않는다.

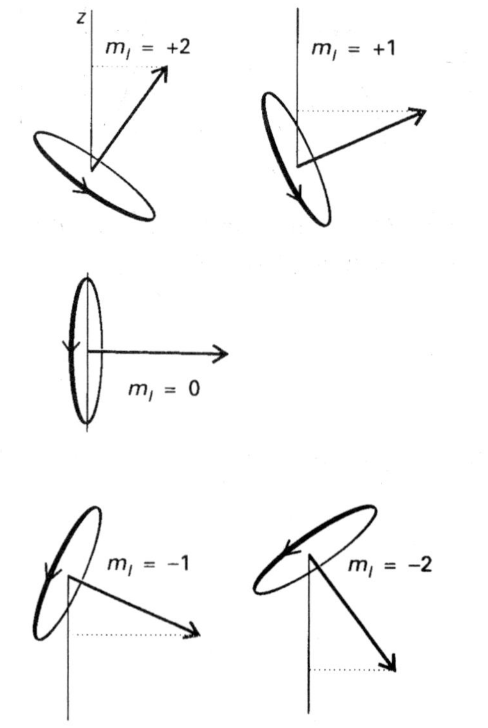


〈그림 2.10〉 $l$ = 2에 대한 $m_l$ 의 가능한 5가지 자기장의 방향

**(iv) 스핀양자수 ($m_s$)**: 전자는 핵 주위를 공전하는 것 외에 자전에 해당하는 스핀도 한다. 그 때 스핀의 방향이 시계방향 또는 그 반대 방향이 되며 전하를 띤 것이 회전하여 생기는 자기장의 방향이 달라지므로 이를 표현하기 위한 양자수가 필요하다. 단 전자의 스핀 축은 <그림 2.11>과 같이 수직방향이 아닌 약 45도의 각도로 기울어져 있으므로 그 값이 정수가 아니다.

가능한 $m_s = +\frac{1}{2}$ or $-\frac{1}{2}$

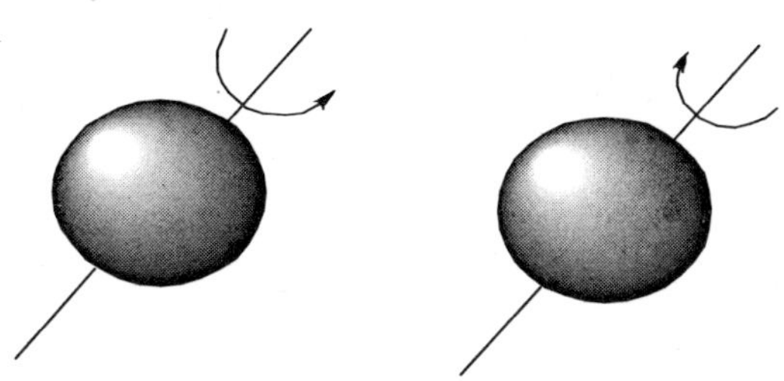

〈그림 2.11〉 전자의 스핀

[2] 原子殼(shells), 부껍질(subshells), 원자궤도(orbitals)

위의 양자수들을 이용하여 파동함수를 계산하고 확률로 표현하여 전자가 존재하는 공간을 3차원적으로 얻은 것이 지금 우리 알고 있는 원자궤도이다.

우선, 주양자수, n이 같으면 같은 에너지를 갖는다. n 값에 따른 원자각(shell)이 존재하며, 이 원자각은 부양자수, $l$의 값에 따라 부껍질(subshell)로 나뉜다. 흔히 n=1일 때 K각, n=2일 때 L각, n=3일 때 M각이라 부른다. 이것이 원자 내 전자의 에너지를 나타낼 뿐만 아니라 원자핵으로부터의 거리도 나타내므로 주기율표상의 주기가 되기도 한다. 따라서 n=1일 때 1주기, n=2일 때 2주기 등으로 표시한다.

앞 양자수에서 언급한 바와 같이 $l$의 가능한 값들은 0, 1, ⋯, n-1로 n의 값에 따라 가능한 수가 제한된다. 흔히 $l$=0일 때를 s(sharp) 궤도함수, $l$=1일 때를 p(principal), $l$=2일 때를 d(disperse), $l$=3일 때를 f(fine) 궤도함수라 부르며, 원자궤도함수의 모양을 결정짓는다. <그림 2.15>에서와 같이 s, p, d의 함수 모양이 각각 다르다.

자기양자수, $m_l$ 역시 $l$의 값에 따라 개수가 달라지는데 $-l$부터 $+l$ 까지 $2l+1$ 개의 양자수를 갖는다. 자기양자수의 개수는 각운동량이 같은 궤도함수가 몇 개나 되는지를 결정짓는다. 즉 같은 에너지(축퇴, degenerate)를 갖는 궤도함수의 개수를 알 수 있다. 예를 들면 $l$=2일 때 가능한 $m_l$은 －2, －1, 0, 1, 2로 5개이다. 따라서 d-궤도함수는 5개임을 알 수 있다.

이같이 양자수들에 의해 결정지어지는 궤도함수의 종류와 이름을 아래 <표 2.1>에 보였다.

〈표 2.1〉 양자수들과 궤도함수

| 주양자수(n) | 부양자수($l$) | 자기양자수($m_l$) | 궤도함수(개수) |
|---|---|---|---|
| 1 | 0 | 0 | 1s (1) |
| 2 | 0 | 0 | 2s (1) |
| | 1 | −1, 0, 1 | 2p (3) |
| 3 | 0 | 0 | 3s (1) |
| | 1 | −1, 0, 1 | 3p (3) |
| | 2 | −2, −1, 0, 1, 2 | 3d (5) |

## [3] 궤도함수의 모양

3차원적으로 전자의 존재 확률을 그리려면 거리와 각도 모두를 고려해야한다. 그러나 본 절에서는 거리에 관한 부분에 대해서만 언급하려한다. 아래 그림 <그림 2.12>에서 1s, 2s, 3s 궤도함수의 거리에 관한 파동함수를 그림으로 표현하였다. 앞의 <그림 2.6>의 particle-in-a-box에서 n 값이 커질수록 진동수가 증가하고 절(node)이 많아지는 것을 볼 수 있다. <그림 2.12>에서도 1s의 절은 없으며, 2s는 1개, 3s는 2개로 에너지 준위가 1s<2s<3s임을 알 수 있다.

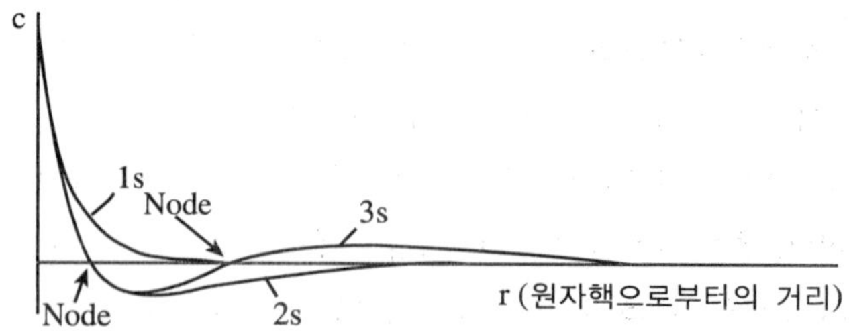


〈그림 2.12〉 수소원자의 1s, 2s, 3s 파동함수에서 거리에 관한 함수 그래프.

<그림 2.13> (a)는 구의 반지름 $r$거리에 $dr$의 두께를 갖는 껍질을 표현한 것으로 얇은 껍질의 부피는 표면적 $4\pi r^2$에 두께 $dr$을 곱한 $4\pi r^2 dr$이다. 이 부피에 대해 확률밀도를 구하기 위해 $\psi^2$을 곱한다. 그 값은 <그림 2.13> (b)에서 보이듯 최대값을 가지며 원자의 핵에서 멀어질수록 0에 수렴하는 그래프가 된다. 이 그래프를 3차원 공간에 놓

으면 원자핵에서 일정한 거리에 전자의 존재 확률이 최대이고 그 거리보다 짧거나 먼 곳에서는 전자가 거의 존재하지 않는 원자 껍질이 나타난다. 즉 1s, 2s, 3s는 구형의 껍질 형태이며(<그림 2.15> (a)), 차이점은 에너지 상으로 1s<2s<3s이므로 원자로부터의 거리가 멀어지고 따라서 구의 크기가 다르다는 것이다.

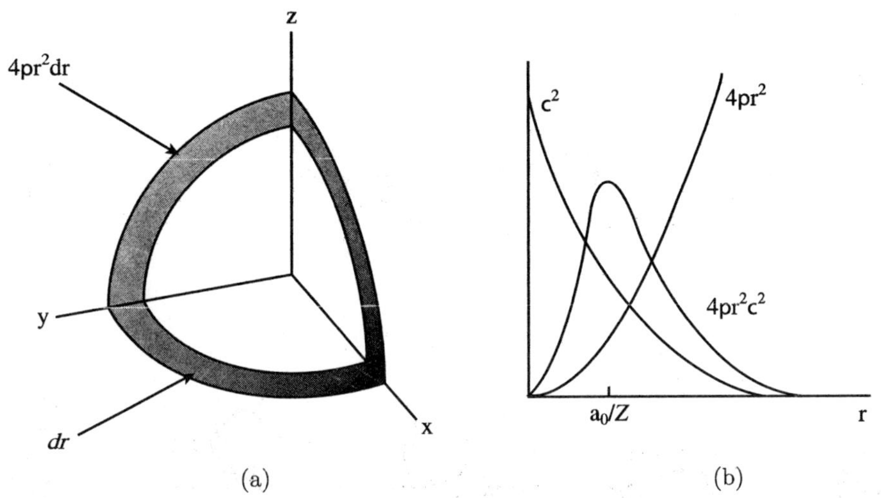


〈그림 2.13〉 (a) 반지름 r에서 dr 만큼의 두께를 갖는 구의 껍질 부피는 $4\pi r^2 dr$이다. (b) 핵에서부터의 거리에 따른 전자를 발견할 확률은 $4\pi r^2 \psi^2 dr$의 적분값이 된다.

2p, 3p 궤도함수의 거리에 대한 파동함수 그래프는 아래 <그림 2.14>에 보이는 것과 같으며, 절의 수가 각각 0, 1개로 증가한다. node 수가 증가할수록 전자의 에너지가 높으므로 2p<3p의 순으로 에너지가 높다. 전체적인 파동함수를 모두 고려하여 3차원적으로 궤도함수를 나타내면 <그림 2.15> (b)에 나타낸 것과 같이 리본모양의 돌기가 축상에서 양쪽으로 나와있는 모양이다. 하나의 $l$에 대해 가능한 $m_l = -l \sim +l$로 $2l+1$개의 축퇴된 원자궤도함수를 갖는다. $l=1$에 대해서 3개의 궤도함수를 가지며 $l=2$에 대해서는 5개의 축퇴된 궤도함수를 갖는다. d 궤도함수의 모양은 <그림 2.15> (c)와 같으며, $d_{x^2-y^2}$과 $d_{z^2}$은 각각 xy 축상과 z축상에 돌출부위가 있으며 $d_{xy}$, $d_{xz}$, $d_{yz}$는 각각 xy 평면, xz 평면, yz 평면에 존재하나 축에서 어긋나 있다. <그림 2.15>의 궤도함수에서 색이 칠해진 부분과 그렇지 않은 부분은 파동함수의 사인이 (+) 또는 (−)로 서로 다름− 파동함수의 상(phase)이 다름− 을 표시하기 위함이며, 이 사인으로 궤도함수의 간섭현상 때 증폭과 상쇄를 설명할 수 있다.

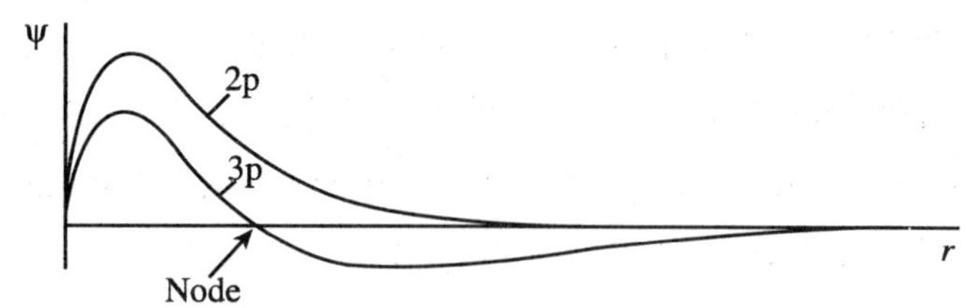


〈그림 2.14〉 수소원자의 2p, 3p 파동함수에서 거리에 관한 함수 그래프.

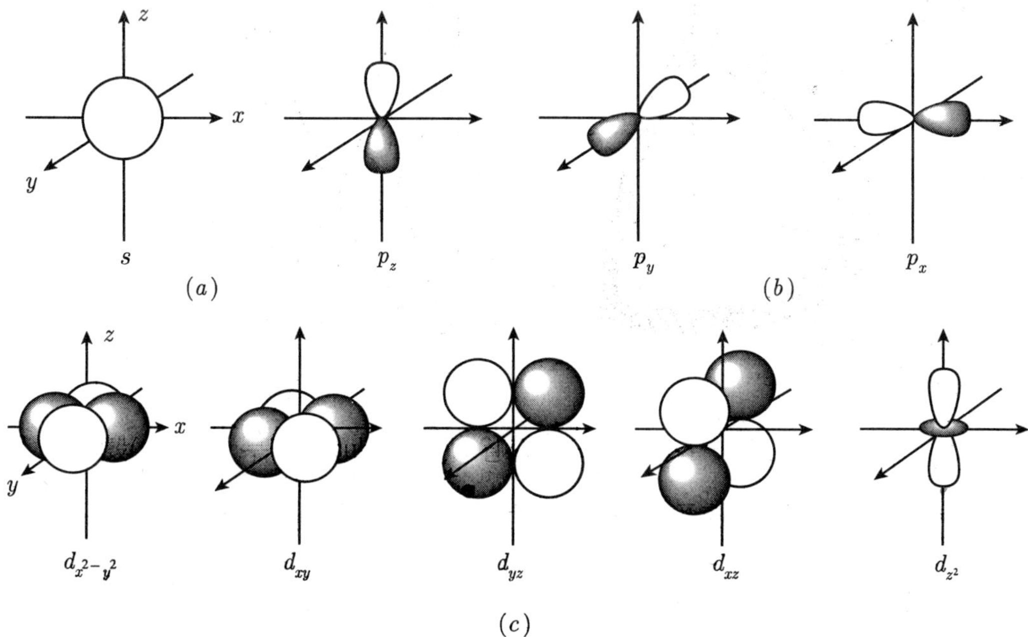


〈그림 2.15〉 (a) s, (b) p, (c) d 궤도함수의 모양

### 2.1.3 전자 배치

수소 보다 많은 전자를 가진 원소에 대해 전자를 원자 궤도함수에 채워 넣을 때 우선 수소 원자와 같은 궤도함수를 갖는다고 가정하고 배치한다. 그러나 실제로는 원자핵의 전하가 다르며, 각 전자간의 상호작용이 존재하므로 수소원자보다 복잡하다. 수소원자의 경우 주양자수(n)에 따라 궤도함수의 에너지가 다르며 원자핵으로 부터의 거리가 멀어짐을 알았다. 이를 근거로 다음에 서술하는 규칙에 따라 전자를 배치한다.

[1] Pauli의 배타원리((Pauli's exclusion Principle)

원자내의 전자는 어떠한 두 개라도 같은 궤도함수에 있을 수 없다. 즉 같은 궤도함수로 표현될 수 없다. 이는 네 가지 양자수 중 어느 하나라도 달라야 한다는 뜻이다. 만일 He의 경우 전자를 두 개 가지므로 가장 낮은 에너지를 갖는 1s 궤도함수를 채우는데, n=1, $l$=0, $m_l$=0으로 세 가지 양자수가 일치한다. 마지막으로 스핀양자수 $m_s$가 =+1/2 또는 -1/2로 달라질 수 있으므로 1s에 두 개의 전자가 채워진다.
즉 2개의 전자가 같은 궤도함수에 있으려면 스핀이 up(↑) 또는 down(↓)이어야 한다.

He: $1s^2$; ↑↓

Li은 3개의 전자를 가지므로 세 번째 전자가 1s 궤도함수에 들어갈 수 없고 다음으로 낮은 궤도함수인 n=2인 궤도함수에 세 번째 전자가 채워지는 것이다.

[2] Aufbau Principle

전자가 3개인 Li의 경우 세 번째 전자가 주양자수 n=2인 궤도함수에 채워진다.
n=2의 경우는 2s와 2p 궤도함수가 있는데, 주양자수가 같으므로 수소원자의 경우 에너지가 같다고 볼 수 있다. 그러나 원자핵이 증가하고 전자 간 반발이 증가함에 따라 더 이상 같은 에너지를 갖지 않는다. <그림 2.16>은 2s와 2p 궤도함수의 전자를 발견할 확률밀도를 표현한 그래프이다.

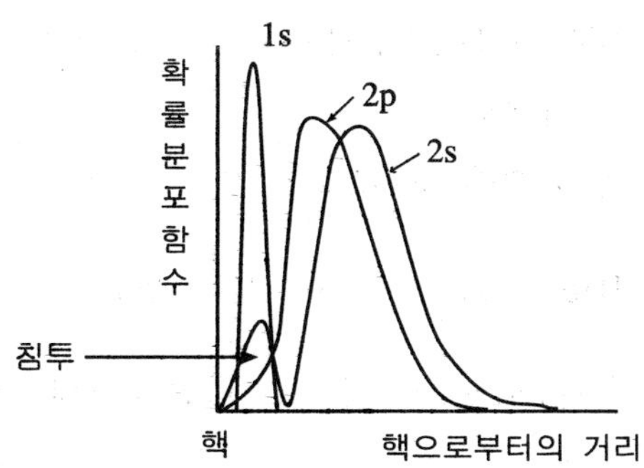


〈그림 2.16〉 2s의 전자가 2p의 전자보다 핵 쪽으로 침투(penetration)를 더 잘한다.

2s보다 2p가 원자핵에 가까운 쪽에 극대값을 갖는 것으로 보인다. 그러나 2s 궤도함수는 2p보다 1s궤도함수 안쪽으로 침투하여 원자의 안쪽에 전자의 존재 확률이 2p보다 크게 나타남을 보이고 있다. 이 침투효과로 인해 2s 궤도함수에 존재하는 전자는 핵에 의한 인력을 2p의 전자들 보다 강하게 느끼며 따라서 2p 보다 낮은 에너지(음의 큰 값)

를 갖게 된다. 즉 에너지가 더 이상 동일하지 않으며 2s<2p의 결과를 보인다.

전자는 낮은 에너지의 궤도함수를 먼저 채운다는 Aufbau principle에 따라 Li의 세 번째 전자는 낮은 에너지를 갖는 2s에 채워지게 된다.

Li: $1s^2 2s^1$; [↑↓] [↑]

이러한 결과를 더 큰 주양자수에 대해 확대시키면 아래와 같은 에너지 순을 이룬다.

1s < 2s < 2p < 3s < 3p < 4s ≈ 3d < 4p < 5s ≈ 4d < 5p ...

이 때 4s와 3d는 매우 유사한 정도의 에너지를 가지므로 중성 원자 상태에서는 4s<3d 이나 전자를 잃은 양전하의 이온 상태 또는 주변에 다른 원소와 결합한 화합물 상태에서는 그 순이 바뀌어 3d<4s의 순으로 된다.

[3] Hund's rule

1개 이상의 궤도함수들이 같은 에너지를 가질 때, 즉 축퇴되었을 때, 각기 다른 궤도함수를 채워 평행된 스핀을 갖는다. 다른 궤도함수에 존재하는 전자들은 다른 공간에 존재하는 것이기 때문에 전자들 간의 반발이 약화되며 따라서 전체적인 에너지가 낮아지기 때문이다. 예를 들면 2p 궤도함수의 경우 부양자수 $l$=1이므로 $m_l$=-1, 0, 1로 세 개가 존재하는 축퇴된 궤도함수를 가지므로 2개의 전자를 채우기 위해선 2개의 궤도함수에 spin-up(↑)의 상태로 각각 채운다.

다음 예에 대해 전자배치를 표현해 보시오.

C [He] $2s^2 2p^2$ N [He] $2s^2 2p^3$

3개의 2p 궤도함수에 각각 spin-up으로 채우고 나면 4번째 전자는 spin-down(↓)으로 쌍을 이루게 된다.

O [He] $2s^2 2p^4$ F [He] $2s^2 2p^5$

원자의 에너지는 전자가 가능하면 쌍을 이루지 않은 경우가 더 낮은 에너지를 갖게 되는 것이다. 주기율표 상에서 나타나는 모든 원자의 전자배치를 위에 설명한 원칙에 따라 표현할 수 있어야 한다.

**(예제 2.2)** Al과 S의 전자배치를 쓰시오.

이온의 경우는 중성 원자로부터 전자를 잃은 경우 양이온(식 2.7), 중성원자가 전자를 얻은 경우 음이온이 되는 것이므로(식 2.8) 중성원자로부터 전자배치를 고려하는 것이 적절하다.

$$M \rightarrow M^{n+} + ne^- \quad (2.7)$$

$$X + ne^- \rightarrow X^{n-} \quad (2.8)$$

Na의 경우 11개의 전자는 [Ne]$3s^1$의 상태로 존재하며, 1개의 전자를 잃어 $Na^+$ 양이온이 되는 경우는 가장 에너지가 높은 불안정한 3s 궤도함수의 전자를 잃게 되는 것이다. 결국 Ne과 같은 닫힌 궤도함수의 전자배치를 가짐으로써 안정한 이온 상태가 된다.

**(예제 2.3)** Ti과 $Ti^{3+}$, Ni과 $Ni^{2+}$의 바닥상태 전자배치 구조를 쓰시오.

여기서 이례적인 경우가 실험적으로 측정되었는데 전이금속 중 Cr과 Cu는 실험적으로 측정된 결과 각각 [Ar]$3d^5 4s^1$과 [Ar]$3d^{10} 4s^1$이었다. 이 결과는 예상하는 [Ar]$3d^4 4s^2$와 [Ar]$3d^9 4s^2$와는 다르며, 3d와 4s 궤도함수의 에너지가 유사하고 d 궤도함수가 대칭으로 채워지는 것이 에너지상으로 안정하다는 결론을 내릴 수 있다.

### 2.1.4 유효핵전하($Z_{eff}$)

원자번호가 증가할수록 양성자와 전자가 하나씩 더해지면서 중성 전하를 유지한다. 그러나 증가하는 전자는 가장 바깥 껍질의 최외각전자(valence electron)가 되므로 안쪽 껍질에 존재하는 전자의 영향을 받게 된다. 특히 안쪽의 전자들은 원자핵의 양성자 전하를 가리면서 최외각전자가 온전한 양성자 한 개의 전하 +1가를 느끼지 못하게 한다. 이를 가리움 효과(shielding effect)라 하며 최외각전자가 느끼는 원자핵 전하를 유효핵전하라 하고 $Z_{eff}$로 표기한다.

가리움효과는 핵에 얼마나 가까이 뚫고 들어가 양성자를 중화시키느냐에 따라 달라지므로 앞서 언급한 침투효과와 관계가 있다. 실험적인 데이터로 $Z_{eff}$를 계산하는 경우도 있으나 본 교재에서는 정성적인 비교만 하겠다. 다음이 개략적인 비교 기준이다.

(1) 같은 주기에서, 원자번호가 클수록 $Z_{eff}$가 크다: 원자번호가 증가하면서 같은 주기의 궤도함수에 전자를 채워가므로 서로의 전자에 대해 가리움효과가 크지 못하게 되고 양성자 전하가 누적되어 $Z_{eff}$는 증가한다.

(2) 한 원자에서 s 궤도함수 내의 전자가 p의 전자보다 $Z_{eff}$ 값이 크다: s 궤도함수내의 전자가 핵 쪽으로 침투를 잘 할 수 있으므로 핵을 보다 잘 느낀다. 역으로 s 궤도함수의 전자는 p 궤도함수의 전자에 대해 가리움효과가 커서 그 이후의 전자가 느끼는 $Z_{eff}$는 작다.

가리움효과: s>p>d>..

(3) 3주기의 전이원소 원자는 유효핵전하 $Z_{eff}$의 크기 변화가 크지 않다: d-궤도함수는 핵까지 파고들지 못하여 전자가 채워지더라도 양성자를 잘 가리지 못한다. 따라서 d-궤도함수에 첨가되는 전자는 기존의 d-궤도함수 전자들이 가리지 않은 양성자를 느낌으로써 전자와 양성자는 거의 1:1로 상쇄되는 효과를 보인다.

이러한 결과는 다음에 설명할 원자반경, 이온반경, 이온화에너지, 전자친화도 등 원자의 성질에 영향을 준다.

## 2.1.5 원자반경, 이온반경

원자의 크기를 전자의 파동함수, 즉 확률밀도로부터 구한다는 것은 매우 어렵다. 전자는 핵으로부터 지수의 함수로 감소하므로 반경에 대한 규정을 확언하기 어렵기 때문이다. 따라서 공유결합 또는 이온결합의 종류에 따라 다소 달라질 수 있으나 기본적으로 결합하고 있는 분자 내에서 원자간 간격의 상대적인 비교로 결정한다.

금속결정의 경우 <그림 2.17>(a)에서와 같이 두 원자의 핵 간 거리를 이등분한 값으로 반경을 정의할 수 있다. 반면 공유결합을 하고 있는 분자의 경우 <그림 2.17>(b)는 전자를 서로 공유하여 결합을 형성하므로 결합의 강약에 따라 또는 결합의 개수에 따라 원자간 간격이 달라질 수 있으므로 결합 환경(단일결합 vs. 이중결합, 4개 결합 vs. 6개 결합)등을 명시함을 원칙으로 한다.

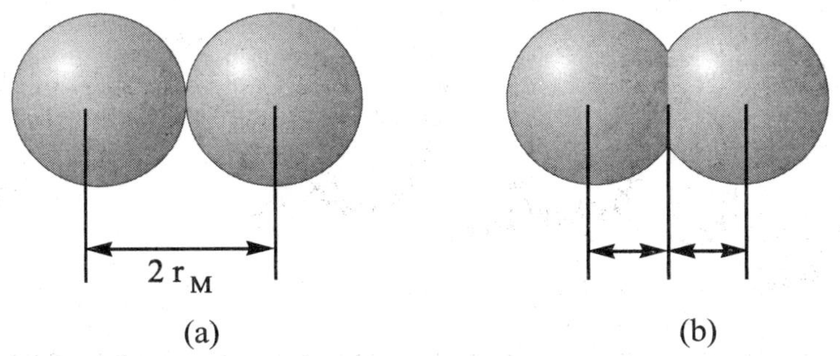


〈그림 2.17〉 (a) 금속결합에서의 원자반경, (b) 공유결합에서의 원자반경

아래 <표 2.2>는 원자반경의 데이터를 보여주는 것이며, 금속에 대해서는 금속결합을, 다른 원소들에 대해서는 1차의 공유결합을 가정한 것이다. 또한 각 원소가 주변의 12개 원자와 결합한 것으로 생각한 데이터이다.

〈표 2.2〉 원자반경( Å )

| Li | Be | | | | | | | | | | | B | C | N | O | F |
|---|---|---|---|---|---|---|---|---|---|---|---|---|---|---|---|---|
| 1.57 | 1.12 | | | | | | | | | | | 0.88 | 0.77 | 0.74 | 0.66 | 0.64 |
| Na | Mg | | | | | | | | | | | Al | Si | P | S | Cl |
| 1.91 | 1.60 | | | | | | | | | | | 1.43 | 1.18 | 1.10 | 1.04 | 0.99 |
| K | Ca | Sc | Ti | V | Cr | Mn | Fe | Co | Ni | Cu | Zn | Ga | Ge | As | Se | Br |
| 2.35 | 1.97 | 1.64 | 1.47 | 1.35 | 1.29 | 1.37 | 1.26 | 1.25 | 1.25 | 1.28 | 1.37 | 1.53 | 1.22 | 1.21 | 1.04 | 1.14 |
| Rb | Sr | Y | Zr | Nb | Mo | Tc | Ru | Rh | Pd | Ag | Cd | In | Sn | Sb | Te | I |
| 2.50 | 2.15 | 1.82 | 1.60 | 1.47 | 1.40 | 1.35 | 1.34 | 1.34 | 1.37 | 1.44 | 1.52 | 1.67 | 1.58 | 1.41 | 1.37 | 1.33 |
| Cs | Ba | La | Hf | Ta | W | Re | Os | Ir | Pt | Au | Hg | Tl | Pb | Bi | | |
| 2.72 | 2.24 | 1.72 | 1.59 | 1.47 | 1.41 | 1.37 | 1.35 | 1.36 | 1.39 | 1.44 | 1.55 | 1.71 | 1.75 | 1.82 | | |

*결합수는 12로 가정하고, 금속에 대해선 금속결합 반경을, 나머지에 대해선 단일공유결합의 반경으로 주어졌다.

<표 2.2>에서 보이듯 같은 족의 원자들에 대해 주기가 커질수록 원자반경이 증가한다: Li<Na<K<Rb<Cs. 이는 주양자수 n이 커지면서 원자 내 전자의 에너지가 증가하고 핵으로부터 멀어지는 것과 같은 결과이다. 또한 같은 주기에서 오른쪽으로 갈수록 원자반경이 감소함을 볼 수 있다: Na>Mg>Al>Si>P>S>Cl. 이것은 2.1.4절에서 설명한 유효핵전하의 영향으로 오른쪽으로 갈수록 양성자의 전하를 전자가 완전히 가리지 못함으로써 최외각 전자가 1개 이상의 양성자를 느끼기 때문이다. <그림 2.18>은 <표 2.2>를 원자번호에 따라 그래프로 표시한 것이다.

<표 2.2>에서 ${}_{42}Mo$(1.40 Å), ${}_{74}W$(1.41 Å)의 원자반경이 유사함을 볼 수 있다. *Mo*에 비해 *W*은 $4d^{6}5p^{6}6s^{2}4f^{14}5d^{4}$의 32개의 전자와 양성자를 더 갖는다. 즉 주기가 증가하면서 크기가 커야하나 최외각인 5d의 안쪽에 존재하는 4f의 전자는 양성자에 대한 가

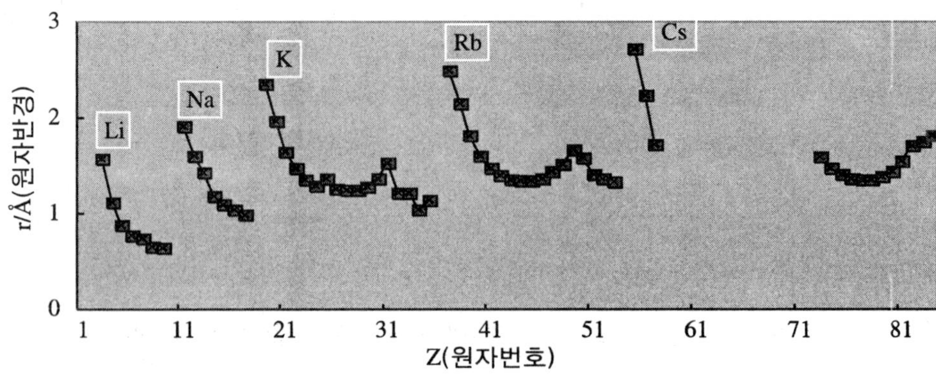


〈그림 2.18〉 원자번호에 따른 원자반경의 변화

리움 효과가 작다. 따라서 4f 밖의 전자는 핵의 인력을 크게 느껴 위축되는 것이다. 이를 란탄족(lanthanide) 수축이라 한다.

이온의 반경 역시 근접하는 양이온과 음이온 간의 거리로부터 계산된다. 예를 들어 $Mg^{2+}$ 양이온의 반경은 MgO의 이온간 거리에서 $O^{2-}$의 반경 1.40 Å을 감한 값이 된다. 물론 원자반경에서와 같이 주변에 몇 개의 이온과 근접되느냐(결합차수)에 따라 반경은 달라진다(표 2.3).

〈표 2.3〉 이온 반경( Å )

| $Li^{+}$ | $Be^{2+}$ | $B^{3+}$ | | | $N^{3-}$ | $O^{2-}$ | $F^{-}$ |
|---|---|---|---|---|---|---|---|
| 0.59(4) | 0.27(4) | 0.12(4) | | | 1.71 | 1.35(2) | 1.28(2) |
| 0.76(6) | | | | | | 1.38(4) | 1.31(4) |
| | | | | | | 1.40(6) | 1.33(6) |
| | | | | | | 1.42(8) | |
| **$Na^{+}$** | **$Mg^{2+}$** | **$Al^{3+}$** | | | **$P^{3-}$** | **$S^{2-}$** | **$Cl^{-}$** |
| 0.99(4) | 0.49(4) | 0.39(4) | | | 2.12 | 1.84(6) | 1.67(6) |
| 1.02(6) | 0.72(6) | 0.53(6) | | | | | |
| 1.16(8) | 0.89(8) | | | | | | |
| **$K^{+}$** | **$Ca^{2+}$** | **$Ga^{3+}$** | | | **$As^{3-}$** | **$Se^{2-}$** | **$Br^{-}$** |
| 1.38(6) | 1.00(6) | 0.62(6) | | | 2.22 | 1.98(6) | 1.96(6) |
| 1.51(8) | 1.12(8) | | | | | | |
| 1.59(10) | 1.28(10) | | | | | | |
| 1.60(12) | 1.35(12) | | | | | | |
| **$Rb^{+}$** | **$Sr^{+}$** | **$In^{3+}$** | **$Sn^{2+}$** | **$Sn^{4+}$** | | **$Te^{2-}$** | **$I^{-}$** |
| 1.49(6) | 1.16(6) | 0.79(6) | | 0.69(6) | | 2.21(6) | 20.6(6) |
| 1.60(8) | 1.25(8) | 0.92(8) | 1.22(8) | | | | |
| 1.73(12) | 1.44(12) | | | | | | |
| **$Cs^{+}$** | **$Ba^{2+}$** | **$Tl^{3+}$** | | | | | |
| 1.67(6) | 1.49(6) | 0.88(6) | | | | | |
| 1.74(8) | 1.56(8) | | | | | | |
| 1.88(12) | 1.75(12) | | | | | | |

* 괄호 안의 수는 이온의 결합차수를 뜻한다.

앞의 <표 2.2>와 <표 2.3>을 비교하면 양이온은 중성 원자에 비해 작고, 음이온은 중성원자에 비해 크다는 것을 알 수 있다. 이는 중성 원자에서 원자가전자를 잃고 양이온이 되므로 반경이 감소하는 것이고, 전자를 얻어 음이온이 되면 전자들 간의 반발이 커져 반경이 증가하는 것으로 이해할 수 있다.

### 2.1.6 이온화에너지(Ionization energy)

이온화에너지는 기체 상태의 원자에서 전자를 떼어내는데 드는 에너지를 말한다(식 2.9).

$$A(g) \rightarrow A^{+}(g) + e^{-}, \qquad \mathrm{IE} = \mathrm{E}(A^{+}, \mathrm{g}) - \mathrm{E}(A, \mathrm{g}) \qquad (2.9)$$

위의 식에서 이온화에너지(IE)는 전자를 잃은 후의 양이온($A^{+}$) 상태의 에너지와 중성원자($A$)의 에너지 간의 차이로 나타낸다. 이때 흡열반응이므로 IE는 보통 양의 값을 갖는다. 따라서 IE가 클수록 전자를 떼어내기 어렵다는 것이다.

보통 IE의 단위는 eV로 표현하는데, 1 eV란 1 V의 전위차 하에서 움직이는 전자 1개에 의한 에너지를 뜻하며 J의 단위로 환산하면 다음 식 (2.10)과 같다.

$$1\ \mathrm{eV} \Rightarrow 96485\ \mathrm{C/mol} \times 1\ \mathrm{V} = 96485\ \mathrm{kJ/mol} \qquad (2.10)$$

예를 들어 수소 원자의 IE는 13.6 eV이다. 이는 수소에서 전자를 떼어내려면 13.6 V에서 전자를 끄는 에너지가 필요함을 뜻한다. 첫번째 이온화에너지($IE_1$)는 중성 원자에서 가장 약하게 결합된 전자를 떼어내는데 드는 에너지인데 반해, 두번째 이온화에너지($IE_2$)는 첫 번째 이온화에 의해 생성된 양이온으로부터 전자를 떼어내는데 드는 이온화에너지이다(식 2.11).

$$A^{+}(g) \rightarrow A^{2+}(g) + e^{-}, \qquad \mathrm{IE_2} = \mathrm{E}(A^{2+}, \mathrm{g}) - \mathrm{E}(A^{+}, \mathrm{g}) \qquad (2.11)$$

<표 2.4>는 각 원소의 첫번째와 두번째 이온화에너지의 데이터이며, <그림 2.19>는 원소들의 첫번째 이온화에너지를 그래프로 나타낸 것이다. 같은 족의 원소들끼리 비교해 보면 He>Ne>Ar>Kr>Xe 의 순으로 $IE_1$이 감소하는 것을 보인다. 즉 원자가 클수록 최외각 전자를 떼어내기가 쉽다는 것이고, 주기가 클수록 핵으로부터의 거리가 멀다는 간접적인 증거가 된다. 또한 같은 주기의 원소들은 원자번호가 증가할수록 유효핵전하

가 증가하여 $IE_1$ 값이 증가하는 경향을 보이고 있다.

〈표 2.4〉 원소들의 첫번째와 두번째, 세번째, 네번째 이온화에너지(eV)

| | | | | | | | |
|---|---|---|---|---|---|---|---|
| **H** | | | | | | | **He** |
| 13.60 | | | | | | | 24.59 |
| | | | | | | | 54.51 |
| **Li** | **Be** | **B** | **C** | **N** | **O** | **F** | **Ne** |
| 5.32 | 9.32 | 8.30 | 11.26 | 14.53 | 13.62 | 17.42 | 21.56 |
| 75.63 | 18.21 | 25.15 | 24.38 | 29.60 | 35.11 | 34.97 | 40.96 |
| 122.40 | 153.85 | 37.93 | 47.88 | 47.44 | 54.93 | 62.70 | 63.45 |
| | | 259.30 | | | | | |
| **Na** | **Mg** | **Al** | **Si** | **P** | **S** | **Cl** | **Ar** |
| 5.14 | 7.64 | 5.98 | 8.15 | 10.48 | 10.36 | 12.97 | 15.76 |
| 47.28 | 15.03 | 18.83 | 16.34 | 19.72 | 23.33 | 23.80 | 27.62 |
| 71.63 | 80.14 | 28.44 | 33.49 | 30.18 | 34.86 | 39.65 | 40.71 |
| | | 119.96 | | | | | |
| **K** | **Ca** | **Ga** | **Ge** | **As** | **Se** | **Br** | **Kr** |
| 4.34 | 6.11 | 6.00 | 7.90 | 9.81 | 9.75 | 11.81 | 14.00 |
| 31.62 | 11.87 | 20.51 | 15.93 | 18.63 | 21.18 | 21.80 | 24.35 |
| 45.71 | 50.89 | 30.71 | 34.22 | 28.34 | 30.82 | 36.27 | 36.95 |
| **Rb** | **Sr** | **In** | **Sn** | **Sb** | **Te** | **I** | **Xe** |
| 4.18 | 5.69 | 5.79 | 7.38 | 8.64 | 9.01 | 1.45 | 12.13 |
| 27.28 | 11.03 | 18.87 | 14.63 | 18.59 | 18.60 | 19.13 | 21.20 |
| 40.42 | 43.63 | 28.02 | 30.50 | 25.32 | 27.96 | 33.16 | 32.10 |

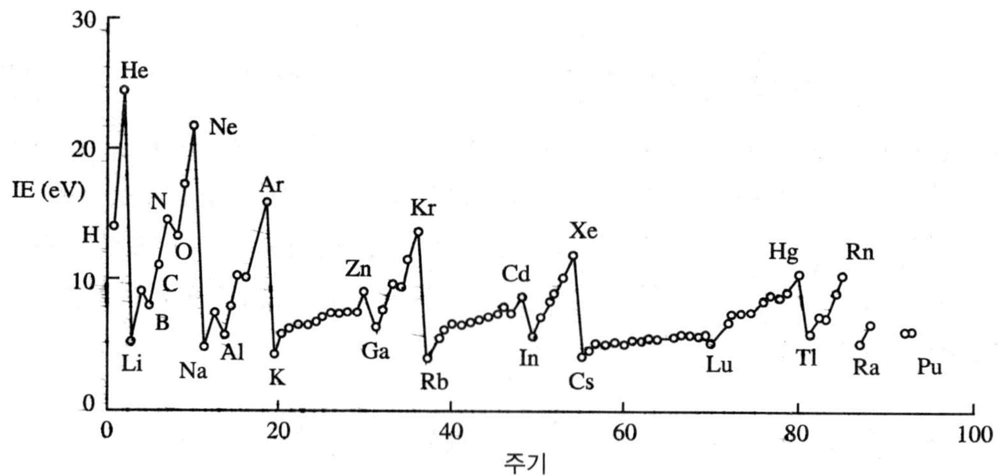


〈그림 2.19〉 주기율표 상의 각 원소들의 첫 번째 이온화에너지

**(예제 2.4)** 위 <그림 2.19>의 그래프를 보면 같은 주기의 원소로 원자번호가 증가할수록 이온화에너지가 증가하는 경향을 보이나 $IE(Be) > IE(B)$이고 $IE(N) > IE(O)$임을 보이고 있다. 이 현상을 전자배치구조로부터 설명하여 보시오.

<그림 2.20>은 13족 원소들의 첫번째, 두번째, 세번째 이온화에너지를 나타낸 그래프이다.

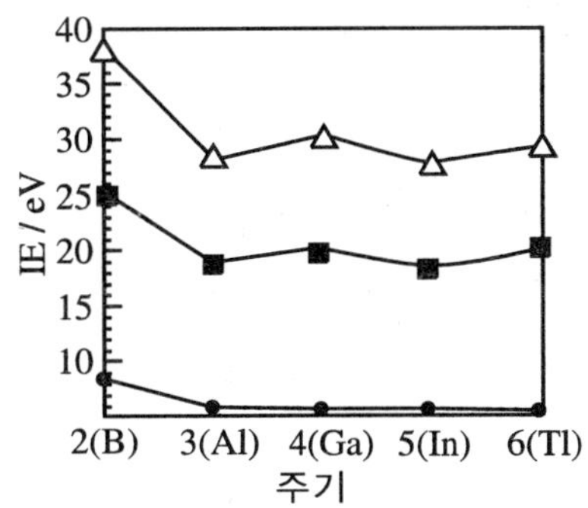


〈그림 2.20〉 13족 원소들의 $IE_1$(•)과 $IE_2$(■), $IE_3$(△)

| (예제 2.5) <그림 2.20>을 보고 경향을 설명하고, 그 원인을 추정해 보시오. |
|---|

## 2.1.7 전자친화도(Electron affinity)

기체 상태의 원자가 전자를 얻을 때 필요한 몰당 표준 엔탈피 변화는 아래 식 (2.12)와 같이 표기한다.

$$A(g) + e^{-} \rightarrow A^{-}(g),\ \Delta H^{\circ} \tag{2.12}$$

그러나 이와 유사한 개념인 전자친화도 (electron affinity, $EA$)는 식 (2.13)과 같이 나타낸다.

$$EA = E_{A_{(g)}} - E_{A^{-}_{(g)}} \tag{2.13}$$

즉 $A^{-}$가 $A$보다 낮은 에너지, 더 안정한 에너지를 갖는 경우 엔탈피($\Delta H^{\circ}$)는 음의 값을 가지나, 전자친화도($EA$)는 (+)의 값으로 표시한다. 전자에 대한 친화도의 값이 크다는 것은 어휘 그대로 전자를 더 쉽게 받을 수 있다고 해석할 수 있다.

이 때 채워지는 전자는 원자의 낮은 에너지의 orbital로 들어가게 되며, 유효핵전하가 클수록 즉, 주기율표상 오른쪽으로 갈수록 전자친화도가 클 것으로 예측할 수 있다. <표 2.5>는 원자들의 전자친화도이며, <그림 2.21>이 각 원소들의 전자친화도를 그래프로 나타낸 것이다. 1족 원소에서 $s^1$의 최외각 전자를 갖는 원자에 전자를 채워 $s^2$가

되는 것이 2족 원소의 $s^2$에서 $s^2p^1$으로 되는 것보다 쉬운 경향을 보인다.

〈표 2.5〉 원자들의 전자친화도(eV)

| **H** | | | | | | | **He** |
|---|---|---|---|---|---|---|---|
| 0.754 | | | | | | | −0.5 |
| **Li** | **Be** | **B** | **C** | **N** | **O** | **F** | **Ne** |
| 0.618 | ≤0 | 0.277 | 1.263 | −0.07 | 1.461<br>−8.750 | 3.399 | −1.2 |
| **Na** | **Mg** | **Al** | **Si** | **P** | **S** | **Cl** | **Ar** |
| 0.548 | ≤0 | 0.441 | 1.385 | 0.747 | 2.077<br>−5.51 | 3.617 | −1.0 |
| **K** | **Ca** | **Ga** | **Ge** | **As** | **Se** | **Br** | **Kr** |
| 0.502 | 0.02 | 0.30 | 1.2 | 0.81 | 2.021 | 3.365 | −1.0 |
| **Rb** | **Sr** | **In** | **Sn** | **Sb** | **Te** | **I** | **Xe** |
| 0.486 | 0.05 | 0.3 | 1.2 | 0.07 | 0.971 | 3.059 | −0.8 |

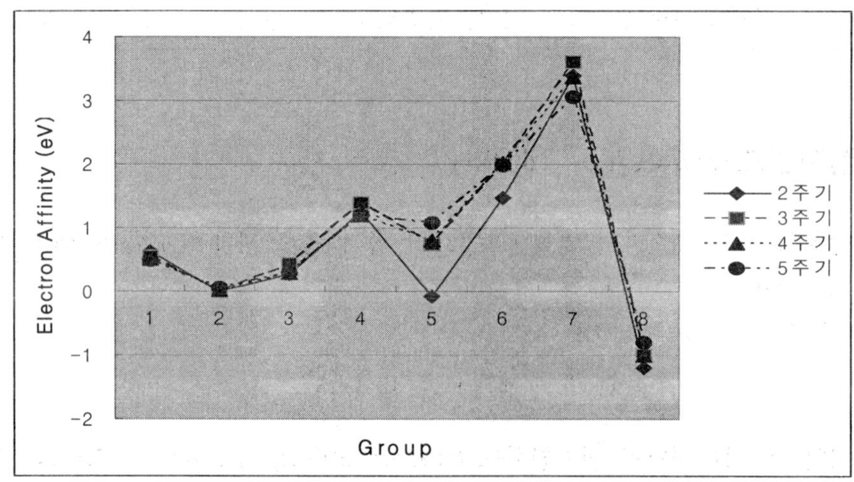


〈그림 2.21〉 전형원소들의 전자친화도(eV)

(**예제 2.6**) <그림 2.21>을 보고 $N$의 전기음성도가 $C$나 $O$보다 작은 이유를 설명하시오.

# 2.2 분자 내 원자 간 결합

## 2.2.1 Lewis 구조

분자의 구조를 그리기 위해서 분자 내 원자끼리 전자를 공유한다는 가정 하에 시작한다. Lewis 구조에서는 전자를 점으로 표현함으로써 분자의 구조를 간략하게 2차원적으로 그릴 수 있다.

Lewis 구조를 그릴 때 일반적으로 원자 주변에 8개의 전자를 갖는 것이 좋다는 가정(팔우설, Octet rule)을 먼저 고려한다. 이는 원자가 껍질에 8개의 전자가 있을 때 닫힌 껍질(closed shell)로 안정해지는 현상과 비유될 수 있다. 따라서 $H_2O$의 구조는 $O$의 주변에 자신의 원자가전자 6개와 수소가 주는 1개씩의 전자를 합하여 8개를 갖는 구조를 갖는다. 그러나 수소는 1주기 원소로 1s orbital 밖에 없으므로 2개의 전자로 만족한다.

$$\mathrm{H}:\overset{\cdot\cdot}{\underset{\cdot\cdot}{\mathrm{O}}}:\mathrm{H}$$

복잡한 분자의 Lewis 구조는 다음의 간단한 순서에 따라 쉽게 그릴 수 있다.

1. 결합할 것 같은 원자들끼리 늘어놓는다. 보통 전기음성도가 작은 원소를 중앙에 놓는다.
2. 모든 원자들의 최외각전자들의 합을 구한다: 결합, 비결합에 사용될 수 있는 전자를 확보한다.
3. 양이온은 중성분자에서 전자를 잃은 것으로, 음이온인 경우는 얻은 것으로 간주하여 총 전자를 계산한다: 전하는 원자가 아닌 분자 전체에 속한다.
4. 원자 사이에 단일결합을 가정하고 전자를 배열한다: 원자간 한 쌍의 전자를 배치하여 최소한 단일 결합을 가정한다. 결합 전자쌍은 간단히 선분으로 표시하기도 한다.
5. 사용하지 않은 전자가 비공유 전자쌍 또는 다중 결합에 사용될 전자이다. 가장 바깥쪽에 결합된 원자들부터 팔우설을 만족하도록 전자를 배치한 후 안쪽의 전자가 부족한 원자들은 바깥쪽 원자들이 가지고 있는 비공유 전자쌍을 공유하여 8개의 전자를 갖도록 다중결합을 만든다.
6. 형식전하를 표시하여 분자 구조에 무리가 없는지 확인한다: 공유된 전자들을 각 원자가 공평하게 나누어 갖는다고 가정하고 중성원자일 때에 비해 많은 수의 전자를 가지면 (−)를, 적은 수이면 (+) 전하를 갖도록 한다, 전기음성도가 작은 원소가 (−)

형식전하를 갖는 것은 안정하지 못하다. 형식전하의 값이 작을수록 안정한 분자구조이다. 형식전하의 총합은 이온이나 분자의 전하와 같아야 한다.

예를 들면 $COCl_2$는 총 최외각 전자가 $4+6+(7\times2)=24$이다. 중심원자는 C이며 각 원소들 간에 단일 결합을 가정한다면 모두 3개의 결합, 즉 6개의 전자를 사용한다. 남은 전자는 18개로 바깥에 위치하는 3개의 원자에 6개씩 배치하여 팔우설을 만족시킨다. 여기서 C는 6개의 전자만을 가지므로 산소의 비공유 전자쌍 중 1쌍을 공유결합으로 돌리면 모든 원자가 8개의 전자를 가지므로 안정한 분자가 된다. 물론 형식전하는 모두 0으로 안정하다.

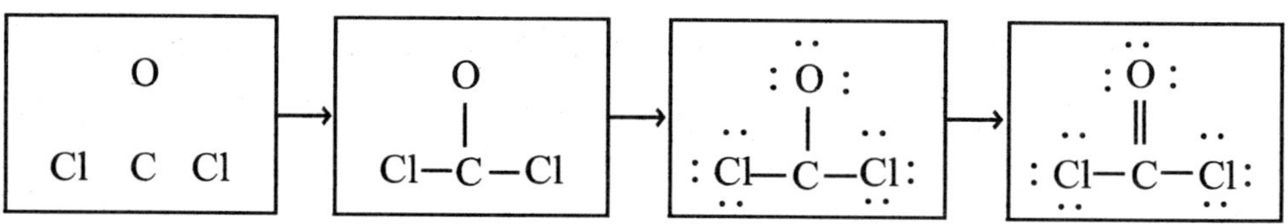

**(예제 2.7)** $N_2$와 $CO$의 Lewis 구조를 그리고 비교하시오.

**(예제 2.8)** $O_3$와 $NO_2^-$의 Lewis 구조를 그리고 비교하시오.

대부분의 원자가 팔우설을 만족하나 그렇지 않은 것들도 존재한다. 예를 들어 $PCl_5$의 경우 $P$ 주변에 $Cl$이 5개가 존재하며 단일 결합을 이룸으로써 8개가 아닌 10개의 전자를 공유하게 된다. 이 현상은 같은 주기에 존재하기는 하나 비어 있는 3d 궤도 함수에 전자를 받을 수 있기 때문으로 이해되며, 이렇게 8개 이상을 가질 수 있는 원자는 3주기 이상의 원자로 커야 한다. $SF_6$는 중심원자 $S$가 6개의 공유결합을 가지므로 12개의 전자를 갖는다.

**(예제 2.9)** $SO_2$의 공명구조를 그리고, 결합의 차수를 설명하시오.

Ozone의 구조는 $O=O-O$ 또는 $O-O=O$로 그릴 수 있는데, 실제로는 두 구조의 혼합(hybrid)으로 보아야 한다. 즉 $O_3$는 두 개의 결합이 같은 결합차수 ($\frac{2+1}{2}=1\frac{1}{2}$)를 가진다. 이러한 구조를 共鳴구조(resonance)라 한다.

**(예제 2.10)** $SO_3^{2-}$와 $SO_4^{2-}$의 Lewis 구조를 그리시오.

분자구조가 다른 형태끼리 공명구조를 만드는 경우도 있다. $SO_4^{2-}$의 경우 $S$가 8개 이상의 전자를 가질 수 있기 때문에 $O$의 비공유전자쌍이 $S$와 공유되면서 아래의 구조가 가능하다.

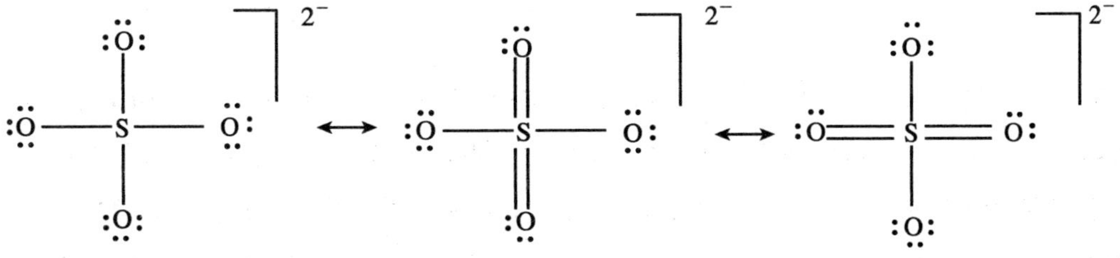

(a) (b) (c)

그러나 결합상태가 다르므로 세 개의 구조가 다른 안정도를 가질 것이므로 이들에 대한 구별이 필요하다. 이때 사용하는 것이 형식전하(formal charge)인데, 실제로 존재하는 전하는 아니나 분자 내에서 원자의 가상적인 상태를 파악하기에는 적절하다. 다음 구조에 형식전하를 표시하였다. (a)의 경우 $S$와 $O$가 공유하는 전자쌍을 서로 똑같이 나누어 갖는다고 가정하는 경우 $O$은 7개의 전자를 가지므로 중성상태에서의 최외각전자 6개보다 1개가 더 많으므로 '(-1)의 형식전하를 갖는다'고 말한다. 반면 $S$는 총 4개를 가지므로 (+2)의 형식전하를 갖는다. 그러나 (b)나 (c)에서는 이중결합을 갖는 $O$의 경우 공유된 전자 2개를 포함해 6개이므로 (0)의 형식전하를 가지며, $S$는 6개를 가져 역시 중성이 된다. 이 때 2개의 산소만 $(-1)$의 형식전하를 갖는다.

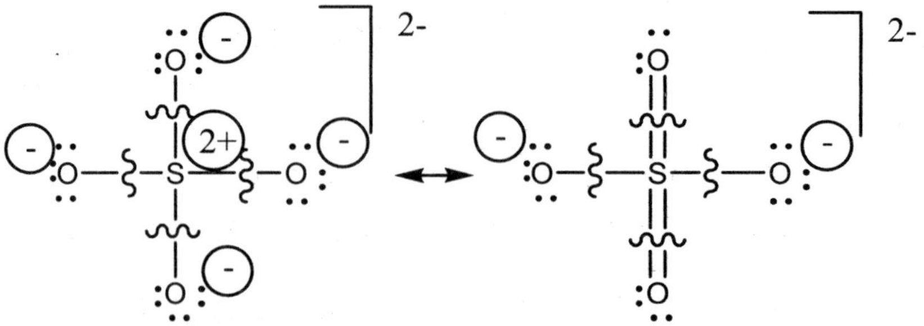

전기음성도가 큰 원자에 가능하면 음전하가 놓여지고, 형식전하가 적을수록 분자가 안정하므로, 위의 $SO_4^{2-}$의 경우 (b)와 (c)의 구조로 인해 분자 내 결합차수가 증가하고 분자의 안정성이 증가한다. 따라서 세 가지 구조가 같은 정도로 기여하지 않게 되며, (a)의 구조가 기여하는 바는 다른 것에 비해 크지 않아 분자 구조는 주로 (b)와 (c)의 구조에 의해 결정된다.

**(예제 2.11)** $OCN^-$와 $CNO^-$의 공명구조를 그리고 형식전하를 표기하시오.

형식전하와는 달리 이온결합 성향이 큰 분자에서 원자의 전하는 산화가(oxidation state)라 부른다. 즉 결합전자를 전기음성도가 큰 원자가 모두 가져간다고 가정하고 전하를 산정한다. $NO_3^-$에서 $O$의 전기음성도가 크고 6족 원소이므로 8개의 전자까지 가질 수 있어서 -2가로 보면, $x+(-2)\times 3=-1$의 식으로부터 $N$이 +5가의 산화가를 갖는다. 이것은 원소들이 비활성 기체의 전자배치구조를 가져 closed shell을 이루는 것이 안정하다는 근거에서 비롯된다.

<표 2.6>에 산화가에 대한 몇 가지 규칙을 열거하였다.

〈표 2.6〉 산화가에 대한 몇 가지 규칙

| | Oxidation number |
|---|---|
| 1. Σ 각 원소들의 산화가 = 총전하 | |
| 2. 원소형태에서의 원자 | 0 |
| 3. 1족 원소들 | +1 |
| 2족 원소들 | +2 |
| 3족 원소들(B는 제외) | +3, +1 |
| 4족 원소들(C, Si은 제외) | +4, +2 |

| | |
|---|---|
| 4. 수소 | +1 (비금속과의 결합에서)<br>-1 (금속과의 결합에서) |
| 5. 플루오르 | -1 |
| 6. 산소 | -2 (F와의 결합을 제외한 모든 경우)<br>-1 (peroxide, $O_2^{2-}$)<br>-1/2 (superoxide, $O_2^-$)<br>-1/3 (ozonides, $O_3^-$) |
| 7. 할로겐 | −1 ($O$나 전기음성도가 더 큰 원소와의 결합을 제외한 모든 경우) |

위 규칙들은 번호 순서대로 우선적으로 적용한다. 예를 들면 $ClO_3^-$ 이온에서 $Cl$의 산화가는 +5가가 된다.

**(예제 2.12)** $N_3^-$ 에서 $N$의 산화가와 $MnO_4^-$ 에서 $Mn$의 산화가를 구하시오.

## 2.2.2 VSEPR 모델(원자가 전자쌍 반발 모델)

Lewis 구조로 분자의 간단한 결합 모형을 구성할 수 있었다. 그러나 2차원적인 구조로는 결합각 등의 입체적인 정보를 예상하기 어렵다. 여기에 간단한 가정으로 전자쌍끼리는 서로 반발하며 그 반발력이 가장 적은 구조로 분자가 배열할 것이라고 생각한다. 이를 입체적으로 나타내면 다음 <표 2.7>에 나열한 구조들이 예상된다.

〈표 2.7〉 중심원자에 존재하는 전자쌍의 개수에 따른 분자구조들

| 전자쌍 수 | 모양 | 구조(결합각) | 실례 |
|---|---|---|---|
| 2 | linear(선형) | (180°) | $HCN$, $CO_2$ |
| 3 | triangular(삼각형) | (120°) | $BF_3$, $CO_3^{2-}$ |

| 4 | tetrahedral<br>(사면체) | (109.5°) | $CH_4$, $SO_4^{2-}$ |
|---|---|---|---|
| 5 | trigonal bipyramidal<br>(삼각 이중 피라미드) | (120°, 90°) | $PCl_5$ |
| 6 | octahedral<br>(팔면체) | (90°) | $SF_6$, $PCl_6^-$ |

위의 모델을 이용하여 $NH_3$의 구조를 예상하여 보자. $N$ 주변에 존재하는 전자의 수는 자신의 최외각 전자 5개와 수소와 공유하는 전자 3개를 합하여 8개이다. 이는 4쌍에 해당되므로 사면체 구조(tetrahedral) 구조를 가져야 한다. 그러나 3쌍은 수소핵에 의해 방향이 확인 가능하나 비공유전자쌍은 확인이 어려워 분자구조를 삼각 피라미드(trigonal pyramidal) 구조로 표현하기도 한다.

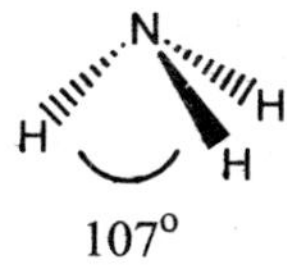


이 때 전자쌍끼리의 반발이 똑같지 않으므로 비대칭 구조가 되는데, 정사면체 구조의 109.5°보다 작은 107°의 각을 나타낸다. 이 현상은 두 핵 사이에서 양 쪽으로 끌리는 전자쌍에 비해 한 핵의 인력에 의해 한 쪽으로만 끌리는 전자쌍은 핵쪽으로 전자밀도가 몰려 있으므로 서로의 반발에 의해 옆의 전자쌍이 밀리게 되기 때문이다.

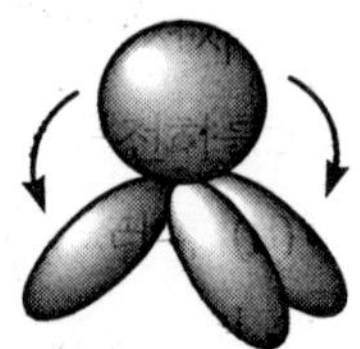

**(예제 2.13)** $H_2O$의 입체구조를 예측하고 결합각의 크기를 예측하여 보시오.

**(예제 2.14)** $XeF_4$, $ClF_3$의 분자구조를 예측하시오.

이와 유사하게 이중결합과 단일결합 전자쌍끼리의 반발도 상이하다. 전자의 밀도가 큰 이중결합의 반발이 세므로 그 각도도 더 많이 벌어질 것으로 예상된다.

**(예제 2.15)** $SOF_4$의 구조는 삼각 이중피라밋 구조를 가지나 그 각도가 비대칭이다. 각도를 비교하시오.

## 2.2.3 혼성궤도(Hybridization)

앞의 모델로 분자의 대략적 구조를 예상할 수 있었다. 그러나 이러한 분자를 만들기 위해 원자간 결합이 어떻게 이루어지는지에 대한 이론적 근거는 제시하지 못하였다. 2.2.3과 2.2.4는 원자간 결합의 이론에 대한 절이다.

두 원자가 결합하기 위해 접근하게 되면 전자의 파동함수가 겹쳐지게 된다. 이 때 파동함수 간에 상호작용을 하여 새로운 파동함수를 생성한다. 분자 내 여러 원자 사이에 일어나는 파동함수 생성 관계는 다음 절에서 논의하고 본 절에서는 중심 원자의 파동함수 변화에 대해서만 살펴보겠다.

$CH_4$에서 $C$가 4개의 $H$와 결합할 때 $C$의 전자배치는 다음과 같다.

$$2s^2 2p_x^1 2p_y^1$$

1개의 원자가전자를 갖는 4개의 $H$와 결합하려면 4개의 쌍을 이루지 않은 전자가 필요하다. 그렇게 만들기 위해 $2s$ 궤도함수에 있는 전자를 $2p_z$로 끌어올리면 $2s^1 2p_x^1 2p_y^1 2p_z^1$로 되어 4개의 결합을 형성할 수는 있으나, VSEPR 모델에서 예상한 사면체 구조가 생성되지 않는다. $p$ orbital들 간에는 90°를 이루고 $s$ orbital은 방향성이 없으므로 사면체 구조와 109.5°의 결합각을 이루지 못한다.

만일 $s$와 $p$ 궤도함수들이 새로운 파동함수를 만들어 사면체 구조에 맞는 결합을 할 수 있다면 분자의 구조를 이론적으로 설명할 수 있을 것이다. 파동함수의 특징은 여러 개의 파동함수들을 대수적으로 혼합할 수 있으며, 단 확률이 1이 되도록 계수 조정이 필요하고 파동함수의 개수는 변하지 않는다는 제한을 갖는다. 여기서 1개의 $s$와 3개의 $p$ 궤도함수가 간섭하여 4개의 새로운 파동함수를 만들 수 있는데 이를 혼성궤도(hybrid) 함수라 한다. 계수는 생략하고 간섭 상황만 표현하면 아래의 식으로 표현할 수 있다.

$$h_1 = s + p_x + p_y + p_z \qquad h_2 = s - p_x - p_y + p_z$$

$$h_3 = s - p_x + p_y - p_z \qquad h_4 = s + p_x - p_y - p_z$$

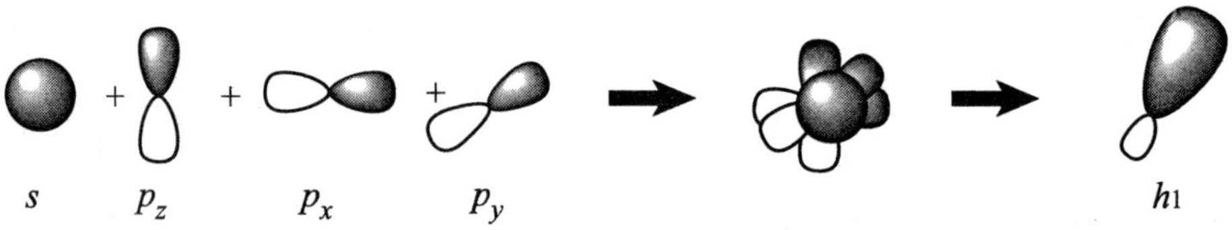

〈그림 2.22〉 $h_1 = s + p_x + p_y + p_z$ 의 혼성궤도 생성 과정의 도식화 그림

<그림 2.22>에서 생성된 혼성궤도 함수는 $s$ 한 개와 $p$ 세 개의 궤도함수로부터 이루어진 것이므로 $sp^3$라 부르며, 이 같은 궤도함수가 대칭적으로 4개가 생성되므로 사면체의 꼭지점을 향하는 특징을 갖는다. 궤도함수의 모양을 보면 원래의 $p$ 궤도함수에 비해 한 쪽으로 전자 밀도가 비대칭적으로 커져있어서 옆의 다른 원자의 파동함수와 겹침이 커지고 따라서 혼성궤도 함수를 이루기 전보다 강한 결합을 이룰 수 있다<그림 2.23>.

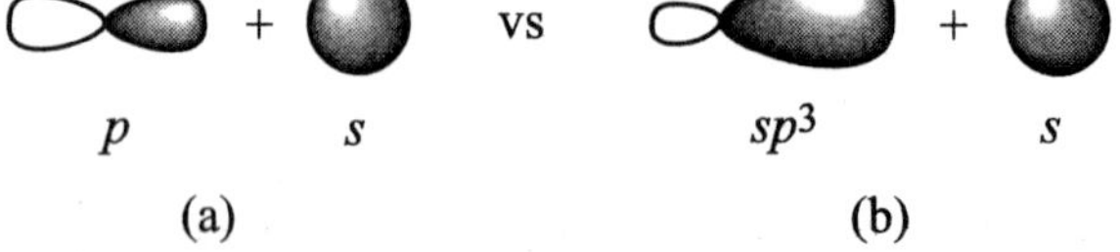

〈그림 2.23〉 수소의 $s$ 궤도함수와 (a) 탄소의 $p$ 궤도함수 (b) 탄소의 $sp^3$ 궤도함수간의 겹침

에너지 준위로 표현하면 아래 <그림 2.24>와 같이 다른 에너지 준위를 갖는 궤도함수들이 4개의 같은 에너지를 갖는 궤도함수로 바뀌게 되며, 여기에 전자를 채울 경우 $C$의 최외각 전자 4개가 하나씩 들어가므로 4개의 $H$와 공유결합을 하여 같은 에너지를 갖은 결합 4개를 이룬다.

2s 2p sp$^3$

〈그림 2.24〉 생성된 4개의 $sp^3$의 에너지 준위

이러한 혼성궤도를 이용하여 앞서 설명한 분자구조들의 결합을 설명할 수 있다.

(1) 선형(linear)구조: 결합각이 180°인 두 결합이 필요하므로 $s$와 $p$의 궤도함수 간 이루는 혼성궤도가 적절하다. 생성된 두 개의 $sp$ 혼성궤도함수의 홀전자들은 $Cl$의 홀전자와 쌍을 이루어 결합을 형성한다.

(예) $BeCl_2$

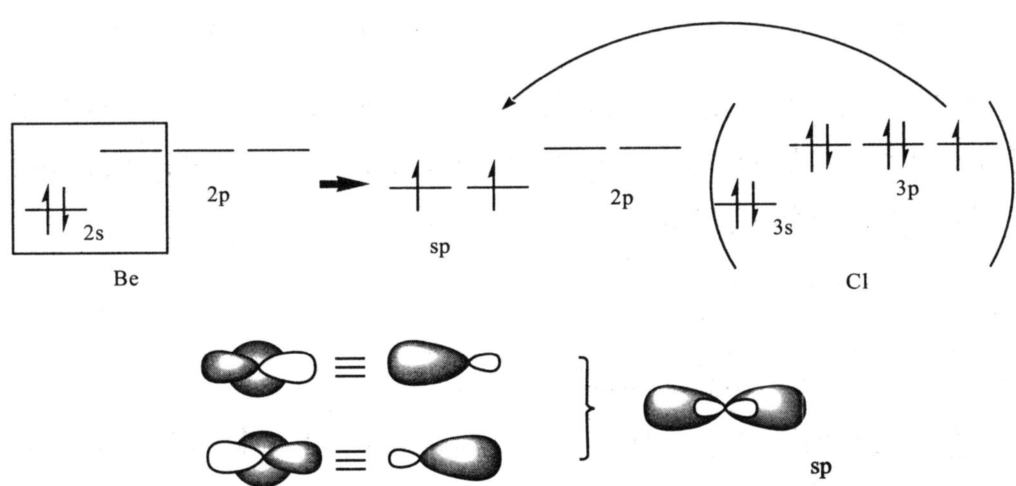


(2) 삼각형(trigonal)구조: 결합각이 120°를 이루는 평면형이고 3개의 혼성궤도 함수를 필요로 하므로 $s$와 $p_x$, $p_y$가 혼성궤도를 이루는 경우 조건을 충족시킨다.

(예) $BF_3$

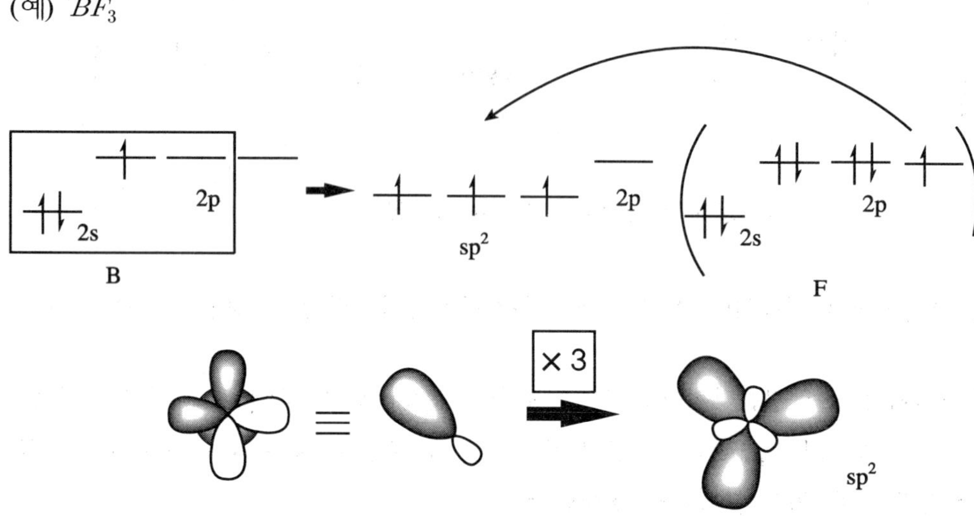


(3) 사면체(tetrahedral)구조: 결합각이 109.5°이고 4개의 혼성궤도 함수가 필요하므로 $s, p_x, p_y, p_z$가 모두 쓰인다. 따라서 앞서 설명한 $sp^3$의 혼성함수를 갖는다.

(4) 삼각 이중 피라미드(trigonal bipyramidal)구조: 각도가 120°인 평면은 삼각형구조와 같이 $sp^2$ 혼성궤도를 이용할 것이고, 축상의 결합은 $p_z, d_{z^2}$으로부터 생성된 혼성궤도 함수를 이용할 것이다.

(예) $PCl_5$

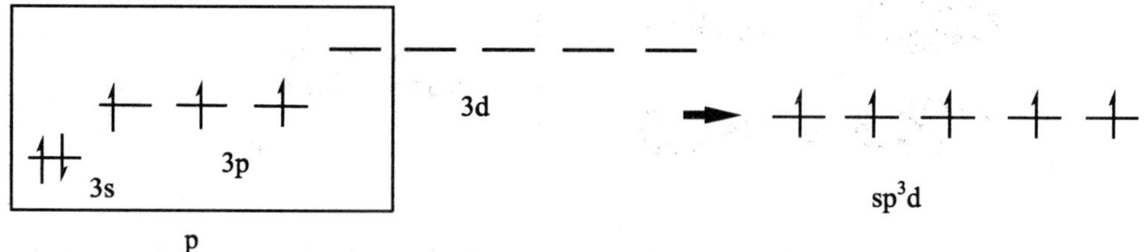

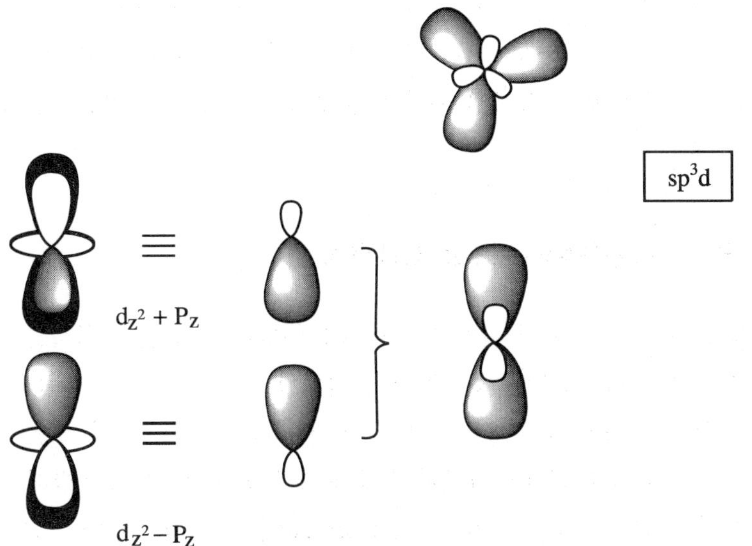


(5) 팔면체(octahedral)구조: 6개의 혼성궤도함수가 필요하므로 $s, p_x, p_y, p_z$ 외에 $d_{x^2-y^2}, d_{z^2}$의 6개 궤도함수를 이용한다.

(예) $SF_6$

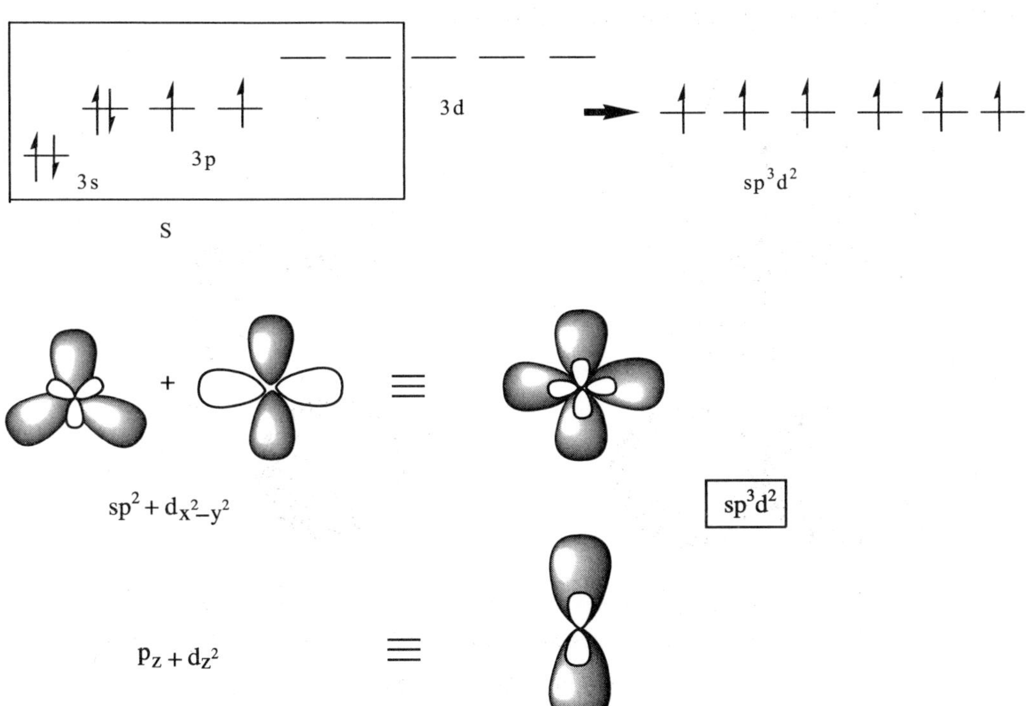

**(예제 2.16)** $NO_2$, $SOF_4$, $ClF_3$, $XeF_4$의 Lewis 구조를 그리고, 입체구조를 그리고, 결합각을 대략적으로 예측하고, 중심원자의 혼성궤도 함수가 무엇인지를 밝히시오.

## 2.2.4 분자궤도 함수(Molecular Orbital)

위의 혼성궤도 함수를 이용해 분자 내 원자가 어떻게 일정한 결합각을 가지고 결합하는지 이해할 수 있었다. 그러나 중심원자에 결합하는 원자가 같은 7족의 $F$거나 $Cl$일 때 결합 에너지를 구별하지 못한다는 단점이 있다. 그러므로 분자 내 모든 원자에 대해 궤도함수의 겹침을 고려해야하며 이것이 새로운 분자궤도 함수를 생성하게 된다.

$H_2$ 분자는 같은 에너지를 갖는 $H$원자의 1$s$ orbital이 겹쳐 생성된다. <그림 2.25>에서 보이듯 수소 원자가 서로 근접하면 파동함수가 겹쳐진다. 이 때 두 파동함수의 부호에 따라 증폭할 수도, 상쇄할 수도 있다. 간섭 후 증폭된 파동함수를 보이는 경우 원자핵 간에 전자가 존재할 확률이 증가함으로써 두 양성자 간의 거리가 반발 없이 가까워질 수 있으며 따라서 결합(bonding)이 이루어진다고 본다. 반대로 파동함수가 상쇄되는 경우는 전자가 존재할 확률이 0인 node가 존재하므로 두 양성자가 근접하지 못하고 결합을 약화시킨다. 이것을 반결합(antibonding)이라 한다.

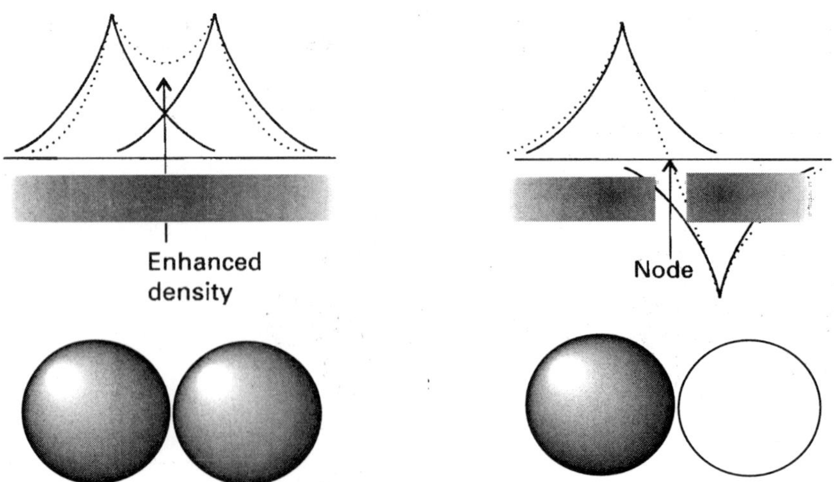


〈그림 2.25〉 두 개의 수소 원자가 접근함에 따른 파동함수의 겹침. (a) 같은 사인의 파동함수이므로 증폭되고 핵 사이에 전자 존재 확률은 증가한다(결합). (b) 다른 사인의 파동함수가 겹쳐 상쇄되고 핵 사이의 전자 존재 확률은 0(node)이 된다(반결합).

수소 원자가 근접함에 따라 총 에너지 변화를 그린 그래프가 <그림 2.26>이다.

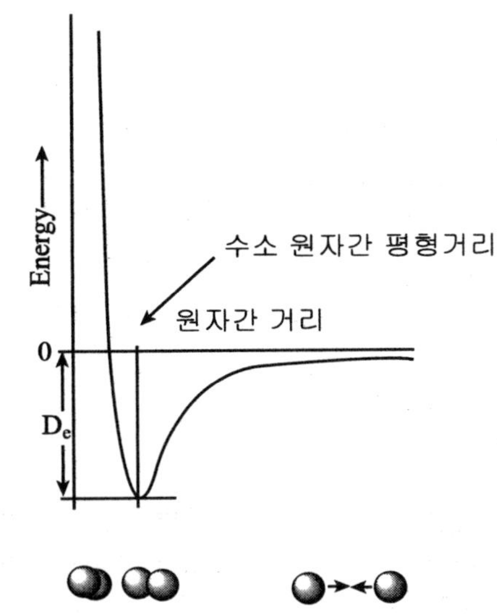


〈그림 2.26〉 수소원자의 근접에 따른 에너지 변화

멀리 떨어져 있던 수소 원자가 근접하면서 궤도함수가 겹쳐지면 분자가 형성되면서 에너지가 최소화된다. 이때 분자의 공유결합 길이가 정해진다. 이 보다 더 가까워지면 두 핵이 너무 근접하여 반발하게 되므로 에너지는 급속히 증가하게 된다.

파동함수간의 간섭에 의한 에너지 관계를 분자궤도 함수의 에너지 준위로 도식화한 그림이 <그림 2.27>이다. 두 개의 수소원자 궤도함수의 부호가 같아 생성되는 결합궤도함수는 에너지가 감소하며, 부호가 달라 node가 형성되는 반결합 궤도함수는 에너지가 증가한다. 즉, 분자 궤도함수는 node의 수가 많을수록 높은 에너지를 갖는다. 이 때 전체 에너지는 변함이 없어야 하므로 결합에 의해 에너지가 감소한 만큼 반결합에 의해 증가한다. 두 분자궤도함수(MO) 간의 에너지 차는 11.4 eV, 109 nm에 해당한다.

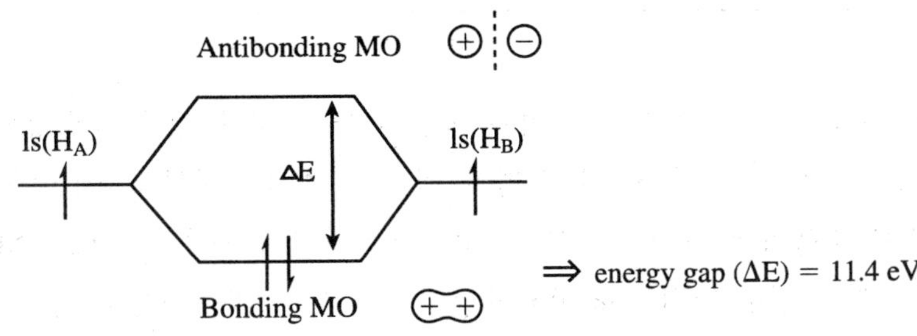


〈그림 2.27〉 $H_2$의 분자궤도 함수의 에너지 준위

이와 유사하게 다른 궤도함수들 간에도 결합이 가능하다. $s, p$ 궤도함수들에 의한 가능한 겹침을 아래 <표 2.8>에 제시하였다. 이 중 결합궤도 함수를 만들 수 있는 방법을 찾아보자.

〈표 2.8〉 $s$와 $p$ 궤도함수들의 가능한 겹침

| 겹침 방법 | 궤도함수의 겹침 | 결합 유무(node 수) | 분자궤도 함수 |
|---|---|---|---|
| (a) $s + p_z$ | node | 결합(0)<br>반결합(1) | $\sigma_{sp}$<br>$\sigma^*_{sp}$ |
| (b) $s + p_x$ or $p_y$ | | 증폭과 상쇄가 동시에 일어나므로 결합과 무관함(비결합) | n |
| (c) $p_z + p_z$ | node | 결합(0)<br>반결합(1) | $\sigma_p$<br>$\sigma^*_p$ |
| (d) $p_z + p_x$ or $p_y$ | | 증폭과 상쇄가 동시에 일어나므로 결합과 무관함(비결합) | n |
| (e) $p_x + p_x$ or $p_y + p_y$ | node | 결합(0)<br>반결합(1) | $\pi_x, \pi_y$<br>$\pi^*_x, \pi^*_y$ |

$s$ 궤도함수와 $p$ 궤도함수가 겹치는 방법은 두 가지가 있다. <표 2.8>(a)와 같은 방향은 증폭과 상쇄가 일어나므로 결합과 반결합 MO가 생성되나 (b)와 같은 방법으로 겹치는 것은 증폭과 상쇄가 동시에 일어나 에너지의 변화가 없으므로 MO에 영향을 주지 않는다. 이럴 경우 비결합(nonbonding)이라 하며 분자궤도함수 상에서 원자궤도함수와 같은 에너지 준위를 갖는다. $p$ 궤도함수 간의 겹침은 서로 마주보는 것과 평행한 것, 직각을 이루는 것이 있을 수 있다. <표 2.8>(c)와 같이 마주보면 증폭하거나 상쇄하

여 결합과 반결합을 생성하지만, (d)와 같이 직각을 이루면 에너지 증감이 없으므로 비결합을 이룬다. (e)의 경우는 서로 평행하여 한 면을 기준으로 위쪽의 부호가 같으면 아래쪽도 같은 부호를 가지므로 증폭된 파동함수를 생성하는 한편, 서로 반대의 부호가 같은 쪽에 있다면 상쇄되어 반결합을 이룰 것이다.

분자 궤도 함수도 그 모양에 따라 이름을 달리하는데 <그림 2.28>에 보이는 것과 같이 두 원자핵의 결합축에 대해 180도 회전으로 대칭이면 $\sigma$, 대칭이 아니면 $\pi$ 궤도함수 또는 결합이라 부른다. <표 2.8>에 나타낸 MO에 대한 이름은 (a)와 (c)의 경우가 $\sigma$ 궤도함수이며, 그 근원을 표시하기도 한다. $s$와 $p$ 궤도함수로 이루어진 (a)의 경우는 $\sigma_{sp}$라 하며, $p$ 궤도함수로 이루어진 (c)의 경우는 $\sigma_p$라 한다. 반결합 궤도함수는 결합 궤도함수에 '*'를 붙여 표시하므로 $\sigma^*_{sp}$와 $\sigma^*_p$로 표기한다. $\pi$ 궤도함수 역시 $x, y$축 상의 $p_x$ 또는 $p_y$ 궤도함수로부터 얻어졌으므로 $\pi_x, \pi_y$라 표기한다.

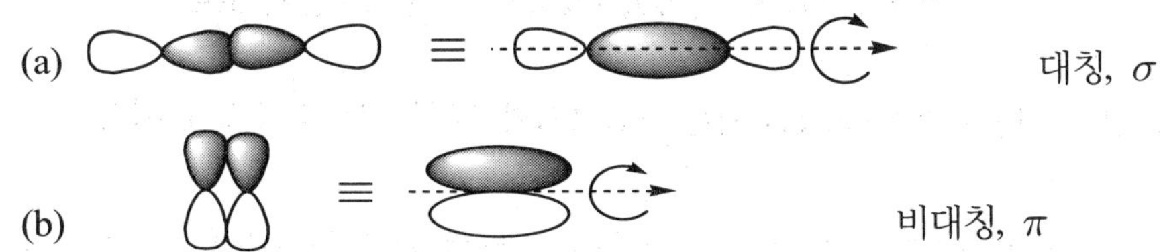


〈그림 2.28〉 P 궤도함수 간의 겹침으로 생성될 수 있는 결합궤도함수들의 모양 : (a) $\sigma$ 결합궤도함수, (b) $\pi$ 결합궤도합수

위의 궤도함수 겹침에 의해 생성된 분자궤도 함수의 에너지 준위는 아래 <그림 2.29>에 표현한 바와 같다.

1s와 2s 궤도함수끼리 겹쳐져 $\sigma$와 $\sigma^*$를 만들고, 2p 궤도함수들은 $\sigma$와 $\pi$ 궤도함수를 만든다. 이렇게 만들어진 분자궤도 함수에 이를 형성한 원자가 가지고 있던 전자를 원자궤도 함수를 채웠던 방법으로 채우면 된다. 산소의 경우 $1s^2 2s^2 2p^4$ 총 8개의 전자를 가지고 있으므로 $O_2$ 분자에는 16개의 전자를 채운다:

$$\sigma_{1s}{}^2 \sigma^*_{1s}{}^2 \sigma_{2s}{}^2 \sigma^*_{2s}{}^2 \sigma_p{}^2 \sigma^{*2}_p \pi_x{}^2 \pi_y{}^2 \pi^*_x{}^1 \pi^*_y{}^1.$$

이렇게 형성된 분자궤도로부터 분자의 결합차수를 계산한다. 결합궤도 함수에 있는 전자는 결합차수를 증가시키며, 반결합궤도 함수에 있는 전자는 결합차수를 낮춘다. 비결합의 경우는 결합과 무관하므로 차수에 영향을 주지 않는다. 그리고 2개의 전자가 공유되어 단일결합을 형성하므로 결합차수를 1로 한다. 따라서 위의 그림에 나타낸 산소

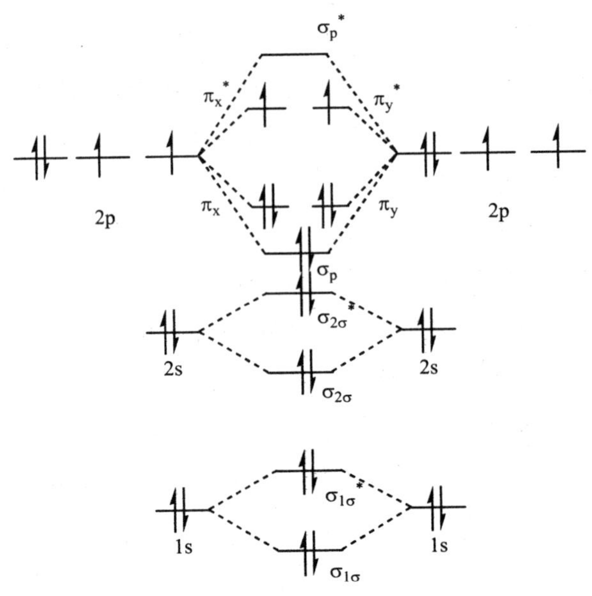


〈그림 2.29〉 $O_2$의 분자궤도 함수의 에너지 준위 도표

분자의 경우 결합차수(bond order)는 식(2.14)와 같이 계산되어 2가 된다.

Bond order = {(결합궤도 함수내의 전자) - (반결합궤도 함수내의 전자)} ÷ 2

$$= \frac{(2+2+2+2+2)-(2+2+2)}{2} = 2 \qquad (2.14)$$

| (예제 2.17) $He_2$과 $F_2$의 분자궤도 함수를 그리고 결합차수를 계산하시오. |
|---|

2 주기 원소들의 경우 1s에 의한 $\sigma_{1s}$는 결합에 기여하나 동시에 생성되는 반결합 $\sigma_{1s}^*$가 결합차수를 감소시키므로 분자 에너지에 기여하는 바가 없다. 결론적으로 최외각 전자가 아닌 닫힌 껍질의 전자는 결합에 기여하지 못한다. 그리고 분자의 성질을 좌우하는 것은 가장 높은 에너지를 갖는 전자들이므로 일반적으로 분자궤도 함수를 나타낼 때는 최외각 전자에 의한 궤도함수 만을 고려해도 무방하다. 2주기 원소들의 이원자분자에 대한 분자궤도함수의 에너지 준위는 <그림 2.30>과 같다.

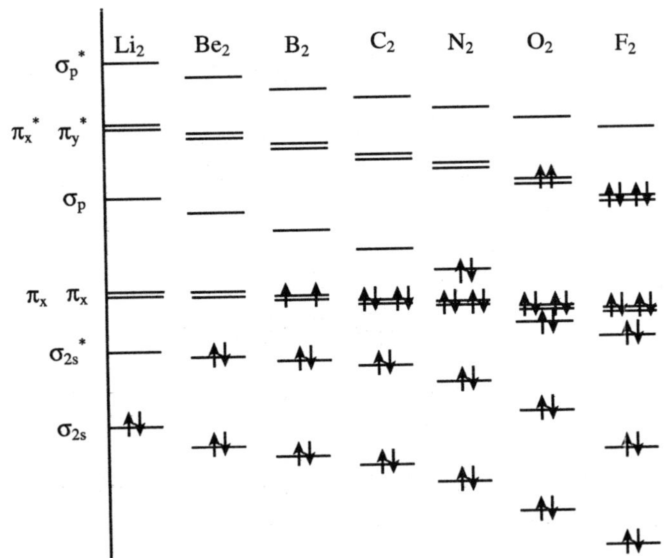


〈그림 2.30〉 2주기 원소들의 이 원자 분자에 대한 분자궤도 함수의 에너지 준위 도표

<그림 2.30>에 나타난 분자들은 같은 주기의 원자들에 의한 것임에도 p 궤도함수에 의한 $\sigma_p$와 $\pi$ 에너지의 위치가 다름을 확인할 수 있다. 이것은 electron spectroscopy로 관측된 결과를 바탕으로 도식화 한 것이므로 이에 대한 이론적 이해가 필요하다. 2주기 전반부 원소들의 경우 2s가 2p와 매우 근접해 있으므로 이들이 만드는 $\sigma_{2s}$와 $\sigma_p$가 비슷한 위치와 비슷한 에너지를 갖게 되어 전자들끼리의 반발이 유발된다. 이때 $\sigma_p$의 에너지는 좀 더 높아지고 $\sigma_{2s}$는 좀 더 낮아짐으로써 전자들의 반발이 줄어든 것으로 이해할 수 있다.

분자궤도 함수에 전자를 채울 때는 원자궤도 함수에서 채우듯이 낮은 에너지의 궤도 함수부터 채우게 된다. 이 때 전자가 채워진 궤도함수 중 가장 높은 에너지를 갖는 궤도함수를 highest occupied molecular orbital(HOMO)라 부르고, 그 바로 위에 채워지지 않은 것 들 중 가장 낮은 에너지를 갖는 궤도함수를 lowest unoccupied molecular orbital (LUMO)라 부른다. 원자에서 보았듯이 외부에서 에너지가 주입되면 가장 쉽게 움직이는 전자가 최외각전자이듯이 분자에서도 HOMO의 전자가 이동이 가장 쉽다 (labile). 그리고 외부에서 전자를 받는 경우도 원자가 음이온이 될 때와 마찬가지로 LUMO에 전자를 받는다. 따라서 분자궤도 함수에서는 이 두 궤도함수가 중요하다.

다른 두 원소가 분자를 이루는 경우는 두 원자의 원자궤도함수 에너지가 다르기 때문에 분자궤도 함수의 에너지가 다소 비대칭적으로 나타난다(그림 2.31).

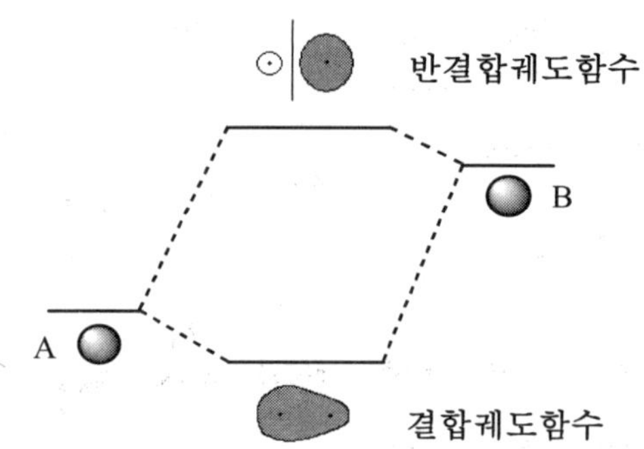


〈그림 2.31〉 이핵 이원자 분자의 궤도함수의 에너지 준위

결합궤도 함수는 에너지가 낮은 A 원자에 가까우며 그 성향 또한 A 원자를 닮는다. 따라서 결합궤도 함수는 A 원자 쪽으로 전자 밀도가 치우쳐 있게 된다. 반면 반결합궤도 함수는 B 원자 성향을 띠면서 B 원자 쪽으로 확률이 치우쳐 있다. 이것은 반응하는 방향을 조절한다. 예를 들어 Lewis acid에 의한 공격을 받아 전자쌍을 내어 주는 반응인 경우 A 쪽에 전자가 몰려 있으므로 A와 반응할 것이며, Lewis base가 공격하여 전자를 받아야하는 경우 B 쪽으로 전자가 쉽게 채워질 수 있도록 반결합궤도 함수의 확률이 크므로 B 쪽으로 반응한다. 이 분자궤도 함수를 달리 설명하면 전기음성도가 커서 원자궤도 함수의 에너지가 낮은 원자에 전자밀도가 크며, 그렇지 않은 쪽에 전자가 부족한 것으로도 이해할 수 있다.

MO를 그리는 것도 필요하겠으나 본 교재에서는 MO의 이해만을 목표로 하므로 다음의 $CO$분자에 대한 MO(그림 2.32)를 보고 결합차수와 HOMO, LUMO를 가려낼 수

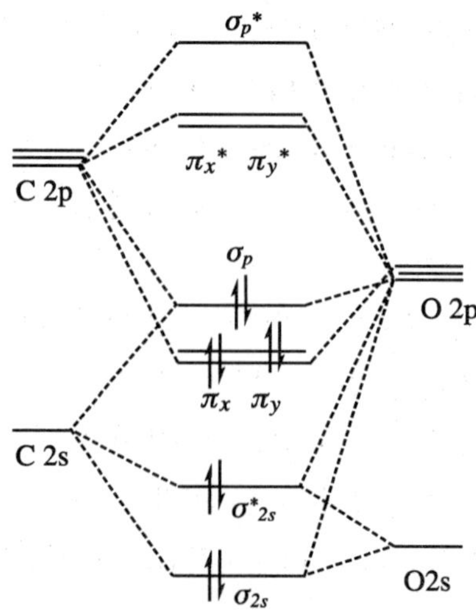


〈그림 2.32〉 $CO$분자의 분자궤도 함수 에너지 도표

있는지를 판단해 보자. $CO$의 HOMO는 $\sigma_p$이며, LUMO는 $\pi^*_{x,}\ \pi^*_y$이다. 결합차수는 3차로 계산되며, 이는 Lewis 구조를 그릴 때 $C$와 $O$간에 삼중결합을 갖는 것과 일치한다.

만일 수소 원자가 3개 결합된 분자가 존재한다면 그 분자궤도 함수는 어떤 모양과 어떤 에너지를 가질 것인가? 아래 <그림 2.33>에는 수소원자가 놓일 수 있는 가능한 경우를 배열하였다.

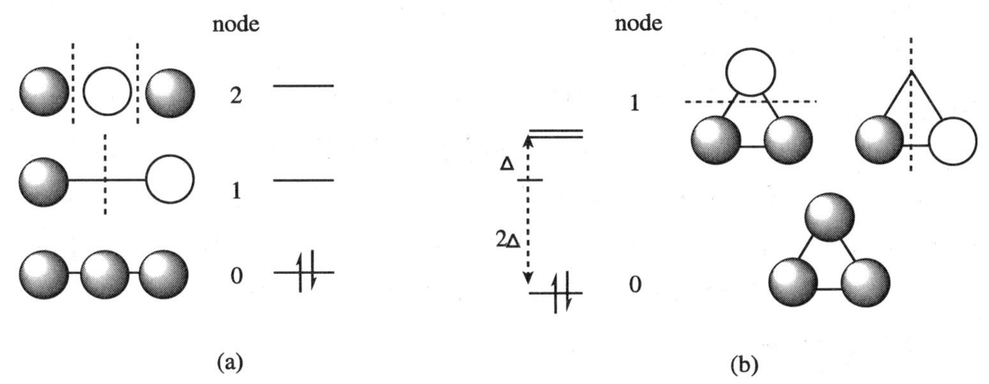


〈그림 2.33〉 $H_3^+$의 가능한 분자궤도 함수와 에너지 준위. (a) 선형으로 배열된 경우, (b) 삼각평면으로 배열된 경우.

분자궤도 함수에서 node 수가 증가함에 따라 에너지가 증가하므로 선형으로 결합한 경우(그림 2.28 (a)) node가 0, 1, 2의 순으로 에너지 높다. 이 때 0과 2의 에너지는 같은 양 만큼 낮아지고 높아짐을 알 수 있다. 삼각평면(그림 2.28 (b))으로 결합한 경우 node 수가 1개인 분자궤도 함수가 2개이고, 따라서 0개와 1개의 에너지 차는 에너지합이 0인 원리를 따라 2 대 1의 비로 벌어진다. 이렇게 가정된 (a)와 (b)의 분자궤도 함수에 $H_3^+$의 전자 2개를 채우면 (a) 보다 (b)의 경우가 더 낮은 에너지를 가지며, 결론적으로 $H_3^+$는 삼각평면의 구조를 가질 것으로 예상한다.

**(예제 2.18)** Benzene의 분자궤도 함수 중 $\pi$(결합궤도)와 $\pi^*$(반결합궤도)의 에너지 준위를 node 수를 이용하여 간단한 그림으로 그려 보시오.

### 2.2.5 원자 간 결합의 세기

분자 내의 원자간 결합력은 원자간 길이와 매우 밀접한 관계를 가지고 있다. 공유 결합의 경우 전자를 공유함으로써 두 원자간 거리가 그냥 이웃하는 거리(van der Waals radius)보다 가까워진다. 공유 결합하는 두 원자가 분자궤도 함수를 생성할 때 파동함수의 겹침이 클수록 전자밀도가 증가하고 원자핵간의 거리가 가까워질 수 있다. 이로써 원자간 결합길이는 짧아질수록 결합세기가 강해진다고 말할 수 있다. 단일결합 보다 이중결합이 강함도 같은 결과이다.

$H_2$와 $F_2$로부터 얻은 공유결합 반경이 각각 0.37Å, 0.64Å인데 $HF$ 간의 공유결합 길이는 0.92Å이다. 이 결과는 $HF$ 분자가 단순한 공유결합 보다 더 강한 결합을 갖는 것으로 풀이되며 앞의 이핵 이원자 분자의 분자궤도 함수에서 보았듯이 서로의 전기음성도 차이로 인한 결합궤도 함수의 안정화에 의한 것이고 이는 결합이 다소 이온성을 띠기 때문으로도 해석할 수 있다. 그 결과 $H_2$와 $F_2$로부터 $2HF$를 자발적으로 얻을 수 있다는 예측도 가능하다.

결합길이 이외에 결합구조에 따라 결합세기를 달리하는 경우도 있다. 3주기 이상의 원소들은 원자가 크기 때문에 이중결합을 이루기가 2주기 원소보다 어렵다. 예를 들면 N, O, P, S 원자의 공유결합 길이를 비교한 것이 <표 2.9>에 나타나 있는데, N과 P를 비교하면, 비록 단일결합의 반경이 N이 짧으나 단일결합 강도를 비교하면 N은 169 kJ/mol이며 P는 200 kJ/mol이다. 이는 N은 분자상태가 $N_2$로 삼중결합을 갖는 선형구조이나, P는 $P_4$(사면체구조, 그림 2.34)를 갖는다. 따라서 단일결합에 대한 강도는 $P_4$의 네 개 결합을 끊어내는 데 필요한 에너지의 평균값이 되므로 높은 결합에너지를 갖는 것으로 계산된다.

〈표 2.9〉 N, O, P, S 원소의 공유결합 반경

| N | O |
|---|---|
| 0.74(단일결합)<br>0.65(이중결합) | 0.66(단일결합)<br>0.57(이중결합) |
| **P** | **S** |
| 1.10(단일결합) | 1.04(단일결합)<br>0.95(이중결합) |

〈그림 2.34〉 $P_4$의 분자구조

**(예제 2.19)** 산소 원자는 $O_2$ 분자로 존재하나 황 원자는 어떤 분자구조로 존재하는지 조사하여 보시오.

## 2.3 분자 간 결합

물질의 특성을 나타내는 기본 단위가 분자라면 그 특성을 나타내는 근본 원인은 분자 간 결합력이라 할 수 있다. 예를 들면 끓는점은 액체 상태가 기체 상태로 변하는 온도인데 액체 상태는 분자가 응축되어 있는 상태로 분자 사이에 강한 인력이 존재하나 기체 상태인 분자는 분자 하나하나가 임의적으로 행동하는 상태이므로 분자 간 인력이 클수록 끓는점이 높다고 할 수 있다.

우선 분자의 특성을 분류하기위해 분자내 원자간 결합을 극성과 비극성 결합으로 나눈다. 다른 원자들 간의 결합은 각 원소의 전기음성도가 다르므로 각 결합에 기여하는 공유전자의 치우침이 생긴다. 이를 극성 결합이라 하며 이는 방향을 갖는 벡터(쌍극자 모멘트, $\mu = d \times \delta$)가 된다. 그리고 벡터의 방향은 아래 그림과 같이 전자가 끌리는 쪽으로 표시한다.

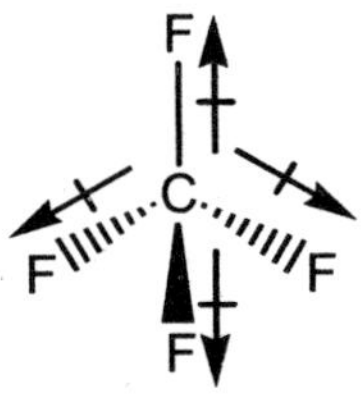


$CF_4$에서 $C-F$간 결합은 극성결합으로 전기음성도가 큰 $F$ 쪽으로 벡터를 표시한다. 이들 결합이 하나의 분자내에서 입체적으로 배열하면, 서로 벡터의 합이 이루어지게 된다. 위의 $CF_4$는 분자 구조가 정사면체 구조로 대칭이므로 4개의 벡터 합은 0이 된다. 따라서 비록 극성결합을 가지나 분자 자체는 비극성 분자가 된다.

같은 구조를 갖는 극성 분자인 $NH_3$와 $NF_3$는 총 벡터의 합이 다름에 따라 매우 다른 성질을 보인다(그림 2.35). $NH_3$의 경우 비공유 전자쌍의 벡터 방향이 $N-H$의 극성 결합과 같은 방향이나, $NF_3$에서는 상쇄되어 쌍극자 모멘트가 $N-F$ 쪽으로 향한다. 결과적으로 $NH_3$는 다른 분자나 원자에 전자쌍을 줄 수 있는 염기로 작용하나, 비슷한 구조의 $NF_3$는 염기로 작용할 수 없음을 알 수 있다.

〈그림 2.35〉 $NH_3$와 $NF_3$의 쌍극자 모멘트 비교

분자 간 인력은 다양한 방법으로 나눌 수 있겠으나, 이온 간의 결합은 뒤의 고체 부분에서 다룰 것이고 공유결합을 갖는 분자들 간의 인력은 쌍극자(dipole) 간의 인력, 수소 결합, London 힘으로 크게 나눈다. 분자가 극성 분자인 경우 우선 쌍극자 모멘트를 가지므로 분자 간 인력이 존재한다. 이를 쌍극자 간의 인력이라 한다. 쌍극자 모멘트가 존재하는 한 분자는 작은 자석 같이 서로 인력이 생긴다. <표 2.10>에서 같은 분자량을 갖는 분자들임에도 불구하고 극성분자인 경우 끓는점이 높다는 사실을 볼 수 있다.

〈표 2.10〉 같은 분자량을 갖는 분자들의 끓는점

| | m.p. | b.p. |
|---|---|---|
| $CO$ | 68 K | 82 K |
| $N_2$ | 63 K | 77 K |

전기음성도가 큰 원소(F, O, N 등)에 결합된 수소(전자가 부족한 수소)를 갖는 분자의 경우 아래의 <그림 2.36>과 같이 수소 결합(hydrogen bonding)을 갖는다. 이 경우 기화시키기 위해서는 주변 분자와의 결합을 모두 끊어야하므로 높은 에너지를 필요로 하게 되어 끓는점이 높다(그림 2.37).

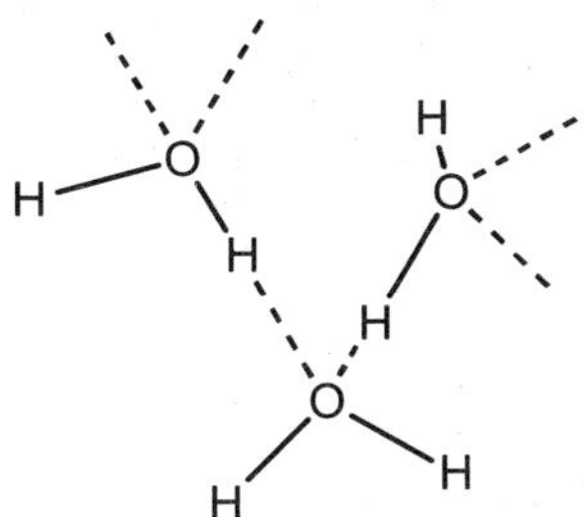


〈그림 2.36〉 $H_2O$의 수소 결합: $O$의 $sp^3$ 혼성궤도 함수 중 비공유 전자쌍을 가지고 있는 두 방향으로 수소결합이 가능하다.

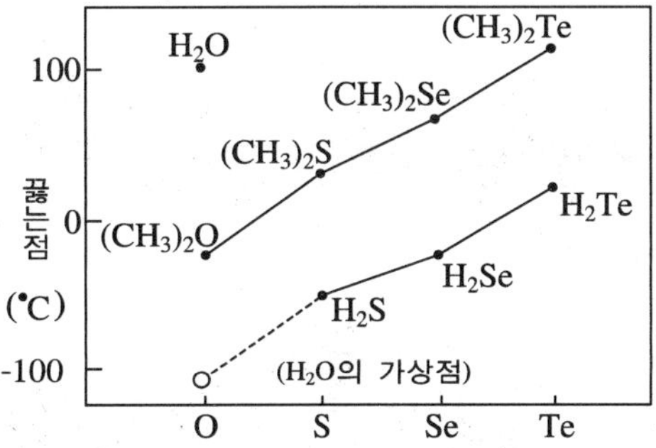


〈그림 2.37〉 16족(VIB) 원소들의 수소와 메틸 그룹의 치환체 화합물들의 끓는점 비교

위의 두 가지 경우 모두에 속하지 않는 경우라도 분자 간 인력은 존재한다. 예를 들면 $He$, $N_2$ 분자 모두 비극성이며 수소결합을 갖지 않는다. 그러나 낮은 온도이긴 하나 액체 상태로 존재한다. 이 현상은 어떻게 설명할 수 있는가? 한 분자의 전자가 순간적으로 한 방향으로 몰리는 경우 순간쌍극자가 형성된다. 이것에 의해 옆의 분자가 유도쌍극자를 형성하며 이렇게 생긴 작지만 의미있는 극성이 분자 간 인력을 생성시킨다고 본다(그림 2.38). 이를 London이라는 화학자의 이름을 따서 London 힘이라 한다.

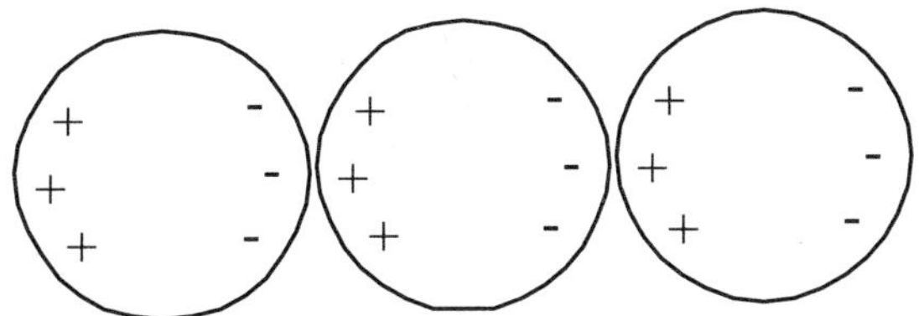

〈그림 2.38〉 비극성 분자들의 순간쌍극자와 유도쌍극자에 의한 London 힘.

위 <그림 2.38>에서 +와 −의 부호는 전자가 몰려 있는 쪽은 (−)로, 다른 쪽은 전자가 부족한 상태이므로 (+)로 표시한 것이다. 몰릴 수 있는 전자가 많을수록 순간쌍극자의 크기가 커질 것이므로 분자량이 큰 분자일수록 London 힘은 커질 것으로 예측된다. 실제로 비극성 분자이면서 분자량이 클수록 끓는점이 높음을 <그림 2.37>을 보고 알 수 있다.

이 외에 분자의 모양에 의해 분자들의 포개짐이 달라지고 그에 따라 녹는점이 다른 경우도 있다. 포화지방산과 불포화지방산의 경우(그림 2.39) 분자들끼리 포개지는 경우 포화지방산(그림 2.39 (a))은 분자간 접촉이 커서 인력이 증가하여 녹는점이 높으나, 불포화지방산(그림 2.39 (b))은 차곡차곡 포개질 수 없으므로 녹는점이 낮다. 따라서 포화지방산은 주로 실온에서 고체이다.

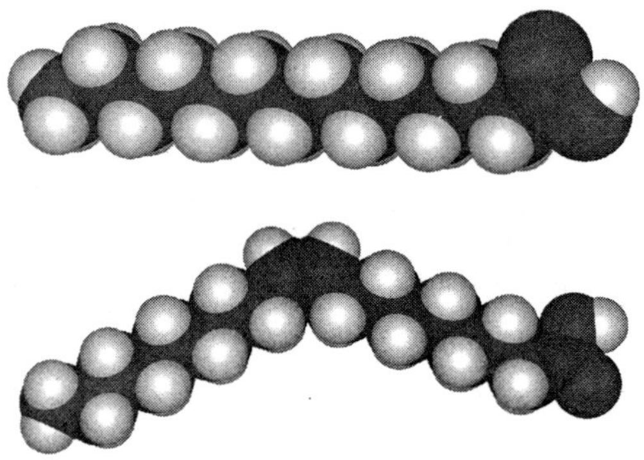

〈그림 2.39〉(a) 포화 지방산인 myristic acid의 구조 (b) 단일불포화 지방산인 oleic acid의 구조

# 제3장 분자 간 반응

분자 간의 화학반응은 크게 두 가지로 본다. 산-염기의 반응과 산화-환원 반응이 그것인데, 미지의 반응을 경험하게 될 때 어떤 쪽의 반응인지를 먼저 파악하면 그에 대한 반응식에 대한 이해가 빨라질 수 있다. 한 가지 반응에서 산이 확인되면 그에 맞서는 염기가 존재해야하고, 다른 반응에서 산화가 감지되면 환원하는 그 무엇을 찾을 수 있어야한다.

## 3.1 산·염기 반응

### 3.1.1 정의

[1] 산, 염기의 정의

보는 시각에 따라 산과 염기의 개념이 넓어진다. 수용액에서 $H^+(H_3O^+)$, $OH^-$ 이온을 내는 것을 각각 산과 염기로 정의한 Arrhenius 식 (3.1)과 (3.2)에서 시작해서, 수용액이 아닌 상태에서의 산과 염기를 정의하기 위한 Brönsted-Lowry의 개념으로 기체 상태에서 염산과 암모니아 기체 간의 반응에 의해 생성되는 흰 고체 연기를 설명하였다(식 (3.3)). Brönsted-Lowry의 개념은 $H^+$를 내어주는 것을 산, $H^+$를 받는 것을 염기로 정의하였으나 앞의 Arrhenius 정의에 배반되지 않는다.

$$\text{산: } HCl(aq) + H_2O(l) \rightarrow H_3O^+(aq) + Cl^-(aq) \quad (3.1)$$

$$\text{염기: } H_2O(l) + NH_3(aq) \rightleftharpoons NH_4^+(aq) + OH^-(aq) \quad (3.2)$$

vs.

$$\underset{\text{산}}{\underline{HCl(g)}} + \underset{\text{염기}}{\underline{NH_3(g)}} \rightarrow NH_4Cl(s) \tag{3.3}$$

$H^+$가 관여하지 않는 반응 역시 산, 염기 반응으로 분류할 수 있다. 식 (3.4)에서 $BF_3$와 $NH_3$의 반응은 $NH_3$가 가지고 있는 비공유 전자쌍을 전자쌍이 부족한 $BF_3$에 내어주어 공유결합이 형성된 경우로 비공유 전자쌍을 내어준 $NH_3$를 염기로, 전자쌍을 받은 $BF_3$를 산으로 본다. 이는 Lewis의 개념이며, $NH_3$가 어떤 정의 하에서도 염기임을 확인할 수 있다.

$$BF_3 + NH_3 \rightleftharpoons F_3B:NH_3 \tag{3.4}$$

**(예제 3.1)** 다음 반응에서 산을 구분하시오.

$$Ag^+ + 2NH_3 \rightleftharpoons [H_3N:Ag:NH_3]^+ \tag{3.5}$$

### [2] 짝산과 짝염기

산, 염기 반응식은 평형반응이므로 정반응과 역반응 모두 존재하며, 하나의 화합물이 산으로 $H^+$를 내놓으면 용액 중에는 $H^+$가 떨어져 나간 짝 화합물이 존재한다.

$$HF(aq) + H_2O(l) \rightleftharpoons H_3O^+(aq) + F^-(aq) \tag{3.6}$$

식 (3.6)에서 정반응에서 $HF$가 산이고, 결과 생성된 $F^-$는 역반응에서 $H^+$를 받는 염기가 된다. 이 때 각각을 '짝산(conjugate acid)', '짝염기(conjugate base)'라 부른다. 즉 정반응에서 산이었던 $HF$의 짝염기는 $F^-$이며, 염기였던 $H_2O$의 짝산은 $H_3O^+$이다. 쉽게 말하면, 산은 $H^+$를 지니고 있고 그에 대한 짝염기는 $H^+$를 떼어낸 나머지가 된다.

**(예제 3.2)** 다음의 반응식에서 산과 염기를 구분하고, 짝산과 짝염기를 찾으시오.

(a) $HSO_4^-(aq) + OH^-(aq) \rightleftharpoons H_2O(l) + SO_4^{2-}(aq)$

(b) $CO_3^{2-}(aq) + H_2O(l) \rightleftharpoons HCO_3^-(aq) + OH^-(aq)$

**(예제 3.3)** $NH_3$의 짝산과 짝염기를 쓰시오.

## 3.1.2 산의 세기

### [1] 이온화상수($K_a$)

Brönsted 산과 염기에 대해서 강산과 약산을 정의함은 화합물이 얼마나 잘 이온화하는가로 본다. 100% 이온화하는 경우 강산이라 하며, 적은 퍼센트로 이온화하는 경우 약산이라 정의한다. 즉 다양성자산, $H_2CO_3(aq)$가 두 개의 $H^+$를 내놓을 수 있다고 해서 강산이 아니다. 이 두 개의 $H^+$가 얼마나 잘 떨어지느냐로 산의 세기를 판단한다.

산, 염기 반응은 평형반응이므로 평형상수를 나타낼 수 있으며, 이 값과 이것의 $-\log$ 값인 $pK_a$로 산의 세기를 비교할 수 있다(Table 3.1).

$$HCl(aq) + H_2O(l) \rightarrow H_3O^+(aq) + Cl^-(aq) \qquad K_a = \frac{[H_3O^+][Cl^-]}{[HCl]} = 10^7 \quad (3.7)$$

$$HF(aq) + H_2O(l) \rightleftarrows H_3O^+(aq) + F^-(aq) \qquad K_a = \frac{[H_3O^+][F^-]}{[HF]} = 3.5 \times 10^{-4} \quad (3.8)$$

<표 3.1>에 보이는 평형상수는 $K_a$ 값이 작을수록 이온화(평형의 정반응)가 잘 안된다는 의미이므로 약산이며, $pK_a$ 값은 클수록 약산임을 알 수 있다. 몇 가지 경향을 보면 같은 할로겐족의 수소화합물인 $HF$, $HCl$, $HBr$, $HI$는 산의 세기가 다른데, $HCl$, $HBr$, $HI$는 강산인데 반해 $HF$는 약산이다. 약산의 의미를 살펴보면 수소 이온과 음이온의 결합이 강할수록 이온화가 잘 되지 않는다는 의미이고 강산은 수소 이온과의 결합이 매우 약함을 뜻한다. $H$와 $F$ 사이에는 전기음성도 차가 매우 커서 강한 결합을 하고 결과적으로 이온화가 약하다. 반면 전기음성도 차에 따라 결합이 약해지는 순으로 산의 세기도 차이가 나는 현상을 볼 수 있다.

$$HCl < HBr < HI$$

**(예제 3.4)** <표 3.1>에서 약산을 2개 선택하고 평형상수식과 그 값을 표현하시오.

산의 짝염기의 세기도 결합의 세기로 설명할 수 있다. $H^+$와의 결합이 약해 이온화된 후 생성된 짝염기는 주변에 $H^+$가 존재한다고 하더라도 쉽게 결합하지 않을 것이다. 따라서 그 짝염기의 염기성은 약하다고 본다. 반대로 약산의 짝염기는 $H^+$와의 결합이 강하므로 짝염기 주변에 $H^+$를 줄 수 있는 이온이나 분자가 존재하면 쉽게 결합할 것이다. 따라서 약산의 짝염기는 염기성이 강하다.

〈표 3.1〉 몇 가지 산의 수용액에 대한 평형상수 값(25℃)

| Acid | HA | A⁻ | $K_a$ | $pK_a$ |
|---|---|---|---|---|
| hydroiodic | $HI$ | $I^-$ | $10^{11}$ | -11 |
| perchloric | $HClO_4$ | $ClO_4^-$ | $10^{10}$ | -10 |
| hydrobromic | $HBr$ | $Br^-$ | $10^9$ | -9 |
| hydrochloric | $HCl$ | $Cl^-$ | $10^7$ | -7 |
| sulfuric | $H_2SO_4$ | $HSO_4^-$ | $10^2$ | -2 |
| chloric | $HClO_3$ | $ClO_3^-$ | $10^{-1}$ | 1 |
| sulfurous | $H_2SO_3$ | $HSO_3^-$ | $1.5\times10^{-2}$ | 1.81 |
| hydrogensulfate ion | $HSO_4^-$ | $SO_4^{2-}$ | $1.2\times10^{-2}$ | 1.92 |
| phosphoric | $H_3PO_4$ | $H_2PO_4^-$ | $7.5\times10^{-3}$ | 2.12 |
| hydrofluoric | $HF$ | $F^-$ | $3.5\times10^{-4}$ | 3.45 |
| carbonic | $H_2CO_3$ | $HCO_3^-$ | $4.3\times10^{-7}$ | 6.37 |
| hydrogen sulfide | $H_2S$ | $HS^-$ | $9.1\times10^{-8}$ | 7.04 |
| dihydrogenphosphate ion | $H_2PO_4^-$ | $HPO_4^{2-}$ | $6.2\times10^{-8}$ | 7.21 |
| ammonium ion | $NH_4^+$ | $NH_3$ | $5.6\times10^{-10}$ | 9.25 |
| hydrogencarbonate ion | $HCO_3^-$ | $CO_3^{2-}$ | $4.8\times10^{-11}$ | 10.32 |
| hydrogenphosphate ion | $HPO_4^{2-}$ | $PO_4^{3-}$ | $2.2\times10^{-13}$ | 12.67 |
| hydrogensulfide ion | $HS^-$ | $S^{2-}$ | $1.1\times10^{-19}$ | 19 |

또 다른 경향은 다양성자산의 세기는 $H^+$를 잃을 때마다 산성이 약해진다는 것이다. $H_3PO_4$의 $pK_{a1}$=2.21, $pK_{a2}$=7.21, $pK_{a3}$=12.67임을 볼 때, 음이온이 $H^+$ 이온을 잃는 것이 중성 분자로부터 잃는 것 보다 어렵다는 것을 알 수 있다.

염기의 경우도 마찬가지로 식 (3.10)의 평형상수($K_b$)로 비교하면 $K_b$ 값이 작을수록 약염기이다.

$$NH_3(aq) + H_2O(l) \rightleftharpoons NH_4^+(aq) + OH^-(aq) \tag{3.9}$$

$$K_b = \frac{[NH_4^+][OH^-]}{[NH_3]} = 1.8\times10^{-5} \tag{3.10}$$

염기의 짝산에 대한 세기 역시 약염기의 짝산은 강염기의 짝산 보다 강하다. 약염기는 $H^+$에 대한 결합력이 약한데 주위의 강산으로부터 $H^+$를 강제로 받아 짝산이 된 경우 주변에 $H^+$를 받을 수 있는 분자나 이온이 존재하면 쉽게 내어줄 수 있으므로 산성이 강하다고 본다. 이러한 짝산과 짝염기의 강도가 다음 절에서 논의할 염의 가수분해를 설명해줄 수 있다.

### [2] 짝이온의 가수분해 평형상수

만일 수용액에 $NH_4Cl$ 염을 녹였다면 그 용액은 중성이겠는가? 암모늄염은 완전히 이온화하므로 $NH_4^+$ 이온과 $Cl^-$ 이온이 가수분해하는 결과를 비교하여야 한다. $NH_4^+$ 이온은 약염기의 짝산이다. 약염기인 $NH_3$는 $H^+$ 이온을 잘 받지 않는 것으로 이미 받은 짝산인 $NH_4^+$는 쉽게 $H^+$를 내놓으려고 한다. 반면 강산인 $HCl$은 $H^+$를 모두 내어놓으므로 결과로 생성된 짝염기인 $Cl^-$는 다시 $H^+$를 받으려하지 않는다. 즉 $NH_4^+$는 물과 반응하여 식 (3.11)과 같이 가수분해되나 $Cl^-$는 물에서 안정한 음이온으로 존재하므로 가수분해되지 않는다. 결과로 $NH_4Cl$ 수용액은 산성을 띠며, 산도는 식 (3.12)의 평형상수로부터 얻을 수 있다.

$$NH_4^+(aq) + H_2O(l) \rightleftharpoons NH_3(aq) + H_3O^+(aq) \tag{3.11}$$

$$K_a = \frac{[NH_3][H_3O^+]}{[NH_4^+]} = \frac{1}{\frac{[NH_4^+][OH^-]}{[NH_3]}} \times [OH^-][H_3O^+] \tag{3.12}$$

수용액에서 일어나는 물의 이온화상수를 고려하면 식 (3.13), (3.14),

$$2H_2O(l) \rightleftharpoons H_3O^+(aq) + OH^-(aq) \tag{3.13}$$

$$K_w = [H_3O^+][OH^-] = 1 \times 10^{-14} \quad at \ 25^\circ C \tag{3.14}$$

반응식 (3.11)의 이온화상수는 식 (3.15)와 같이 계산된다.

$$K_a = \frac{K_w}{K_b} = \frac{1 \times 10^{-14}}{1.8 \times 10^{-5}} = 5.6 \times 10^{-10} \tag{3.15}$$

또 다른 예로 $Na_2HPO_4$의 수용액이 산성인지 염기성인지를 판단해 보자. 알칼리금속의 염이므로 수용성이며 결과로 생성되는 $Na^+$이온과 $HPO_4^{2-}$ 이온에 대한 이온화 과정을 살펴보자. $Na^+$ 이온은 강염기의 짝산이므로 산성이 약하고 가수분해되어 $OH^-$와 다시 결합하기 힘들어 양이온 그대로 안정하다. $HPO_4^{2-}$ 이온은 다양성자산의 이온으로 인산의 3번째 $H^+$가 이온화 하던지, 아니면 다양성자산의 음이온인 $H_2PO_4^-$

의 짝염기이므로 물에서 가수분해되어 $OH^-$를 내어놓을 수 있다. 식 (3.16)에서 왼쪽으로 가는 경우 염기성 용액이 되며, 오른쪽으로 가는 경우 산성이 된다.

$$H_2PO_4^- \xleftarrow[K_b = K_w/K_{a2}]{} HPO_4^{2-} \xrightarrow[K_{a3}]{} PO_4^{3-} \qquad (3.16)$$

$H_3PO_4$는 다양성자산이므로 첫번째 이온화상수 $K_{a1}$과 두번째, 세번째 이온화상수 $K_{a2}$, $K_{a3}$가 각각 존재하는데 왼쪽으로의 가수분해 반응에 대해서는 $K_{a2} = 6.34 \times 10^{-8}$이므로 $K_b = 1.58 \times 10^{-7}$이고, 오른쪽으로의 이온화반응에 대해서는 $K_{a3} = 4.79 \times 10^{-13}$이다. $K_b > K_a$이므로 왼쪽으로 진행한다. 결과적으로 $Na_2HPO_4$의 수용액은 외관상 $H^+$를 가지고 있으나 염기성 용액을 만든다.

| **(예제 3.5)** $NaHCO_3$용액이 산성인지 염기성인지 판별하시오. |
|---|

### [3] 산소산의 세기

분자 내의 원자 간 결합의 세기에 따라 수소이온을 떨어뜨리는 정도가 달라짐을 볼 수 있다. $HF$, $HCl$, $HBr$, $HI$의 경우가 이것에 속하는데 전기음성도 차이에 따른 원자 간 결합력에 의한 것으로 결합력이 강한 $HF$는 약산이고 나머지는 모두 강산이다.

또 다른 방법으로 산성의 세기를 판단하는 것은 생성물의 안정성을 비교하는 것이다. 생성물이 안정하면 평형이 생성물 쪽으로 치우치므로 정반응이 우세하게 됨으로써 이온화 평형 반응이 오른쪽으로 치우친다(식 3.17). 그 현상이 뚜렷한 예가 산소산이다. 염소산들의 $pK_a$값은 <그림 3.1>에 나타낸 것과 같다.

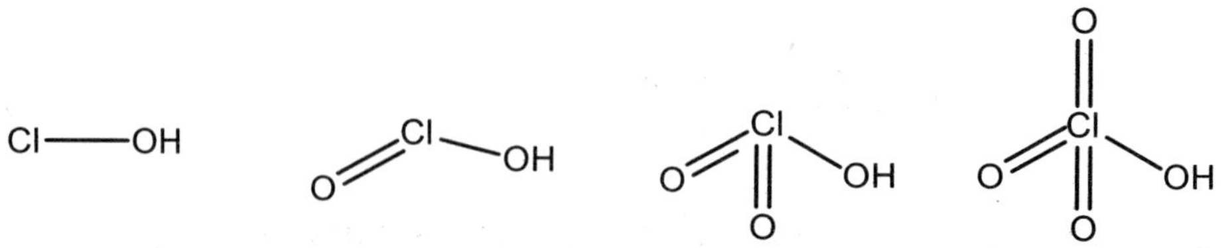

(a) 7.2 (b) 2.0 (c) -1.0 (d) -10

〈그림 3.1〉 염소산의 $pK_a$ 값

염소산의 평형 반응식은 식 (3.17)에서 보듯이 $ClO_3^-$ 음이온을 생성한다.

$$O{=}Cl({=}O){-}OH \rightleftharpoons O{=}Cl({=}O){-}O^- + H^+ \qquad (3.17)$$

이때 생성되는 짝염기가 안정할수록 생성물 쪽으로 평형이 치우쳐서 산성이 강한데, 중심원소의 전기음성도가 클수록, 중심원소에 결합된 산소의 개수가 많을수록 음전하의 분산이 쉬워지므로, $HClO < HClO_2 < HClO_3 < HClO_4$의 순서로 산성이 강함을 이해할 수 있다.

**(예제 3.6)** 다음 화합물들의 산성을 비교하시오.

(a) $H_2SO_4$, $H_2SO_3$  (b) $H_3PO_4$, $HClO_4$

(c) $O_2S(OH)_2$, $O_2SF(OH)$, $O_2S(NH_2)(OH)$

### 3.1.3 용매의 평준화

이제까지의 Brönsted 산과 염기는 수용액 중에서 측정되었다. 그러나 강산의 경우 수용액 중에서 100% 이온화하므로 산성의 세기의 비교가 불가능하다. 이를 용매의 평준화 효과(leveling effect)라 한다. 만일 물보다 덜 강한 염기를 사용하면 탈양성자화(protonation)하는 것을 차별화할 수 있지 않을까?

$$HBr + CH_3COOH \rightarrow Br^- + CH_3C(OH)_2^+ \qquad (3.18)$$

$$HI + CH_3COOH \rightarrow I^- + CH_3C(OH)_2^+ \qquad (3.19)$$

위의 식 (3.18)과 (3.19)에서 물보다 산성인 초산은 $H^+$를 잘 받지 않기 때문에 $HBr$과 $HI$는 이온화되는 정도가 차별화된다.

용매인 초산은 물의 자동 이온화와 같은 평형식도 표시할 수 있다(식(3.20)).

$$2CH_3COOH(l) \rightleftharpoons CH_3COO^- + CH_3C(OH)_2^+ \qquad (3.20)$$

초산의 자동이온화 상수 $pK_a$는 14.45이다. 다음의 그림 <그림 3.2>는 용매로 사용될 수 있는 화합물들의 산성 측정 가능 영역을 표시한 것이다.

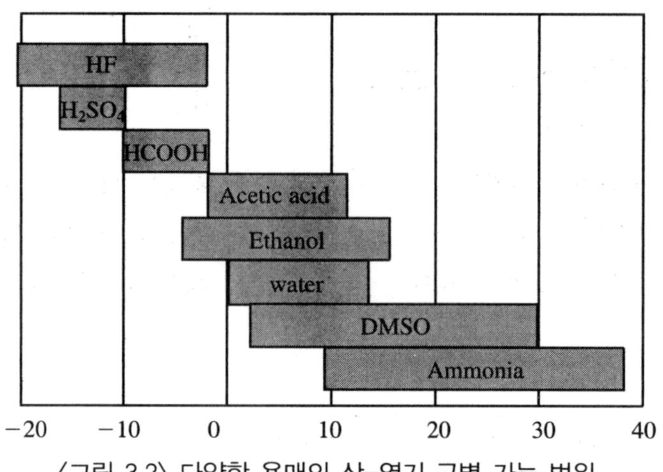


〈그림 3.2〉 다양한 용매의 산-염기 구별 가능 범위.

### 3.1.4 금속과 비금속의 산화물

[1] 금속과 비금속의 산화물

산화물들을 물에 녹이면 산성 또는 염기성의 용액이 만들어진다. $CO_2$의 경우 물에 녹으면 식 (3.21)의 평형 반응대로 산성 수용액이 된다.

$$CO_2(g) + H_2O(l) \rightleftharpoons H_2CO_3(aq) \tag{3.21}$$

$$H_2CO_3(aq) + H_2O(l) \rightleftharpoons HCO_3^-(aq) + H_3O^+(aq)$$

반면, 금속 산화물인 $CaO$가 소량이나마 물에 녹는 경우 식 (3.22)에서와 같이 물에서 $H^+$를 받아 염기성 용액이 된다.

$$CaO(s) + H_2O(l) \rightleftharpoons Ca^{2+}(aq) + 2OH^-(aq) \tag{3.22}$$

일반적으로 비금속 산화물은 산성이고 금속 산화물은 염기성이 되나 양쪽성(amphoterism)으로 주위 조건에 따라 달라지는 경우도 있다(식 3.23, 3.24).

$$Al_2O_3(s) + 6H_3O^+(aq) + 3H_2O(l) \rightleftharpoons 2[Al(OH_2)_6]^{3+}(aq) \tag{3.23}$$

$$Al_2O_3(s) + 2OH^-(aq) + 3H_2O(l) \rightleftharpoons 2[Al(OH)_4]^-(aq) \tag{3.24}$$

주위에 $Al_2O_3$ 보다 강한 산이 존재하면 염기로 행동하여 $H^+$ 이온을 받으며(식 3.23), 강한 염기가 존재하면 $OH^-$의 공격을 받는다(식 3.24). 이러한 양쪽성은 2족($BeO$)과 13족의 산화물($Al_2O_3$, $Ga_2O_3$)에서 나타나며, 14족과 15족에서는 무거운 원소들의 경우($SnO_2$, $Sb_2O_5$)가 그렇다. 이들은 주기율표에서 금속성과 비금속성의 사이에 낀 준금속의 산화물들이라 하겠다. 또한 전이금속들 중 산화가가 높은 금속의 산화물들 ($TiO_2$, $V_2O_5$) 역시 양쪽성을 띤다.

알칼리금속(1족)이나 알칼리토금속(2족)의 산화물인 경우 금속과 산소와의 결합이 이온성인데 반해, 낮은 산화가의 전이 금속은 공유결합 성향을 띤다(뒷절의 굳은 산과 염기 개념 참조). 금속이 산소와 강한 결합을 하면 $H^+$의 공격을 받아 식 (3.23)과 같이 염기성으로 작용하며, 금속 이온의 높은 산화가 때문에 $OH^-$의 공격을 받으면 식 (3.24)에서와 같이 산으로 작용하기도 한다.

**(예제 3.7)** 금속 이온의 분리과정에서 산, 염기의 개념을 사용하기도 한다. $Fe^{2+}$, $Fe^{3+}$, $Al^{3+}$ 이온들이 섞여있는 용액에 $H_2O_2$와 암모니아수를 가한 후 NaOH를 첨가하면 $Al$만 이온 상태로 용액에 남는다. 산화물의 염기성 용액에서의 반응으로 설명하시오.

### [2] 금속 이온의 수용액

금속 이온은 수용액 상에서 물 분자에 의해 아래 반응식 (3.25)에서와 같이 쌓여 있다. 이는 양이온과 쌍극자 간의 인력에 의한 결합인데, 반응식 (3.25)에서 보듯이 중심금속과 산소와의 결합이 강할수록, 옆의 산소와 수소 사이의 결합이 약해짐으로써 염기의 공격을 받아 산성을 나타낸다. 정전기적 인력의 관계와 비교하여 보면, 금속이온의 전하가 클수록, 금속이온의 크기가 작을수록 산성이 강하다는 결론을 내릴 수 있다. 공유결합성이 강한 금속 이온의 경우에도 금속과 산소와의 결합이 강할수록 수소이온의 해리가 쉬워질 것이다.

$$[Fe(OH_2)_5(OH_2)]^{3+} + :Base \longrightarrow [Fe(OH_2)_5(OH)]^{2+} + H{:}Base^{+} \qquad (3.25)$$

**(예제 3.8)** 다음 수용액의 산성도를 비교하여 보시오.

(a) $Fe^{2+}$ vs. $Fe^{3+}$

(b) $Zn^{2+}$ vs. $Cd^{2+}$

### 3.1.5 Lewis Acidity

[1] Lewis acid and base

앞서 산, 염기의 정의에서 언급했듯이 전자쌍을 가지고 공격하는 것이 Lewis 염기이고, 전자쌍이 부족하여 Lewis 염기의 공격을 받는 것이 Lewis 산이다. 쉽게 본다면 비공유 전자쌍을 갖는 원자가 Lewis 염기의 역할을 할 수 있다. 그러나 팔우설을 만족하고 있는 분자의 경우도 전자쌍의 공격으로 받을 수도 있고 줄 수도 있다. 분자 내 원자간 전기음성도 차로 인해 부분적 전하가 생성되기 때문이다. 결합 중 전기음성도 차가 커서 부분전하인 $\delta+$가 생성되는 식 (3.26)에서와 같은 C=O 결합이 있다.

$$O{=}C{=}O + :OH^- \longrightarrow [O_2C{-}OH]^- \tag{3.26}$$

또 다른 경우는 중심 원자가 3주기 이상의 원소로 클 때 8개 이상의 전자를 공유할 수 있으므로 또 다른 전자쌍의 공격을 받아 결합할 수 있다(식 3.27).

$$SiF_4 + 2\ :F^- \longrightarrow [SiF_6]^{2-} \tag{3.27}$$

이와 같이 전자가 부족한 경우 Lewis 산이 될 수 있으므로 많은 반응에서 금속의 양이온은 Lewis 산으로 작용한다. 수용액 중에서 금속 이온이 6개의 물 분자와 결합하여 팔면체의 구조를 갖는다(식 3.28)든지, Friedel-Craft 반응에서 $AlCl_3$가 비공유 전자쌍에 결합하여 탄소와 $Cl$ 사이의 결합을 약화시킴으로써 치환반응을 촉진시킨다(식 (3.29)). 또한 전자의 바다라 불리는 benzene의 π 전자에 은 이온($Ag^+$)이 결합하는 경우도

Lewis 산과 염기 간의 반응이라 하겠다(식 (3.30)).

$$Co^{2+} + \ 6H_2O(l) \rightarrow [Co(OH_2)_6]^{2+} \tag{3.28}$$

$$C_6H_6 - C - R \quad \rightarrow \quad \left[ \ \ \right] \quad \rightarrow \quad C_6H_5-\overset{O}{\overset{\|}{C}}-R \tag{3.29}$$

AlCl$_3$, :O:, C, R, Cl, O, AlCl$_3$, H, C, Cl, R

$$Ag^{+} \tag{3.30}$$

Lewis 산과 염기의 관계를 분자궤도함수로 설명할 수도 있다. $H^+$와 $NH_3$간의 결합을 아래 <그림 3.3>과 같이 수소의 $s$ 궤도함수와 $NH_3$의 $sp^3$ 혼성궤도함수 중 비공유전자쌍을 가진 궤도함수 간의 결합으로 본다면 하나의 결합궤도와 하나의 반결합궤도함수를 형성하면서 2개의 전자를 채워 안정한 새로운 분자이온을 형성하는 것으로 설명할 수 있다.

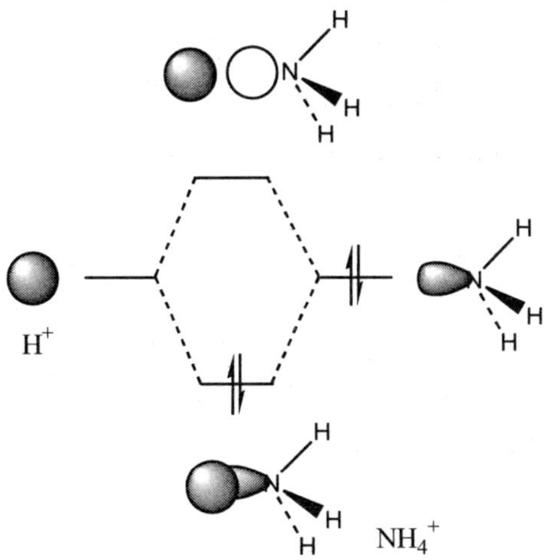


〈그림 3.3〉 Lewis 산, 염기 반응에 의한 $NH_4^+$의 에너지 준위

닫힌 껍질을 갖는 분자들의 경우는 반결합성 분자궤도함수를 이용하여 전자쌍을 받을 수 있으므로, 분자와 분자 간에도 Lewis 산과 염기로 반응할 수 있다. $I_2$ 분자에 $I^-$ 이

온이 결합하여 $I_3^-$ 이온을 형성할 때, $I_2$는 반결합 궤도함수를 이용하여 전자를 받는다.

**(예제 3.9)** 다음 반응에서 산과 염기를 구분하여 보시오.

(a) $FeCl_3 + Cl^- \rightarrow [FeCl_4]^-$

(b) $[:SnCl_3]^- + (CO)_5MnCl \rightarrow (CO)_5Mn-SnCl_3 + Cl^-$

(c) $BrF_3 + F^- \rightarrow [BrF_4]^-$

분자를 용매에 녹일 때에도 전자쌍의 주고 받음으로 해석할 수 있다. $SO_3$를 dimethylether에 녹일 때 다음의 반응식으로 표현할 수 있다(식 3.31).

$$SO_3 + :O(CH_3)_2 \longrightarrow O_3S^- - O^+(CH_3)_2 \qquad (3.31)$$

$I_2$ 분자는 고체나 기체상에서는 보라색을 띠며 $CHCl_3$에 녹여도 같은 보라색을 띤다. 그러나 물에 녹이거나 $CHCl_3$ 용액에 아세톤을 섞으면 그 색이 갈색으로 변한다(식 3.32). 이것은 앞서 언급한 $I_2$ 분자가 가지고 있는 낮은 에너지의 반결합 궤도함수에 염기인 물이나 아세톤으로부터 전자를 받아 주개-받개의 관계를 가지게 되기 때문이다. 이를 구체적으로 전하 이동(charge-transfer)이라 한다.

$$(CH_3)_2CO + I_2 \rightarrow (CH_3)_2CO-I_2 \qquad (3.32)$$

**(예제 3.10)** $BF_3$를 diethylether에 녹일 때 이 관계를 산과 염기의 관계로 해석할 수 있는가? <그림 3.3>과 같은 에너지 준위 그림으로 나타내 보시오.

### [2] 굳은 산(hard acid), 무른 산(soft acid), 굳은 염기, 무른 염기

$AgF$ 수용액이 $LiI$의 수용액과 반응하면 $AgI$의 침전이 생기는 현상은 산성과 염기성의 세기로 설명하기 힘들다. 이 반응이 일어나게 하는 현상을 설명하기 위해서 Pearson은 'hard'와 'soft'의 개념을 도입했다.

각 양이온과 음이온의 반응을 분석해 본 결과 서로 결합이 강하여 쉽게 화합물을 형성하는 짝이 있음을 발견하였다. 예를 들어 할로겐 이온들에 대해 $Hg^{2+}$ 이온은 $HgX_2$의 평형상수가 $F^-$ 음이온보다 $I^-$ 음이온에 대해 크며, $Al^{3+}$ 이온은 반대로 $AlX_3$의 평형상수가 $F^-$에 대해 큰 것으로 측정되었다. 아래 그래프(그림 3.4)는 할로겐 이온에 대한 몇 가지 양이온의 안정도 상수를 나타낸 것이다. $Sc^{3+}$, $Al^{3+}$, $In^{3+}$는 $F^-$에 대한 안정도 상수가 매우 크며 $Hg^{2+}$는 역으로 $I^-$에 대해 크다. 반면 $Cu^{2+}$, $Zn^{2+}$ 등은 크게 차이가 나지 않는 평형상수 값을 보인다.

첫 번째의 경우를 다른 것과 비교하면 양이온이나 음이온 모두 작고 전하가 큰 것들이고 두 번째의 경우는 크기가 큰 것들이다. 달리 구분해 보면 극성화(polarizability)의 경향이라고 말 할 수 있다. 후자의 경우 다른 이온이나 분자에 의해 전자가 쉽게 몰릴 수 있을 만큼 크고 핵에 단단히 결합되지 않은 전자들을 가지고 있다. 이런 이유로 이들을 무른 산(soft acid)와 무른 염기(soft base)라고 부른다. 반면 전자는 전하가 크고 작아 전자들이 핵에 단단히 잡혀 있으므로 다른 이온이나 분자에 의한 극성화가 쉽지 않다. 그래서 이들을 굳은 산(hard acid)과 굳은 염기(hard base)라고 부른다. 즉 이온의 크기와 전하의 영향으로 볼 수 있다. 이들 중간 쯤의 성향을 갖는 것은 'borderline' acid와 base로 부른다. 아래 <표 3.2>가 이들을 분류해 놓은 것이다.

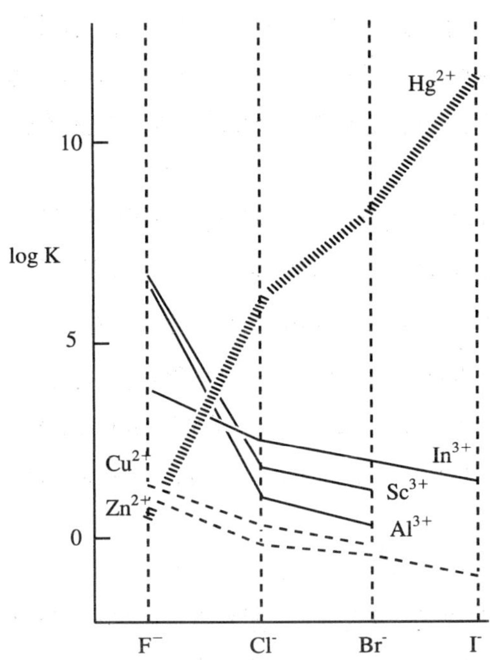


〈그림 3.4〉 할로겐 음이온에 대한 몇 가지 양이온의 안정도 상수의 로그값.

<표 3.2> Hard and soft acids and bases (HSAB)

| Hard acid | Borderline acids | Soft acid |
|---|---|---|
| $H^+, Li^+, Na^+$<br>$Be^{2+}, Mg^{2+}, Ca^{2+}$<br>$BF_3, BCl_3, Al,\ AlCl_3$<br>$Cr^{3+}, Mn^{2+}, Fe^{3+}, Co^{3+}$ | $B(CH_3)_3$<br>$Fe^{2+}, Co^{2+}, Ni^{2+}, Cu^{2+}$<br>$Rh^{3+}, Ir^{3+}, Ru^{3+}, Os^{2+}$ | $BH_3, Tl^+$<br>$Cu^+, Ag^+, Cd^{2+}, Hg^{2+}$<br>$Pd^{2+}, Pt^{2+}, Pt^{4+}$<br>$Br_2, I_2$ |

| Hard base | Borderline base | Soft base |
|---|---|---|
| $F^-, Cl^-$<br>$H_2O, OH^-, ROH, RO^-$<br>$CO_3^{2-}, SO_4^{2-}$<br>$NH_3, RNH_2, N_2H_4$ | $Br^-$<br>$SO_3^{2-}$<br>$C_6H_5NH_2, C_5N_5N, N_2$ | $H^-$<br>$I^-$<br>$H_2S, HS^-, RSH, RS^-$<br>$SCN^-, CN^-, RCN, CO, S_2O_3^{2-}$<br>$R_3P, (RO)_3P, R_3As, C_2H_4, C_6H_6$ |

위의 성향을 분석해 보면 soft acid는 극성화가 잘되는 soft base와 결합을 잘한다고 볼 수 있고, 이것들은 서로 공유결합성이 크다고 보며, hard acid는 반경에 대한 전하의 비인 electrostatic parameter($z^2/r$)가 큰 음이온과 결합을 잘하는 것으로 보아 이온결합성이 크다고 볼 수 있다. 따라서 공유결합을 선호하는 acid는 역시 공유결합을 선호하는 base와, 이온결합을 선호하는 acid는 같은 이온결합을 선호하는 base와 결합하는 것을 알 수 있다.

용매도 전자쌍을 주거나 받을 수 있으므로 Lewis 산 또는 염기의 역할을 할 수 있다. 전자쌍을 줄 수 있는 것들로는 물, alcohols, ethers, amines, acetonitrile($CH_3CN$), dimethylsulfoxide(DMSO, $(CH_3)_2SO$), dimethylformamide(DMF, $(CH_3)_2NCHO$) 등이 있다. 이들은 분자에 있는 비공유 전자쌍을 내어주는 Lewis 염기의 역할을 한다. N이나 O의 원자로 결합을 하는 경우는 hard base로, S로 결합하는 경우는 soft base로 나눌 수 있다. DMSO의 경우는 acid의 종류에 따라 $S$ 또는 $O$쪽으로 결합 방향을 달리 할 수 있다.

A-H 형태의 분자로 Lewis 염기와 수소결합을 할 수 있는 용매는 산성이며, 양성자성 용매(protic solvent)로 구분하고, 단지 전자쌍을 받을 수 있는 용매, 예를 들면 $SO_2(l)$는 soft base인 벤젠을 녹이는 용매로 산성이나 비양성자성 용매(aprotic solvent)로 구분한다.

| (예제 3.11) $AgClO_4$는 alkane 용매에는 녹지 않으나, benzene에는 녹는다. 이 현상을 Lewis 산-염기 개념으로 설명하시오. |
|---|

# 3.2 산화(Oxidation)와 환원(Reduction) 반응

## 3.2.1 산화, 환원이란

철이 산소와 결합하여 산화철이 될 때(식 3.33) '철이 산화되었다'고 표현한다.

$$4Fe(s) + 3O_2(g) \rightarrow 2Fe_2O_3(s) \tag{3.35}$$

이 때 철의 산화가는 0가에서 +3가로 증가하고 전자를 잃었으며, 산소는 0가에서 -2가로 산화가는 감소하고 전자를 얻었다. 이같이 산화가가 증가하고 전자를 잃을 때 산화되었다고 하며, 산화가가 감소하고 전자를 얻었을 때 환원되었다고 한다. 반면, 산소는 철을 산화시켰으므로 '산화제(oxidizing agent)'이고, 철은 산소를 환원시켰으므로 '환원제(reducing agent)'가 된다.

산・염기 반응에서와 같이 하나의 반응에서 산화되는 것이 있으면 환원되는 것이 반드시 존재한다. 전자는 매우 작고 불안정한 입자이기 때문에 전자를 잃는 것이 있으면 전자를 받는 것이 존재해야 하기 때문이다.

| (예제 3.12) 다음 반응이 산,염기 반응인지 아니면 산화, 환원 반응인지를 구별하고, 각 반응에서 산, 염기, 산화제, 환원제를 구별하시오.<br>(a) $PtF_5 + ClF_3 \rightarrow [ClF_2]^+ + [PtF_6]^-$<br>(b) $Xe + 2PtF_6 \rightarrow [XeF]^+[PtF_6]^- + PtF_5$ |
|---|

### 3.2.2 산화, 환원 반응식

다음의 반응식 (3.34)를 균형 있게 써 보고자 한다.

$$K_2MnF_6 + SbF_5 \rightarrow KSbF_6 + MnF_3 + F_2 \tag{3.34}$$

이 때 산화하는 물질과 환원하는 물질을 구분하여 반쪽 반응식을 꾸미면, 물질의 계수를 쉽게 얻을 수 있다. 반쪽 반응식은 개념상일 뿐 실제로 발생하진 않는다.

우선 각 원소의 산화가를 확인하여야 한다. 이 때 확실히 한 가지의 산화가만을 갖는 원소에 대해서 먼저 산화가를 부여하고 다른 원소의 산화가를 계산하는 방법으로 찾는다:

$K^+, F^-, Mn^{4+}$ in $K_2MnF_6$

$Sb^{5+}, F^-$ in $SbF_5$

$K^+, Sb^{5+}, F^-$ in $KSbF_6$

$Mn^{3+}, F^-$ in $MnF_3$

$F^0$ in $F_2$

$$\text{환원 반쪽 반응식: } K_2MnF_6 \rightarrow MnF_3 \tag{3.35}$$

$$\text{산화 반쪽 반응식: } F^- \rightarrow F_2 \tag{3.36}$$

위의 반쪽 반응식의 물질 균형을 맞추기 위해서 산화 환원되지는 않으나 필요한 물질을 첨가하고 필요한 전자를 삽입한다.

$$K_2MnF_6 + SbF_5 + e^- \rightarrow MnF_3 + KSbF_6 + F^- \tag{3.37}$$

$$F^- \rightarrow F_2 + e^- \tag{3.38}$$

식 (3.37)에 물질 균형을 맞추기 위해서 $SbF_5$와 $KSbF_6$에 2의 계수가 필요하며, 반응식의 양쪽에서 $K$와 $F$의 몰수까지 확인하여 물질 균형을 맞춘다. $Mn^{4+}$가 1 몰의 전자를 필요로 하므로 전자의 계수는 그대로 1로 한 후, 반응식의 양쪽 모두 총전하량이 -1가임을 확인하여 전하 균형을 맞춘다. 식 (3.38) 역시 $F^-$에 2의 계수가 필요하며, $F^-$ 1 몰당 전자 1 몰을 내놓으므로 2 몰의 전자로 표시하여야 한다. 반응식 양쪽에서 $F$가 2 몰, 총전하량이 -2가로 물질과 전하의 균형이 모두 맞음을 확인한다. 결과로 얻어진 반쪽 반응식은 식 (3.39)와 (3.40)이며, 전자가 남거나 모자람이 없도록 계수 조정을 한 후 합하면 식 (3.41)의 완결된 산화·환원 반응식을 얻는다.

$$K_2MnF_6 + 2SbF_5 + e^- \rightarrow MnF_3 + 2KSbF_6 + F^- \quad (3.39)$$

$$2F^- \rightarrow F_2 + 2e^- \quad (3.40)$$

$$2K_2MnF_6 + 4SbF_5 \rightarrow 4KSbF_6 + 2MnF_3 + F_2 \quad (3.41)$$

**(예제 3.13)** 다음을 균형 잡힌 반응식으로 완결하시오.
$K_2CrO_4(aq) + Ag(s) + FeCl_3(aq) \rightarrow Ag_2CrO_4(s) + FeCl_2(aq) + KCl(aq)$

산화, 환원 반응이 산이나 염기 용액 중에서 일어날 때에는 실제로 넣어준 반응물 이외에도 용액 중에 존재하는 $H^+$, $OH^-$, $H_2O$를 고려해야한다.

다음 반응은 산성 수용액에서 옥살산에 의해 과망가니즈산 이온의 색이 없어지는 반응이다. 이 반응식을 완결해 보자.

$$MnO_4^-(aq) + C_2O_4^{2-}(aq) \rightarrow Mn^{2+}(aq) + CO_2(g) \quad (3.42)$$

환원 반응: $MnO_4^-(aq) \rightarrow Mn^{2+}(aq)$

산화 반응: $C_2O_4^{2-}(aq) \rightarrow CO_2(g)$

환원 반응의 원자수를 맞추기 위해 산성 수용액에 존재하는 $H^+$와 $H_2O$를 이용하고, 전자의 득실을 계산한 후 물질과 전하의 균형을 잡는다.

$$MnO_4^-(aq) + 8H^+(aq) + 5e^- \rightarrow Mn^{2+}(aq) + 4H_2O(l) \quad (3.43)$$

산화 반응 역시 같은 방법으로 원자수를 맞춘다.

$$C_2O_4^{2-}(aq) \rightarrow 2CO_2(g) + 2e^- \quad (3.44)$$

두 반쪽 반응식을 합하여 전자가 반응식에 나타나지 않도록 계수를 조정한다.

$$2MnO_4^-(aq) + 5C_2O_4^{2-} + 16H^+(aq) \rightarrow 2Mn^{2+}(aq) + 10CO_2(g) + 8H_2O(l) \quad (3.45)$$

같은 반응을 염기성 용액에서 수행한다면 수용액 중에는 $H^+$ 보다 $OH^-$가 많이 존재하므로 $H^+(aq) + OH^-(aq) \rightleftarrows H_2O(l)$의 관계를 이용해 수정할 수 있다. 반응식에서 $H^+$를 없애기 위해 상응하는 만큼의 $OH^-$를 더한다. 따라서 반응식 (3.45)에 반응식 양쪽에 16 $OH^-$를 첨가함으로써 양쪽에서 $8H_2O$가 상쇄된 후 반응식 (3.46)이 된다.

$$2MnO_4^-(aq) + 5C_2O_4^{2-} + 8H_2O(l) \rightarrow 2Mn^{2+}(aq) + 10CO_2(g) + 8OH^-(aq) \quad (3.46)$$

### 3.2.3 불균등화 반응(Disproportionation)

$Cu^{2+}$ 이온은 수용액 상태로 존재할 수 있다. 그러나 $Cu^+$ 이온은 그렇지 못하다. 그 이유는 $Cu^+$가 물속에서 불안정하여 $Cu^{2+}$와 $Cu$ 금속으로 변하기 때문이다(식 3.47).

$$2Cu^+(aq) \rightarrow Cu^{2+}(aq) + Cu(s) \quad (3.47)$$

이렇게 하나의 산화가를 가진 이온이 산화와 환원을 동시에 거치는 것을 불균등화(disproportionation)라 한다. 에너지적으로 자발적인 반응이 일어나는 경위는 3.2.7절에서 언급하였다.

과산화수소수의 경우도 불균등화 반응을 거친다(식 3.48).

$$2H_2O_2(l) \rightarrow 2H_2O(l) + O_2(g) \quad (3.48)$$

이와는 반대로 두 가지 다른 산화가를 갖는 이온이 하나의 이온으로 산화·환원을 동시에 일으키는 경우는 균등화 반응(proportionation)이라 한다(식 3.49).

$$Cu(s) + CuO^{2+}(aq) + 2H^+(aq) \rightarrow 2Cu^{2+}(aq) + H_2O(l) \quad (3.49)$$

**(예제 3.14)** 염소 기체는 염기성 수용액에서 다음과 같이 불균등화 반응을 일으킨다. 반응식의 균형을 맞추시오.

$$Cl_2(g) \rightarrow ClO_3^-(aq) + Cl^-(aq)$$

### 3.2.4 환원 기전력(Reduction potential)

산, 염기의 반응과 마찬가지로 산화와 환원 역시 세기가 존재한다. 한 반응에서는 산화가 잘 되던 금속, 즉 전자를 잘 잃어 상대 물질을 환원시키던 것이 자신 보다 더 산화가 잘 되는 금속을 만나면 자신은 전자를 주지 못하고 상대가 주는 전자를 받아야 하는 입장이 되기도 한다. 예를 들면 구리는 은 이온을 만나면 자신의 전자를 주어 은 이온을 환원시키고 자신은 구리 이온이 된다. 그러나 아연을 만나면 아연이 주는 전자를 받아 스스로 구리 금속으로 환원된다(식 3.50, 3.51).

$$Cu(s) + 2Ag^{+}(aq) \rightarrow Cu^{2+}(aq) + 2Ag(s) \tag{3.50}$$

$$Zn(s) + Cu^{2+}(aq) \rightarrow Zn^{2+}(aq) + Cu(s) \tag{3.51}$$

이렇게 상대적인 반응을 절대적인 수치로 전환하기 위해 필요한 것이 환원 기전력이다. 열역학적 표준 상태(25℃, 1기압, 1M)에서 각 이온 또는 원소가 환원되는 반쪽 반응(식(3.52))에 대해 기준 전극, 수소 전극(그림 3.5)을 기준으로 측정된 기전력을 표준 환원 기전력($E^{0}_{red}$)이라 한다. 수소전극은 $H_2(g)$ 1기압, $H^+$ 농도가 1M의 표준상태를 유지한다.

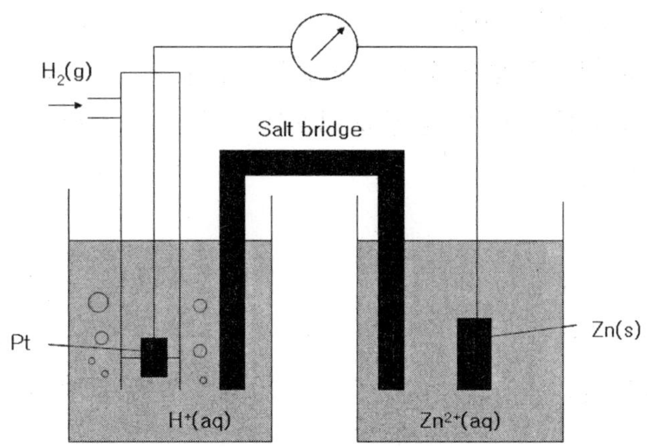


〈그림 3.5〉 수소 전극과 연결된 아연 전극의 환원 기전력 측정

위 <그림 3.5>와 같이 수소 전극과 아연 전극을 연결하여 전지의 전위($E^0$)를 측정한 결과 0.76V이었다. 전지 전위는 산화와 환원 반쪽 반응의 합으로 전위차가 얻어지므로 다음 반응식으로부터 아연의 환원 기전력을 얻을 수 있다.

$$2H^{+}(aq) + 2e^{-} \rightarrow H_2(g) \qquad E^0 = 0.000\,V \tag{3.52}$$

$$Zn(s) \rightarrow Zn^{2+}(aq) + 2e^{-} \qquad E^0_{ox} \tag{3.53}$$

$$\Rightarrow 2H^{+}(aq) + Zn(s) \rightarrow H_2(g) + Zn^{2+}(aq) \quad E^0 = 0.000 + E^0_{ox} = 0.76\,V \tag{3.54}$$

아연의 산화 반응식 (3.53)에 대한 기전력이 0.76V이므로 역반응인 환원 반응에 대한 기전력은 -0.76V이다(식 3.55).

$$Zn^{2+}(aq) + 2e^- \rightarrow Zn(s) \qquad E^0_{red} = -0.76\,V \tag{3.55}$$

이와 같은 방법으로 구리에 대한 환원 기전력을 얻고자 하였다. 구리 전극에서 환원이, 수소 전극에서 산화가 일어나 반응식은 아래 식 (3.56)과 같다.

$$H_2(g) \rightarrow 2H^+(aq) + 2e^- \qquad E^0 = 0.000\,V$$

$$Cu^{2+}(aq) + 2e^- \rightarrow Cu(s) \qquad E^0_{red}$$

$$\Rightarrow H_2(g) + Cu^{2+}(aq) \rightarrow 2H^+(aq) + Cu(s) \qquad E^0 = 0.000 + E^0_{red} = 0.34\,V \tag{3.56}$$

따라서 구리의 환원 기전력은 0.34V가 된다.

만일 아연과 구리 전극을 연결하면 전위차가 어떻게 될 것인가? 두 환원 기전력을 이용할 때, 아연은 산화를, 구리는 환원을 하므로 각각 반쪽 반응을 쓴 후 두 기전력을 더하여 얻는다(식 3.57).

$$Zn(s) \rightarrow Zn^{2+}(aq) + 2e^- \qquad E^0_{ox} = 0.76\,V$$

$$Cu^{2+}(aq) + 2e^- \rightarrow Cu(s) \qquad E^0_{red} = 0.34\,V$$

$$\Rightarrow Zn(s) + Cu^{2+}(aq) \rightarrow Zn^{2+}(aq) + Cu(s) \qquad E^0 = 1.10\,V \tag{3.57}$$

<표 3.3>이 몇 가지 원소 및 분자들의 환원 기전력을 모은 것이다.

〈표 3.3〉 표준 환원 기전력(25℃)

| 반쪽 반응식 | $E^0(V)$ |
|---|---|
| $F_2(g) + 2e^- \rightarrow 2F^-(g)$ | +3.05 |
| $MnO_4^-(aq) + 8H^+(aq) + 5e^- \rightarrow Mn^{2+}(aq) + 4H_2O(l)$ | +1.51 |
| $Cl_2(g) + 2e^- \rightarrow 2Cl^-(aq)$ | +1.36 |
| $O_2(g) + 4H^+(aq) + 4e^- \rightarrow 2H_2O(l)$ | +1.23 |
| $Fe^{3+}(aq) + e^- \rightarrow Fe^{2+}(aq)$ | +0.77 |
| $[Fe(CN)_6]^{3-}(aq) + e^- \rightarrow [Fe(CN)_6]^{4-}(aq)$ | +0.36 |
| $Fe^{2+}(aq) + 2e^- \rightarrow Fe(s)$ | -0.44 |
| $Al^{3+}(aq) + 3e^- \rightarrow Al(s)$ | -1.68 |
| $Li^+(aq) + e^- \rightarrow Li(s)$ | -3.04 |

위의 데이터를 보면 환원 기전력이 위로 올라갈수록 증가하며($E_{red} > 0$), 환원이 잘 되는 물질임을 알 수 있다. 즉 위쪽으로 갈수록 강한 산화제가 된다. 반대로 아래쪽으로 내려갈수록 환원이 잘 일어나지 않으며, 역반응인 산화 반응이 더 잘 일어난다($E_{red} < 0$). 따라서 아래쪽으로 갈수록 강한 환원제로 쓰일 수 있다.

**(예제 3.15)** $Fe^{3+}(aq)/Fe^{2+}(aq)$ 전극과 $Al^{3+}(aq)/Al(s)$ 전극을 연결하였을 때 얻을 수 있는 최대 전위차는 얼마인가? 이 때 일어나는 반응식을 쓰시오.

**(예제 3.16)** 산화제인 dichromate 이온, $Cr_2O_7^{2-}$의 환원 기전력은 +1.38V이다. $Fe^{2+}$ 적정에 이것을 이용할 수 있는가?

## 3.2.5 열역학적 이해

전위차와 자유 에너지와의 관계를 살펴봄으로써 자발적인 산화, 환원 반응을 예측할 수 있다.

산화, 환원 반응에서는 온도가 일정하며, 반응 중 부피의 변화도 없고, 가역적인 반응이 진행된다고 가정하므로, 반응으로 일어나는 에너지 변화, 자유 에너지 변화량은 모두 전기적인 일 에너지로 나타난다고 볼 수 있다(식 3.58).

$$\Delta G = w_{elec} \tag{3.58}$$

Faraday에 의하면 전기 에너지는 어떤 전압(전위차) 하에서 전하가 어느 정도 흘렀는지에 따라 결정되며, 식 (3.59)에서 $F$는 Faraday 상수로 전자 1 몰이 가지고 있는 전하량을 의미하며, $n$은 반응 중 생성·소멸되는 전자의 몰수를 나타낸다.

$$\begin{aligned} w_{elec} &= \text{전하} \times \text{전위차} \\ \Delta G &= -nFE = -n \times (6.022 \times 10^{23})(1.602 \times 10^{-19}) \times E \\ &= -96485nE \end{aligned} \tag{3.59}$$

반응식과 연계시키기 위해 평형에 대한 다음 식을 고려한다.

$$\Delta G = \Delta G^0 + RTln(Q) \quad (Q: \text{반응지수, reaction quatient}) \qquad (3.60)$$

$$a\ Ox_A + \ b\ Red_B \rightarrow a'\ Red_A + \ b\ Ox_B \qquad Q = \frac{[Red_A]^{a'}\ [Ox_B]^{b'}}{[Ox_A]^a\ [Red_B]^b} \qquad (3.61)$$

식 (3.59)를 식(3.60)에 대입하면 식 (3.62)의 Nernst Equation이 얻어진다.

$$-nFE = -nFE^0 + RTln(Q)$$
$$E = E^0 - \frac{RT}{nF} ln(Q) \qquad (3.62)$$

25℃에서 반응한다고 보고, 10을 밑수로 하는 로그를 취하여 식을 다시 정리하면 식 (3.63)이 된다.

$$E = E^0 - \frac{0.0592}{n}\log_{10}(Q) \qquad (3.63)$$

$\Delta G = -nFE$의 관계식으로부터 자발적인 반응은 $E$>0 이어야하며, $E$=0인 경우는 평형 상태이고, $E$<0인 반응은 비자발적이라고 판단할 수 있다.
이제 표준 상태가 아닌 경우에도 전위차를 계산할 수 있으며, 자발적으로 일어나는 반응의 여부도 판별할 수 있다.

> **(예제 3.17)** <표 3.3>의 데이터를 이용하여 pH=7일 때 $MnO_4^-$가 $Mn^{2+}$로 환원되는 반응의 전위차를 구하시오.

## 3.2.6 수용액 중에서의 안정도

용매로 사용되는 물도 산화와 환원을 할 수 있다(식 3.64, 3.65).

$$2\ H^+(aq) + \ 2\ e^- \rightarrow H_2(g) \qquad E^0 = 0.000\ V \qquad (3.64)$$

$$O_2(g) + \ 4\ H^+(aq) + \ 4\ e^- \rightarrow 2\ H_2O(l) \qquad E^0 = 1.23\ V \qquad (3.65)$$

이때 수용액 중의 $[H^+]$가 1M, 즉 pH=0이 아닌 경우가 많으므로 위의 식은 pH에 따라 기전력이 달라진다. Nernst equation에 따라 농도 변화를 고려하고, 각 기체의 압력은 열린계에서 행하는 반응들이므로 1 기압으로 본다면 식 (3.64)는 식 (3.66)으로 식 (3.65)는 식 (3.67)로 변화한다.

$$\Delta E = \Delta E^0 - \frac{0.0592}{n}\log_{10}(Q) = 0.000 - \frac{0.0592}{2}log_{10}\frac{1}{[H^+]^2}$$
$$= -0.0592\,V \times pH \qquad (3.66)$$

$$\Delta E = 1.23 - \frac{0.0592}{4}log_{10}\frac{1}{[H^+]^4} = 1.23\,V - 0.0592\,V \times pH \qquad (3.67)$$

위의 식을 그래프로 그리면 아래 <그림 3.6>과 같다.

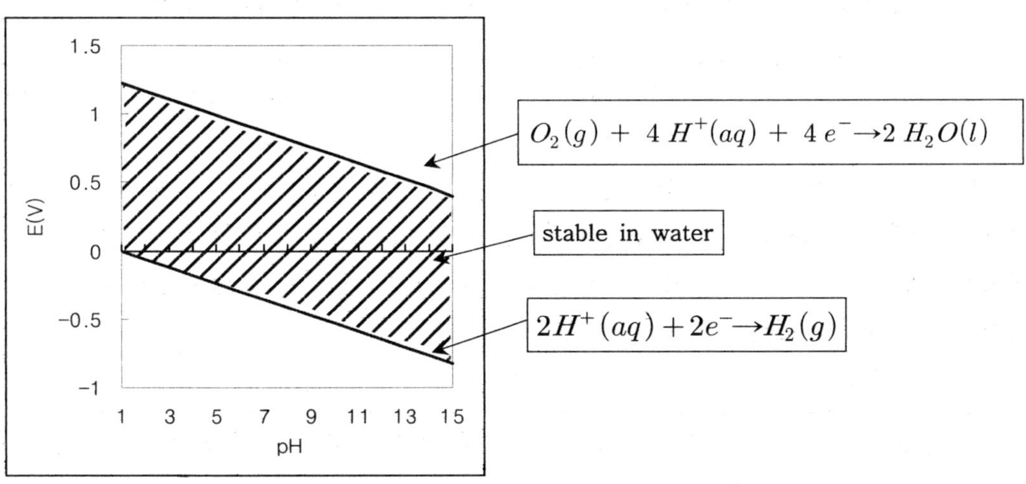


〈그림 3.6〉 물의 pH에 따른 산화, 환원 기전력 그래프.

위의 반응은 산성의 용액을 기준으로 표현한 것이며 염기성 용액에서는 $H^+$ 보다 $OH^-$로 표현될 것이다. 식 (3.64)는 다음 식 (3.68)과 같이 표현 가능하다.

$$2H_2O(l) + 2e^- \rightarrow H_2(g) + 2OH^-(aq) \quad E^0 = -0.0592\,V \times pH \qquad (3.68)$$

만일 1족 원소인 리튬 금속을 물에 넣었을 때 어떤 현상이 일어나겠는가? 수소 기체가 발생할 것을 예측할 수 있다. 이 때 일어나는 반응은 리튬 금속이 산화하고 물 분자가 환원하는 것이다. 이것을 환원 기전력을 이용하여 자발적인 반응 여부를 판단할 수 있다. 리튬의 환원 기전력 -3.04V, 즉 산화 기전력 3.04 V와 물의 환원 기전력 -0.0592V × pH 가 결합할 때 반응식 (3.69)가 일어나며 전위차는 (3.04-0.0592 × pH) V

가 된다. pH < 14에서는 $E > 0$이므로 자발적이라고 말할 수 있다.

$$2Li(s) + 2H^+(aq) \rightarrow 2Li^+(aq) + H_2(g)$$
$$E^0_{전지} = (3.04 - 0.0592 \times pH)\ V \tag{3.69}$$

반면, 플루오르의 환원 기전력은 +3.05V이다. 이 기체가 물에 녹으면 어떤 반응이 가능할 것인가? 플루오르가 환원하는 경우 물이 산화해야 할 것인데, 이 때 물은 산화하여 산소 기체가 발생한다. 반응식은 식 (3.70)로 쓰며, 이 때 전위차는 $(3.05 - 1.23 + 0.0592 \times \mathrm{pH}) = (1.82 + 0.0592 \times pH)$ V가 되므로 $0 < \mathrm{pH} < 14$에서 자발적이라 할 수 있다.

$$F_2(g) + 2e^- \rightarrow 2F^-(aq) \qquad E^0 = 3.05\ V$$
$$2H_2O(l) \rightarrow O_2(g) + 4H^+(aq) + 4e^- \qquad E^0 = -1.23 + (0.0592 \times pH)\ V$$
$$\Rightarrow \quad 2F_2(g) + 2H_2O(l) \rightarrow 4F^-(aq) + O_2(g) + 4H^+(aq)$$
$$E^0_{전지} = (3.05 - 1.23 + 0.0592 \times \mathrm{pH})\ \mathrm{V} \tag{3.70}$$

이러한 예와 같이 환원 기전력이 $H^+/H_2$보다 낮거나, $O_2/H_2O$보다 높은 화합물들은 물의 환원과 산화에 의해 각각 산화와 환원되므로, 수용액 중에서 스스로 안정하지 못함을 알았다. <그림 3.6>의 빗금친 부분의 환원 기전력을 갖는 화합물만이 수용액 중에서 안정하다고 하겠다.

**(예제 3.18)** $E^o(Co^{3+}, Co^{2+})$ = +1.92 V일 때 $Co^{3+}$ 이온은 수용액 중에서 안정한가? 아니라면 어떤 반응이 일어날 것인지 예측하여 보시오.

물 속에 용존 산소가 존재하는 경우에는 산소의 환원 반응에 의해 화합물이 불안정해지는 경우도 있다. $E^0(Fe^{3+}/Fe^{2+}) = 0.77\ V$인데 pH=7에서는 <그림 3.6>의 물의 안정영역에 존재하나 pH=7.8 이하에서는 산소의 환원 반응과 더불어 $Fe^{2+}$가 산화될 수 있다(식 (3.71)).

$$Fe^{3+} + e^- \rightarrow Fe^{2+} \qquad E^0 = 0.77\ V$$
$$O_2 + 4H^+ + 4e^- \rightarrow 2H_2O \qquad E^0 = 1.23 - 0.0592\ \mathrm{pH}$$
$$\Rightarrow \quad 4Fe^{2+} + O_2 + 4H^+ \rightarrow 4Fe^{3+} + 2H_2O \qquad E^0_{전지} = 0.46 - 0.0592\ \mathrm{pH} > 0$$
$$\mathrm{pH} < 7.8 \tag{3.71}$$

수용액 중에서의 산화 환원 반응의 경우 생성되는 산소나 수소의 기포로 인해 이론적으로 계산되는 전위차와 실제의 산화, 환원 반응이 다르게 나타나는 수가 있다. 전하의 전달이 기포로 인해 방해를 받으므로 계산되는 전압보다 다소 높은 전압을 걸어주어야 또는 다소 높은 전위차이어야 실제 산화, 환원 반응이 일어난다. 이를 '과전압(overpotential)'이라 한다.

### 3.2.7 환원 기전력의 다이어그램

산화, 환원 반응에 대해 매번 반응식을 써야하는 번거로움을 피하기 위해 몇 가지 다이어그램을 이용할 수 있다. 이는 열역학의 에너지와는 달리 전자의 개수나 물질의 양과는 별개로 자발적, 비자발적 반응을 비교하고 전위차를 계산할 수 있기 때문이다.

[1] Latimer diagram

직선상에 원소의 각 산화상태를 갖는 화합물을 환원되는 방향으로 나열한 후 환원 기전력을 표시하는 방법이다.
산성 용액에서 구리의 Latimer diagram이 다음 식 (3.72)와 같이 표현된다.

$$CuO^{2+}\xrightarrow{+1.8}Cu^{2+}\xrightarrow{+0.159}Cu^{+}\xrightarrow{+0.521}Cu \tag{3.72}$$

이것은 다음과 같은 반응식으로 풀어쓸 수 있다.

$$CuO^{2+}(aq)+2H^{+}(aq)+2e^{-}\rightarrow Cu^{2+}(aq)+H_2O(l) \qquad E^0=1.8\,V \tag{3.73}$$

$$Cu^{2+}(aq)+e^{-}\rightarrow Cu^{+}(aq) \qquad E^0=0.159\,V \tag{3.74}$$

$$Cu^{+}(aq)+e^{-}\rightarrow Cu(s) \qquad E^0=0.521\,V \tag{3.75}$$

만일 $Cu^{2+}$ 이온이 직접 $Cu(s)$로 환원하는 기전력을 알고자 한다면, 식 (3.74)와 (3.74)를 이용하여 구할 수 있다. 총 반응식은 식 (3.74)와 (3.75)를 더해야 하고, 각 반응식의 자유에너지도 합해야 한다.

$$Cu^{2+}(aq) + 2e^- \rightarrow Cu(s) \qquad E^0_{76} \qquad (3.76)$$

$$\begin{aligned} \Delta G_{76} &= \Delta G_{74} + \Delta G_{75} \\ &= -1 \times F \times 0.159 - 1 \times F \times 0.521 = -2 \times F \times E^0_{76} \end{aligned} \qquad (3.77)$$

$$E^0_{76} = 0.340\,V$$

이 모든 정보를 다 표시한다면 아래 (3.78)과 같다.

$$CuO^{2+} \xrightarrow{+1.8} Cu^{2+} \xrightarrow{+0.159} Cu^{+} \xrightarrow{+0.521} Cu \qquad (3.78)$$

$$Cu^{2+} \xrightarrow{0.340} Cu$$

여기서 한 가지 더 고려해 볼 수 있는 것은 $Cu^+$ 이온의 불균등화 반응을 예측할 수 있는가이다. 환원반응의 기전력은 +0.521V이며, $Cu^{2+}$ 이온으로의 산화반응의 기전력은 -0.159V가 되므로 식 (3.79)와 같이 $Cu^{2+}$에서 $Cu$로의 불균등화 반응의 전위차는 +0.362V로 $E^0 > 0$이므로 자발적이다. $Cu^+$ 이온이 수용액 중에 존재하지 않는 현상이 설명된다.

$$\begin{aligned} &Cu^+ + e^- \rightarrow Cu && E^0 = 0.521\ V \\ &Cu^+ \rightarrow Cu^{2+} + e^- && E^0 = -0.159\ V \\ &\Rightarrow 2Cu^+ \rightarrow Cu + Cu^{2+} && E^0 = 0.362\ V \end{aligned} \qquad (3.79)$$

**(예제 3.19)** 산성 용액에서 타이타늄의 Latimer diagram은 다음과 같다.

$$Ti^{3+} \xrightarrow{0.30} Ti^{2+} \xrightarrow{2.22} Ti^{+} \xrightarrow{-0.34} Ti$$

수용액 중에서 안정한 물질은 어떤 것들인가? $Ti^{3+}$ 이온이 $Ti^+$로 직접 환원할 때의 기전력을 구하시오.

이러한 Latimer diagram 역시 산성 용액과 염기성 용액을 구분하므로 필요한 환원 기전력을 찾을 때 용액의 상태를 반드시 고려해야 한다. 구리 이온에 대해서 염기성 용액에 존재할 수 있는 이온의 종류가 다르기 때문에 Latimer dagram은 식 (3.80)과 같이 위의 식 (3.78)과 다르다.

$$CuO \xrightarrow{-0.29} Cu_2O \xrightarrow{-0.365} Cu \tag{3.80}$$

**(예제 3.20)** 염기성 용액에서 염소 원자의 Latimer diagram은 다음과 같다. 수용액 중에서 안정한 화학종을 찾으시오.

$$ClO_4^- \xrightarrow{0.37} ClO_3^- \xrightarrow{0.30} ClO_2^- \xrightarrow{0.68} ClO^- \xrightarrow{0.42} Cl_2 \xrightarrow{1.36} Cl^-$$

[2] Frost diagram

Frost diagram은 자유에너지의 개념으로 전위차를 표현한 것이다. 식 (3.81)에 따라 화학종의 산화가에 따른 $nE^0$의 값을 그래프로 나타낸 것이다(그림 3.7).

$$nE^o = -\frac{\Delta G^o}{F} \tag{3.81}$$

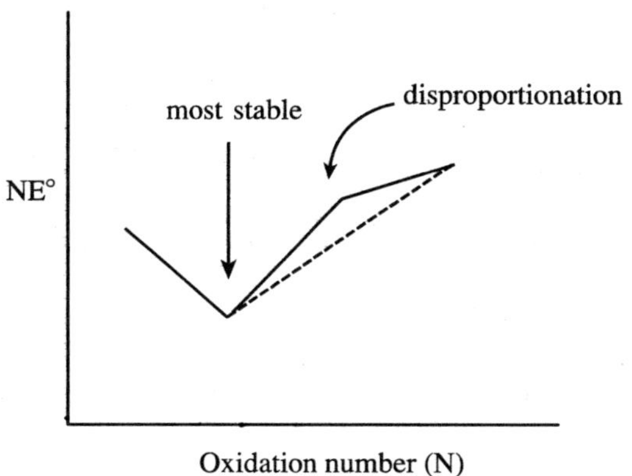


〈그림 3.7〉 Frost diagram

자유 에너지가 가장 낮은 것이 가장 안정한 화학종이므로 위 그림에서 가장 작은 $nE^0$ 값을 갖는 것이 안정함을 알 수 있고, 주변의 화학종으로 산화와 환원이 동시에 일어나는 불균등화 반응이 가능한 화학종은 주변의 화학종들보다 높은 에너지를 갖는다(그림 3.7).

염기성 용액에서 염소의 Latimer diagram을 Frost diagram으로 바꾸는 과정을 살펴보자. 염소의 Latimer diagram은 아래 식과 같으므로 이를 기준으로 산화가를 살펴본다. 각 산화가에 대한 환원기전력에 산화가 즉 전자의 개수가 고려되어야 한다.

$$ClO_4^- \xrightarrow{0.37} ClO_3^- \xrightarrow{0.30} ClO_2^- \xrightarrow{0.68} ClO^- \xrightarrow{0.42} Cl_2 \xrightarrow{1.36} Cl^- \quad (3.82)$$

산화가가 $Cl_2$의 0을 기준으로 -1부터 0, +1, +3, +5, +7이다. 그리고 환원 기전력의 계산은 자유에너지를 계산하는 방법으로 $NE^0$ 값을 가감해야 한다. $Cl_2$, $ClO^-$와 $ClO_2^-$의 $NE^0$을 어떻게 계산하는지 예를 들어 보자.

아래 반응식 (3.83)과 (3.84)로부터 반응식 (3.85)를 얻을 수 있으며, 자유에너지도 위의 두 반응에 대한 자유에너지의 합으로 구할 수 있다(식 3.86).

$$2ClO^- + 4H^+ + 2e^- \rightarrow Cl_2 + 2H_2O \qquad E_1^0 = 0.421 \quad (3.83)$$

$$ClO_2^- + 2H^+ + 2e^- \rightarrow ClO^- + H_2O \qquad E_2^0 = 0.681 \quad (3.84)$$

$$2ClO_2^- + 8H^+ + 6e^- \rightarrow Cl_2 + 4H_2O \qquad E_3^0 \quad (3.85)$$

$$\Delta G_3^0 = \Delta G_1^0 + \Delta G_2^0$$

$$-n_3FE_3^0 = \left(-n_1FE_1^0\right) + \left(-n_2FE_2^0\right)$$

$$\Rightarrow n_3E_3^0 = \left(n_1E_1^0\right) + \left(n_2E_2^0\right) \quad (3.86)$$

$$6E_3^0 = 2 \times 0.421 + 4 \times 0.681 \quad (3.87)$$

$$\therefore \mathrm{N}E^0(ClO_2^-) = 3E^0 = \frac{(2 \times 0.421 + 4 \times 0.681)}{2} \quad (3.88)$$

$$= 0.421 + 2 \times 0.681 = N_1E_1^0 + (3-1)E_2^0$$

$$= 1.783\,V$$

이러한 계산을 엑셀을 이용하면 다음과 같은 표와 diagram을 얻을 수 있다.

〈표 3.4〉 염소의 Frost diagram을 위한 산화가(N)에 따른 NE°값의 계산표

| 산화가 | E | △NE | NE |
|---|---|---|---|
| -1 | 1.36 | | -1.36 |
| 0 | 0 | | 0 |
| 1 | 0.420 | (1－0)×0.420 | 0.42 |
| 2 | | | |
| 3 | 0.681 | (3－1)×0.681 | 0.420+1.362=1.782 |
| 4 | | | |
| 5 | 0.300 | (5－3)×0.300 | 0.782+.0600=2.382 |
| 6 | | | |
| 7 | 0.370 | (7－50)×0.370 | 2.382+0.740=3.122 |

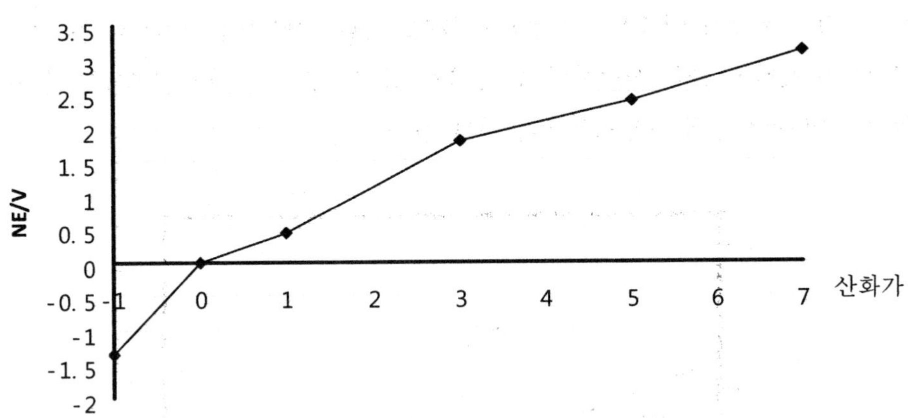


〈그림 3.7〉 염기성 용액에서 염소 원자에 대한 Frost diagram과 데이터

Frost diagram의 장점 때문에 Latimer diagram 보다 더 이용되는 경우가 있다. 앞서 언급한 불균등화 반응을 바로 확인할 수 있으며, 반대로 주변의 화학종들에 비해 낮은 $NE^0$ 값을 갖는 경우 균등화 반응(proportionation)이 일어날 수 있음을 쉽게 예측할 수 있다. 앞의 <그림 3.7>에서 +1가의 산화가를 갖는 $ClO^-$는 염기성 용액에서 안정하며, $lO_2^-$는 불균등화 반응에 의해 $ClO_3^-$나 $ClO^-$ 이온으로 변하며, $Cl_2$와 $ClO_2^-$가 공존하는 염기성 용액에서는 균등화 반응에 의해 $ClO^-$로 변할 것으로 예상된다.

**(예제 3.21)** 산성 용액에서 질소 원소의 Latimer diagram의 데이터를 가지고 엑셀 프로그램을 이용하여 Frost diagram을 그리시오.

$$NO_3^- \xrightarrow{0.803} N_2O_4 \xrightarrow{1.07} HNO_2 \xrightarrow{0.996} NO \xrightarrow{1.59} N_2O \xrightarrow{1.77} N_2 \xrightarrow{-1.87} NH_3OH^+ \xrightarrow{1.41} N_2H_5^+ \xrightarrow{1.275} NH_4^+$$

[3] Pourbaix Diagram

Latimer나 Frost diagram에 표시된 환원 기전력은 표준 상태 즉 pH 0이나 14의 상태에서의 값을 나타낸다. 그러나 실제의 상태는 pH 4-10인 경우가 많으며, 다양한 화학종이 존재할 수 있으므로 이에 대한 입체적 그림이 필요하다. Pourbaix diagram에서는 pH 조건에 따라 열역학적으로 안정한 화학종이 무엇인지를 보여주고 있다. 그러나 표에 나타난 화학종은 몇 가지 중의 한 예로 모든 가능한 화학종을 의미하지는 않는다.

예로 <그림 3.8>은 망가니즈에 대한 Pourbaix diagram이다. 산성의 용액 중에는 망가니즈가 $Mn^{2+}$의 상태로 존재하며, 매우 강한 염기성 용액에서나 이온 상태로 용액에 녹을 수 있다는 것을 예측할 수 있다. 산화제로 많이 사용되는 $KMnO_4$는 수용액 중에서 안정하지 못하고 물을 산화시킬 수 있음을 알 수 있다. 따라서 $KMnO_4$를 사용할 때에는 사용하기 직전에 수용액을 만들어야 한다.

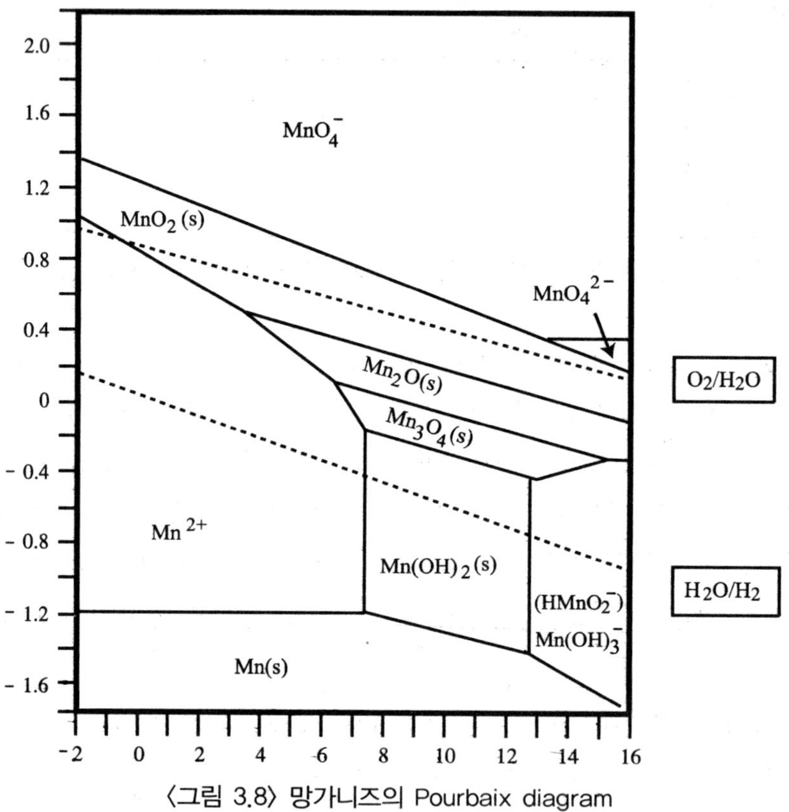


〈그림 3.8〉 망가니즈의 Pourbaix diagram

**(예제 3.22)** 철의 Pourbaix diagram(그림 3.9)을 이용하여 중성의 토양에서 존재하는 철의 고체 상태 물질을 찾으시오. 그리고 diagram을 보고 녹을 제거하기 위해 할 수 있는 방법을 생각해 보시오.

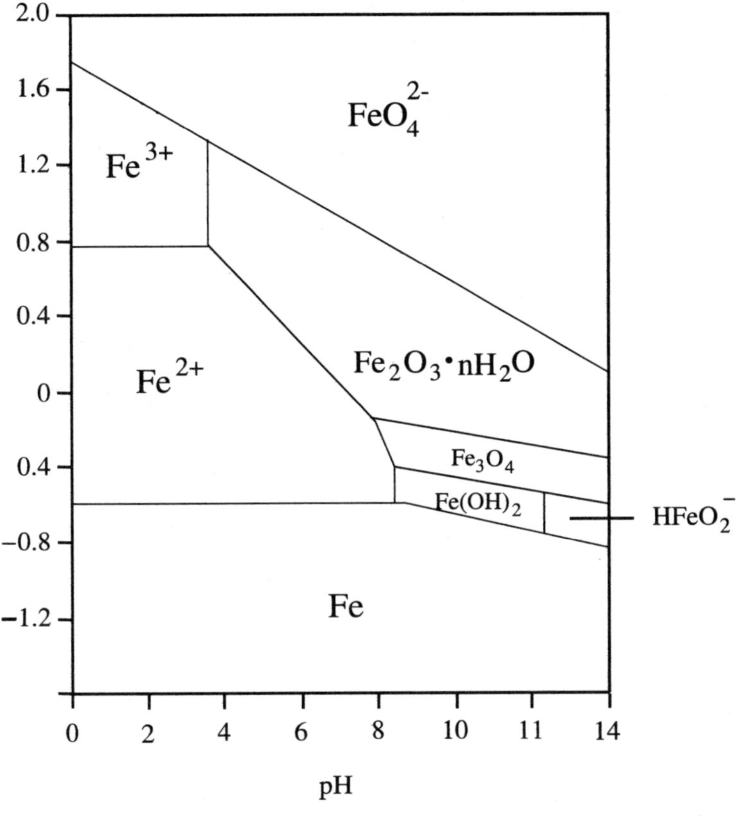


〈그림 3.9〉 철의 Pourbaix diagram

# 제4장 고체상의 무기화합물

무기화합물은 대부분 고체로 존재하며 특히 결정성을 갖는 경우가 흔하다. 같은 원소로 같은 조성을 갖는 고체 화합물이라도 결정 구조가 다를 수 있으며 물리적 성질도 달리한다. 본 장에서는 결정 구조의 차이점을 이해하고, 열역학적인 의미가 무엇인지를 밝히고자 한다. 가장 단순한 경우로 단일한 원자들만으로 구성된 입방체를 시작으로 하여 두 개, 세 개의 원자들이 섞인 결정체의 구조들을 설명하고, 금속의 전기전도성, 열전도성, 연성과 전성을 띠이론으로 설명하겠다.

## 4.1 결정의 구조

3차원의 결정 구조를 설명하기 위해선 몇 가지 개념들이 정의되어야한다. 소금 결정에는 $Na^{+}$ 이온과 $Cl^{-}$ 이온이 번갈아 규칙적으로 존재함을 알고 있다. 이러한 규칙성을 표현하기 위해 단위 세포(unit cell)과 격자(lattice)가 사용된다. 단위 세포라 함은 전체 결정을 대표하는 반복되는 3차원 단위를 말하는 것으로 아래 그림의 작은 상자(그림 4.1 (a), (b))가 그것이다. 반면 격자는 이러한 단위 세포가 공간에서 반복되는 위치를 나타내기 위해 점으로 나타내는 것 (그림 4.1 (c))으로 단위 세포 내의 어떤 위치든 그것의 반복된 3차원적 공간으로 표현할 수 있다. 예를 들면 $NaCl$의 결정에 대해 단위 세포내 오른쪽 위의 $Cl^{-}$를 점으로 표현한다면 그 옆의 단위 세포에서도 같은 위치의 $Cl^{-}$를 점으로 표현하여 <그림 4.1>(c)의 그림과 같이 단위 세포의 공간적 배열을 나타낼 수 있는 것이다. 이러한 대표성으로 인해 결정에 대한 정보를 단위 세포의 형태와 격자의 모양으로 표현한다.

이제 가장 단순한 형태부터 고려해 보자. 우선 한 가지 원소로 이루어진 결정 구조를 살펴보고, 4.3절에서 두 개 이상의 원소로 이루어진 이온성 고체를 살펴보도록 하겠다.

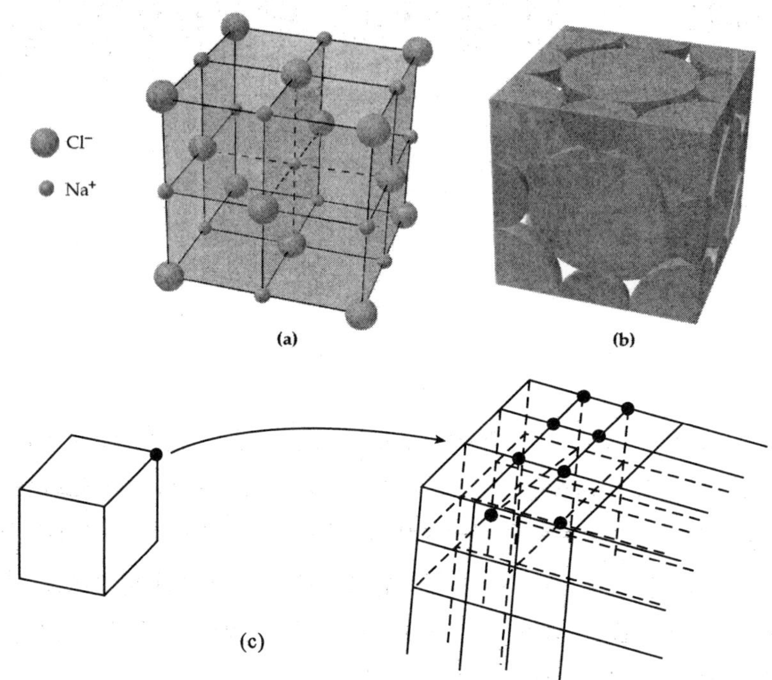


〈그림 4.1〉 NaCl의 결정내 단위 세포와 격자 : (a) 공–막대 모형으로 표현된 단위 세포, (b) 공간 채움 모형으로 표현된 단위 세포, (c) 단위 세포로 채워진 결정체로 각 점은 격자점을 나타낸다.

## [1] 입방 구조

같은 금속 원자들이 입방체(정육면체, cubic)를 채운다고 가정하자. 이 때 금속 원자들은 당구공처럼 단단하지 않으나, 단단하다고 가정하고 풀어가는 것이 이해를 도울 수 있다.

입방구조(그림 4.2)에는 꼭지점에만 원자가 존재하는 단순 입방구조(primative cubic)와, 꼭지점과 중심에 원자가 존재하는 체심 입방구조(body-centered cubic), 꼭지점과 면의 중심에 원자가 존재하는 면심 입방구조(face-centered cubic)가 있다.

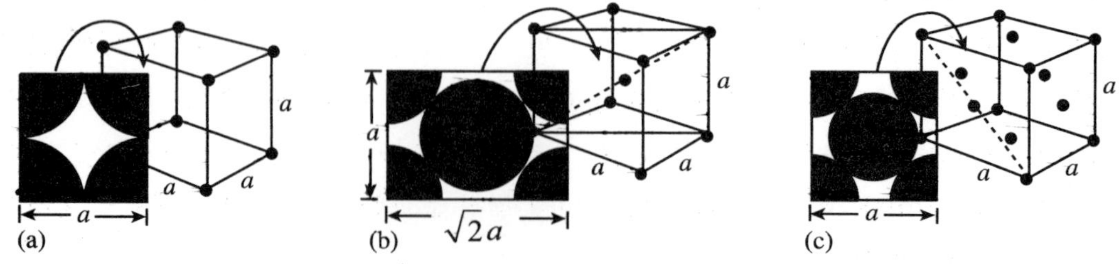


〈그림 4.2〉 입방구조를 이루는 결정 내 원자들: (a) 단순 입방구조, (b) 체심 입방구조, (c) 면심 입방구조.

입방체의 꼭지점에만 원자가 존재하는 단순 입방구조 <그림 4.2>(a)는 각 원자가 6개의 원자와 결합하고 있으며, 단위 세포의 한 변의 길이가 원자 반경의 2배와 같다. 또한 단위 세포 안에는 꼭지점 위치에 원자의 1/8에 해당하는 부피만 포함되고 그런 원자가 8개 존재하므로 단위 세포 안에는 $1/8\times 8=1$개의 원자가 존재하는 것과 같다. 체심 입방구조는 가장 가까이 있는 원자가 8개로 결합수가 8이며, 단순 입방구조에서 보다 체심에 하나의 원자가 더 존재하므로 단위 세포 내에 2개의 원자가 존재하는 것과 같다. 원자의 반지름은 원자가 근접하는 면이 입방체의 대각선 면이므로 $\sqrt{3}\,a/4$로 계산된다.

면심 입방구조의 경우는 면에서 각 원자들이 가장 밀접하게 만나므로 면의 대각선을 기준으로 반지름을 계산할 수 있다. 반지름은 단위 세포의 모서리 길이를 $a$로 보았을 때 $\sqrt{2}\,a/4$이며, 12개의 원자와 결합하고 있으므로 결합수는 12이다. 단위세포 내에 존재하는 원자의 수는 $\frac{1}{8}\times 8+\frac{1}{2}\times 6=4$개 이다. 이 데이터는 금속 결정의 밀도와 함께 원자의 반경을 계산할 때 사용된다. 이렇게 각 형태에 대해 정리하면 <표 4.1>과 같다.

〈표 4.1〉 결정 내 원자가 쌓인 형태에 따른 결합수와 단위 세포의 크기와 단위 세포 내에 존재하는 원자의 수(r은 원자의 반경, $a$는 입방체의 변의 길이).

| 쌓은 형태 | 결합수 | $a$ vs. r | 단위 세포 내 원자수 |
|---|---|---|---|
| 단순 입방 | 6 | $a$=2r | 1 |
| 체심 입방 | 8 | $\sqrt{3}\,a$=4r | 2 |
| 면심 입방 | 12 | $\sqrt{2}\,a$=4r | 4 |

**(예제 4.1)** 체심입방구조를 갖는 철의 밀도는 8.93 g/cm$^3$이다. 철의 원자 반경은?

## [2] 일그러진 입방 구조

위의 정육면체가 대칭성이 무너지면서 생성되는 구조들에 관해 살펴보자. 변의 길이가 달라지거나 모서리 간의 각이 더 이상 90도가 아닌 일그러진 구조를 볼 수 있는데, 가능한 변형은 아래 <표 4.2>와 같다.

**(예제 4.2)** 아래 <표 4.2>에서 각 구조에 맞게 모형을 만들어 보고 표의 빈칸에 적당한 그림을 그려 넣으시오.

〈표 4.2〉 변형된 입방 구조들

| | | | | | | |
|---|---|---|---|---|---|---|
| a=b=c | a=b≠c | a=b≠c | a≠b≠c | a=b=c | a≠b≠c | a≠b≠c |
| α=β=γ =90° | α=β=γ =90° | α=β=90° γ=120° | α=β=γ =90° | 90°< α<120° β=γ=90° | α≠90° β=γ=90° | α≠β≠γ ≠90° |
| cubic | tetragonal (正方晶係) | hexagonal (六方晶係) | orthorhombic (斜方晶係) | trigonal (三方晶係) rhombohedral (斜方面體晶係) | monoclinic (單斜晶係) | triclinic (三斜晶係) |

## [3] 조밀 구조(closest packing)

결정 구조를 이룰 때 가장 조밀하게 원자들이 쌓이는 경우 어떤 모양을 유지하는지 알아보자. 2차원으로 배열된 원자층에 두 번째 층이 배열되는 방법은 한 가지밖에 없다(그림 4.3 (a)). 그러나 세 번째 층은 두 가지 방법으로 올릴 수 있다(그림 4.3 (b)와 (c)).

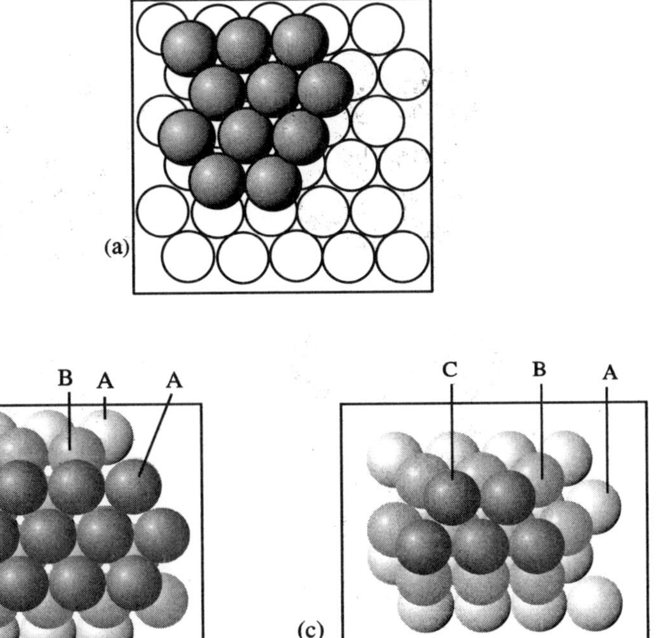


〈그림 4.3〉 조밀 쌓임으로 생성되는 결정 구조.

첫 번째 층에서 원자의 위치를 A라 하고 두 번째 위치를 B라 하였을 때 세 번째 층에 쌓이는 위치는 (b)에서와 같이 A와 같은 위치이거나 (c)에서와 같이 또 다른 위치에 놓일 수 있다. 전자는 ABABAB...의 순이라 할 수 있으며, 원자의 핵을 점으로 하고 연결하여 보면 아래 <그림 4.4>의 (a)와 같아진다. 육각 기둥의 모양을 이루므로 이를 육방 조밀 쌓임(hexagonal closest packing, hcp)이라 부른다. 후자는 ABCABC...의 순으로 쌓이며, 핵을 연결하여 선을 연결하면 (b)의 입방 조밀 쌓임(cubic closest packing, ccp)이 된다. (b)의 구조는 앞에서 언급된 면심 입방 구조와 같은데 이를 이해하기 위해선 한 꼭지점에서 대각선에 위치한 꼭지점까지 꼬지로 꿰어 똑바로 세우면 축에 대해 90°의 평면에 걸친 원자들이 각각 다른 위치에 존재함을 알 수 있다. 우선 꼭지점의 원자 한 개, 두 번째로 꼬지에 꽂힌 평면은 역삼각형의 평면으로 6개의 원자가 평면에 놓인다. 세 번째로 꼬지 꽂힌 평면은 바른 삼각형으로 역시 6 개의 원자가 존재한다. 두 번째와 세 번째 평면상의 원자들은 서로 어긋나 있으므로 다른 위치에 존재한다. 마지막으로 꼬지에 꽂힌 원자는 반대평 꼭지점의 원자 한 개다. 이 마지막 원자가 처음의 꼭지점 상의 원자와 같은 위치에 존재하는 것이므로 원자의 반복 패턴은 ABCABC.. 형태가 된다.

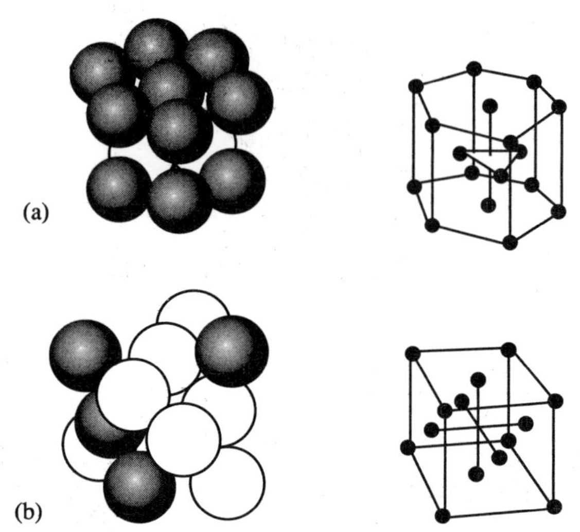


〈그림 4.4〉 (a) 육방 조밀 쌓임(hcp), (b) 입방 조밀 쌓임(ccp)

공간에 원자가 채워질 때 자연적으로 비어있는 공간이 생기나, 고체 결정을 이룰 때 압력과 온도에 따라 밀집된 구조를 가지려 한다. 조밀 쌓임 구조가 26%의 빈 공간을 갖는 반면, 체심 입방 구조인 경우도 32%의 빈 공간만을 가지므로 열이나 진동 등 에너지가 가해져 상변화(phase transition)가 일어나 체심 입방 구조를 나타내기도 한다.

**(예제 4.3)** ccp와 같은 구조인 fcc는 단위 세포 내에 4개의 원자를 포함하며, bcc는 2개의 원자를 포함한다. 이를 이용하여 각 단위 세포 내에 빈 공간의 퍼센트를 구하시오.

금속은 온도나 압력에 따라 여러 가지의 구조를 가질 수 있으며, 일반적으로 낮은 온도와 높은 압력 하에서 보다 조밀한 구조를 가지려 한다. 같은 금속의 경우에 온도가 달라지면 조성이 같더라도 다른 구조를 갖는데, 예로 <그림 4.5>의 탄소강 상평형도에서 보듯이, 순수한 철을 냉각시키면 응고 후 $\delta$-ferrite라 불리는 bcc 구조를 이루며, 더 냉각되면 austenite라는 fcc 구조의 고체로 변한다. 이후 더 냉각시키면 $\alpha$-ferrite라 부르는 bcc 구조로 환원된다.

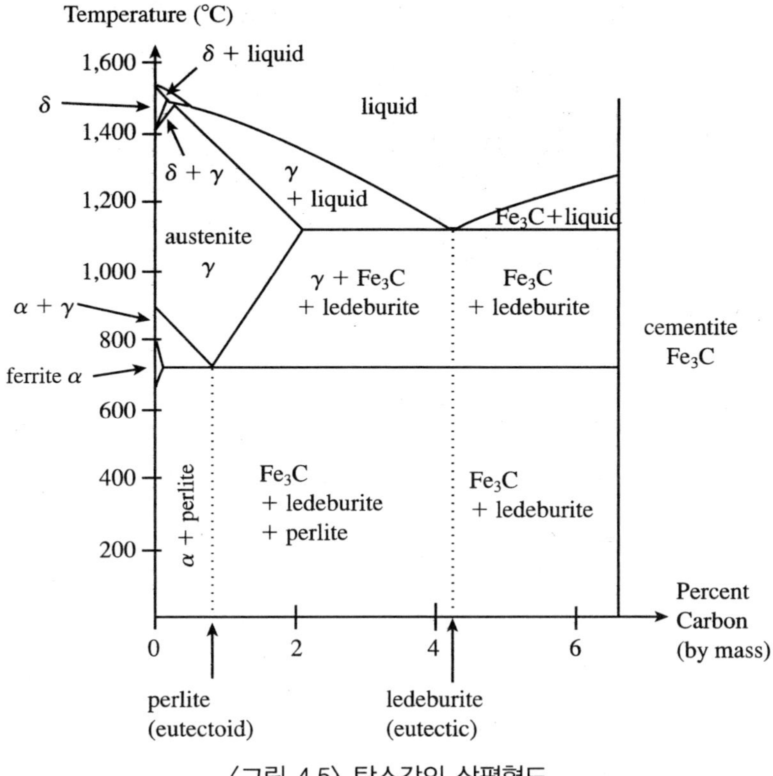


〈그림 4.5〉 탄소강의 상평형도

**(예제 4.4)** 육방 조밀 쌓임에 대해 <표 4.1>에 나타낸 항목들을 조사하시오(결합수, 반지름과 단위 세포 변의 길이와의 관계, 단위 세포 내에 존재하는 원자의 수).

## [4] 금속 원자의 반경

결정 내 금속 원자의 크기는 직접 측정하지 못하므로 이웃하는 원자 간 거리의 1/2로 추정할 수 있다. 따라서 주변에 존재한 원자와의 결합이나 주변 원자들이 이루는 공간의 크기에 따라 반경이 다르게 추정될 수 있다. 즉 주변의 원자 수가 적으면 주변 원자 수가 많은 경우에 비해 공간이 비좁아지고 중심에 존재하는 원자의 반경을 작게 추정하게 된다. Goldschmidt는 결합수와 원자 반경간의 상대적 관계를 <표 4.3>에 보이는 것과 같이 제시했다. $r_S$는 작은 원자의 반경, $r_L$은 큰 원자의 반경일 때 결합수 12인 경우의 원자 반경비를 1로 보고 결합수에 따른 반경비의 변화를 비교한 것이다.

〈표 4.3〉 Goldschmidt의 결합수에 따른 원자반경의 상대적 비.

| 결합수 | 상대적 $r_S/r_L$ |
|---|---|
| 12 | 1 |
| 8 | 0.97 |
| 6 | 0.96 |
| 4 | 0.88 |

## 4.2 합금(Alloy)

합금은 두 개나 그 이상의 원소로 이루어진 균일 혼합물이며, 그 중 적어도 하나는 금속이고 얻어진 합금은 금속성을 가진다. 그러나 구성 원소들과는 다른 특성을 갖는다. 일반적으로 물리적 성질, 예를 들면 밀도, 반응성, 전기전도성, 열전도성 등은 구성 원소와 크게 다르지 않다. 그러나 공학적 성질, 예를 들면, 응력(tensile strength), 연성(sheer strength) 등은 구성 원소의 그것과 매우 다르다. 합금을 구성하는 원자의 크기에 따라 다르게 나타나는데, 큰 원자는 주변의 원자들에게 압력(compressive force)을 가하며 작은 원소는 응력(tensile force)을 준다. 순수한 금속은 원자들이 자유로이 움직임으로써 변형되기 쉬우나, 이러한 힘의 결과로 합금이 변형되는 것을 막아주게 된다.
합금을 이루는 방법에 따라 치환형 합금(substitution alloy)과 틈새형 합금(interstitial alloy)으로 나눈다.

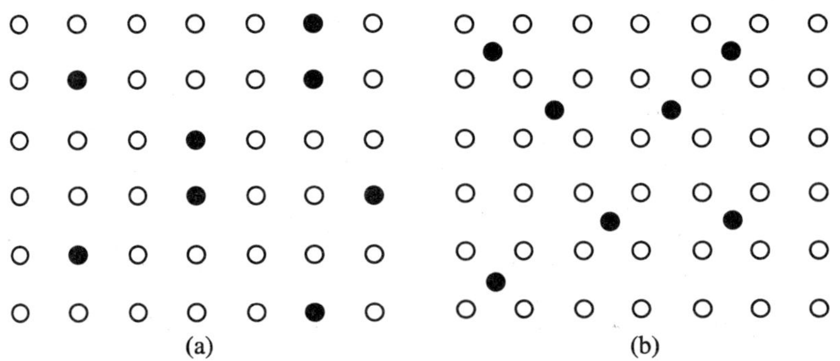


〈그림 4.6〉 (a) 치환형 (b) 틈새형 합금.

### [1] 치환형 합금

구성 원소들의 크기가 비슷하여 하나의 결정 구조에 다른 원소가 다소 치환되는 형태이다(그림 4.6 (a)). 다음의 조건이 만족되는 경우 치환형 합금을 형성할 수 있는데, 우선 원자반경의 차이가 서로 15 %내이고, 구성 원소들이 선호하는 결정 구조가 비슷하여야 하고, 마지막으로 서로 전기 양성도(electropositive property)가 비슷해야 한다.

예로 놋쇠(황동, brass)는 구리와 아연의 합금으로, 35% 이하의 아연이 첨가되면 fcc의 결정구조를 갖는 $\alpha$-brass가 생성되며, 구리(60%)와 주석(40%)으로 이루어진 합금은 청동이다. 구리와 아연, 주석은 원자 반경이 유사하나(7% 차이) 결정구조가 달라, 구리는 fcc, 아연은 hcp이고, Sn은 tetragonal(정방정계) 구조를 가지므로 제한된 구성비를 갖는 합금만을 형성할 수 있다. 반면 Nickel-silver라고 불리며 주화로 많이 쓰이는 Cu-Ni 합금은 원자반경이 Cu(1.28 Å), Ni(1.25 Å)으로 2.3% 차이만을 보이고, 유사한 전기양성도와, 같은 fcc 결정구조를 가지므로 순수한 Ni부터 순수한 Cu까지 다양한 합금을 생성할 수 있다.

### [2] 틈새형 합금

구성 원소 중 하나가 다른 것에 비해 매우 작을 때 큰 원소들의 사이에 끼어서 이루어지는 합금을 말한다(그림 4.6 (b)).

구조 변형 없이 조밀 쌓임 구조에 들어갈 수 있는 용질원자는 그 크기가 한정되어 있으며, 구조적인 측면에서만 본다면, 구조를 변형하지 않고 H, B, C, N 원자들을 수용할 수 있는, 금속원자의 반경이 각각 0.90 Å, 1.95 Å, 1.88 Å, 1.80 Å 등이어야 한다.

### [3] 금속간 화합물(Intermetallic compounds)

금속-비금속의 틈새형 합금과는 달리 두 개 또는 그 이상의 원소들이 일정한 비율로 새로운 화학 결합을 이룸으로써 화합물로 간주되는 고용체를 말한다. 구성 원소들의 성질과는 화학적으로 다른 결과를 나타낸다. 구성 원소들이 지닌 강도나 공정이 평이하다는 장점을 감수하고도 고온에서의 내성을 갖고자 하는 경우 세라믹과 금속성을 합한 성질의 금속간 화합물(intermetallics)을 합성한다. 이러한 화합물들 중에 자성을 띠거나, 초전도성을 갖는 화합물들도 있다. 가장 쉬운 예로 내마모성이 강하여 볼밀(ball mill)에 사용되는 cementite($Fe_3C$)나 Ni metal hydride 밧데리에서 단단한 외형을 유지하는데 필요한 $Ni_3Al$, 고온(> 600°C)에서도 내구성·강도가 뛰어나 터빈날에 사용되는 타이타늄 알루미나이드(특히 $\gamma-$TiAl) 등은 강도를 증가시키기 위한 것으로 사용된다. 반면,

반도체 소자에서 Al과 Au는 도선 결합을 방해하는 금속 간 화합물을 형성하기도 한다.

## 4.3 이원소 결정의 구조

앞의 단원자 결정보다 구성 원자가 하나 더 많은 경우 보통 전기음성도가 상당히 다른 원자가 화합물을 형성하는 경우가 많으며 이런 경우 공유 결합성 보다 이온 결합 성향이 주가 된다. 예를 들면 $NaCl$의 구조는 $Na^+$와 $Cl^-$의 두 이온들이 서로 이웃하도록 배열된다고 본다. 이원소로 이루어진 결정은 우선 큰 원자가 조밀 쌓임 구조로 배열하면 약 26%의 빈 공간이 생기며, 그곳에 다른 원자가 채워지는 것으로 이해할 수 있다. 따라서 큰 원자가 만든 공간의 크기가 나머지 원소 반경과 적절하게 맞지 않으면 두 원소는 고려하고 있는 결정을 이룰 때 많은 압박감이 쌓이므로 안정한 결정을 이루기 힘들다.

### 4.3.1 조밀 쌓임 구조 내의 공간

<그림 4.7>에서 입방조밀 쌓임(ccp) 형태로 원소들이 놓여 있을 때 두 종류의 구멍을 발견할 수 있다. 구멍에 작은 원소가 존재한다고 보았을 때 6개의 다른 원소와 결합할 수 있는 팔면체 구멍(octahedral hole)과 4개의 다른 원소와 결합할 수 있는 사면체 구멍(tetrahedral hole)이 있다. 물론 6개의 결합수를 갖는 Oh 구멍의 크기가 4개의 결합수를 갖는 Td 구멍보다 클 것으로 예상할 수 있다.

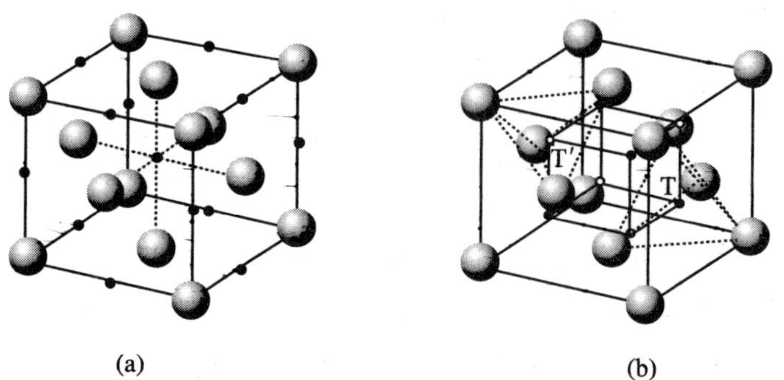


〈그림 4.7〉 입방조밀 쌓임 구조에서 나타날 수 있는 구멍의 종류: Td와 Oh의 구멍. (a) ccp에 존재하는 Oh 구멍의 수는 4개이다. (b) ccp에 존재하는 Td의 구멍 수는 8개이다.

<그림 4.7>(a)에는 가능한 Oh 구멍 수가 중앙과 각 모서리에 한 개씩으로 $1+(12\times\frac{1}{4})=4$ 개로 계산되는 반면, (b)의 Td 구멍은 점선으로 표현된 사면체(꼭지점과 그 꼭지점을 이루는 세 면의 중앙점이 이루는 구조)의 중심에 T′ 또는 T로 표현된 점들이며, 보이는 그대로 8개이므로 구멍의 수는 Td:Oh=2:1로 나타난다. 큰 원자의 반경이 r일 때 Oh 구멍의 경우 0.414r이 계산된다. 즉 큰 원자 또는 이온의 반경에 대해 0.414배보다 너무 작으면 원자가 안정하게 고정되지 못하여 불안정해지고 너무 크면 격자내 압박감이 쌓이므로 Oh 구멍에 들어가 안정한 결정을 이루기 어려울 것으로 예상할 수 있다(4.4절 참조).

### 4.3.2 기본적인 이온 결정 구조

[1] 암염 구조($NaCl$)

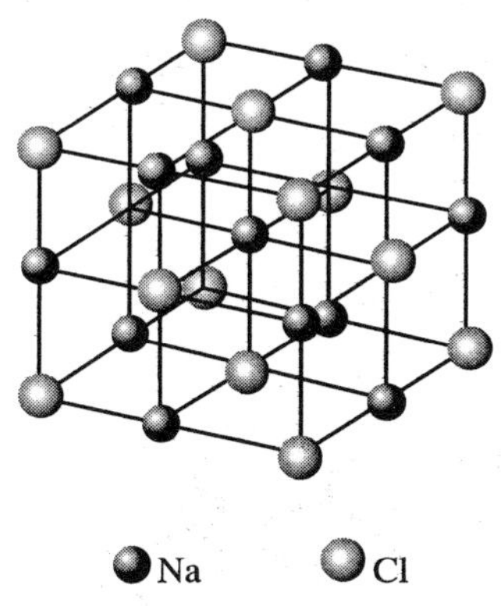


〈그림 4.8〉 암염의 결정 구조

큰 음이온이 fcc로 배열한 후에 작은 양이온이 단위 세포내의 모든 Oh 구멍을 모두 채운 형태를 이룬다(그림 4.8). 반대로 양이온이 큰 경우 양이온이 fcc로 배열되고 음이온이 Oh 구멍을 채운다고 생각할 수도 있다. 모든 경우 각 이온들은 결합수가 6이되며, (6,6) 배위로 쓴다. 단위 세포내의 이온수는 $Na^+$가 $\frac{1}{4}\times12+1=4$개와 $Cl^-$가 $\frac{1}{8}\times8+\frac{1}{2}\times6=4$로 1:1로 존재한다.

[2] 염화세슘 구조($CsCl$)

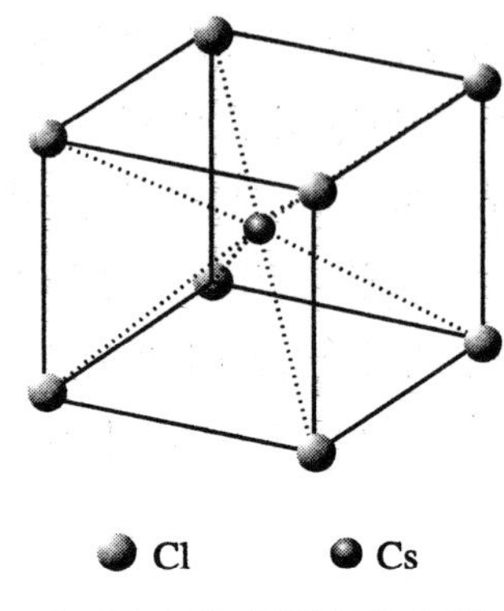


〈그림 4.9〉 염화세슘 구조

암염의 $Na$와 같은 1족 원소이나 $Cs$의 크기가 매우 크므로 암염에서처럼 Oh 구멍에 들어갈 수 없다. 음이온을 입방체의 꼭지점에 놓고 양이온을 체심에 놓거나, 역으로 양이온을 꼭지점에 음이온을 체심에 놓은 구조이다. 각 이온의 결합수는 8이고 (8, 8) 배위라고 표현한다. 단위 세포내에 존재하는 각 이온의 수는 1:1이 된다.

[3] 섬(閃)아연광 구조(Zinc blende, $ZnS$)

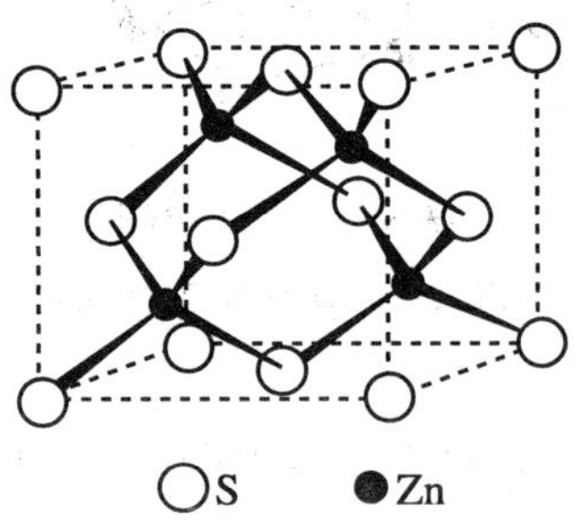


〈그림 4.10〉 섬아연광 구조

$ZnS$는 zinc blende와 wurtzite 두 가지 구조를 갖는다. 그 중 <그림 4.10>에 보이는 zinc blende는 음이온이 fcc 구조를 가지고 양이온이 Td 구멍 8개 중 4개를 차지하는 것으로 볼 수도 있고, 음이온과 양이온 모두 fcc 구조를 가지나 양이온이 한 변의 1/4씩 이동한 것으로 볼 수도 있다. 각 이온의 결합수는 4이며, (4, 4) 배위로 표현한다. 단위 세포내에 존재하는 원자의 수는 두 이온 모두 4개로 1:1의 비를 갖는다.

### [4] 섬유(纖維)아연석 구조(Wurtzite, $ZnS$)

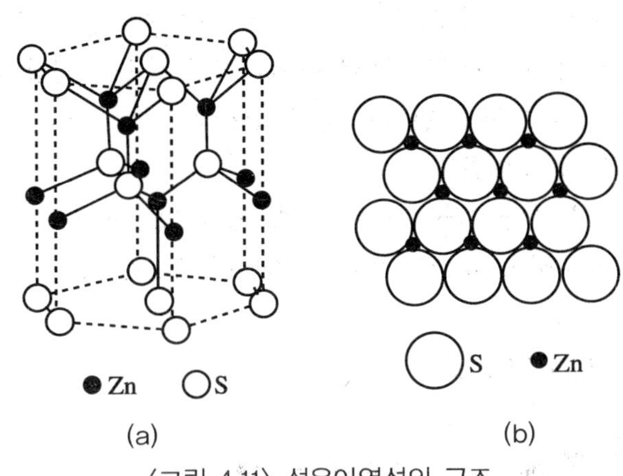


〈그림 4.11〉 섬유아연석의 구조

섬아연광보다 높은 온도에서 생성되며 드물게 발견된다. 두 이온 모두 hcp 구조를 이루며 다소 위치가 어긋나게 결합된 것으로 볼 수 있다(그림 4.11). <그림 4.11>(b)는 위에서 본 적층된 상태를 나타낸 것으로 $S$가 ABAB형태로 쌓인 공간에서 Td 구멍에 $Zn$ 이온이 4배위를 가지고 놓여 있다. 결합수는 (4,4) 배위를 이루며, 단위 세포 내 이온의 개수는 $S$의 경우 $\left(12\times\frac{1}{6}\right)+\frac{1}{2}\times2+3=6$개, $Zn$은 $3+1+\left(6\times\frac{1}{3}\right)=6$개이므로, 1:1의 비로 존재한다.

### [5] 형석 구조(fluorite, $CaF_2$)

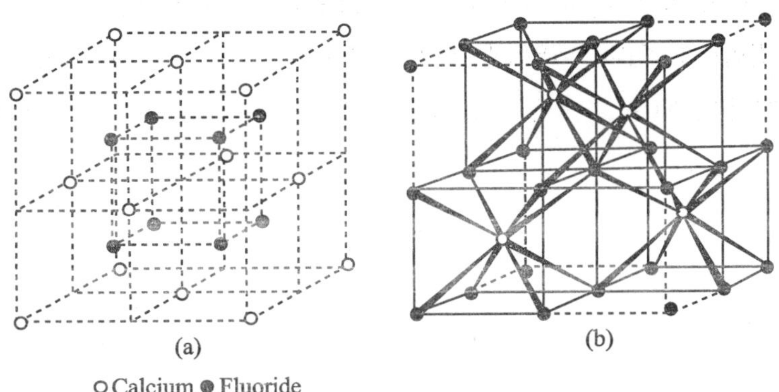


〈그림 4.12〉 형석 구조. 같은 결정체를 육면체의 꼭지점에 (a) $Ca^{2+}$이 놓인 모양으로 보이는 구조와 (b) $F^{-}$가 놓인 모양을 보이는 구조.

$Ca^{2+}$ 이온이 fcc 구조를 이루고 단위 세포내에 존재하는 Td 구멍 8개에 $F^-$ 이온이 채워지는 구조이다(그림 4.12). 배위수는 양이온이 8이며, 음이온은 4로, (8,4) 배위를 갖는다. 단위 세포내의 이온의 수는 $Ca^{2+}$가 $(6\times\frac{1}{2})+(8\times\frac{1}{8})=4$이고, $F^-$는 8개이므로 1:2의 비로 존재한다. <그림 4.12>(b)는 (a)의 단위세포를 연장시켰을 때 $F^-$ 이온이 육면체의 꼭지점에 놓이도록 하면 육면체의 중앙에 $Ca^{2+}$ 이온이 놓이며 $Ca^{2+}$ 이온이 8배위 하고 있음을 잘 보여준다.

$Li_2Te$ 이나 $K_2O$ 등은 반형석 구조를 갖는데, 형석과는 반대로 음이온이 fcc 구조를 양이온이 Td 구멍을 차지하여 (4,8)의 배위를 가지며, 2:1의 비율로 존재한다.

[6] 비소화 니켈 구조($NiAs$)

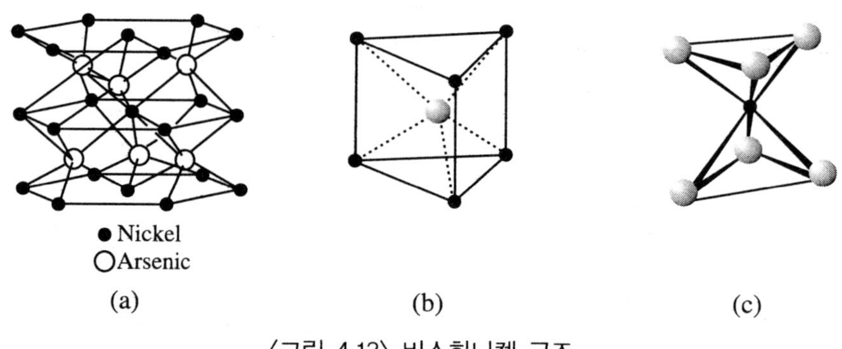


〈그림 4.13〉 비소화니켈 구조

<그림 4.13>(a)는 육방 밀집구조(hcp)를 이루고 있는 Ni의 Oh 구멍에 As가 들어가 있는 것을 보인다. 그러나 두 층의 hcp를 보면 As의 위치가 엇갈려 있음을 볼 수 있다. (b)는 As 주위에 Ni이 삼각기둥을 이루고 있고, (c)에서는 Ni 주위의 As가 삼각기둥이 뒤틀린 형태로 결합하고 있다. 배위수는 (6,6)이고 단위 세포 내에 존재하는 원자의 수는 As의 경우 6개이며, Ni은 $\left(6\times\frac{1}{3}\right)+1+\left(2\times\frac{1}{2}\right)+\left(12\times\frac{1}{6}\right)=6$이므로 1:1의 비를 유지한다.

[7] 루틸 구조(rutile, $TiO_2$)

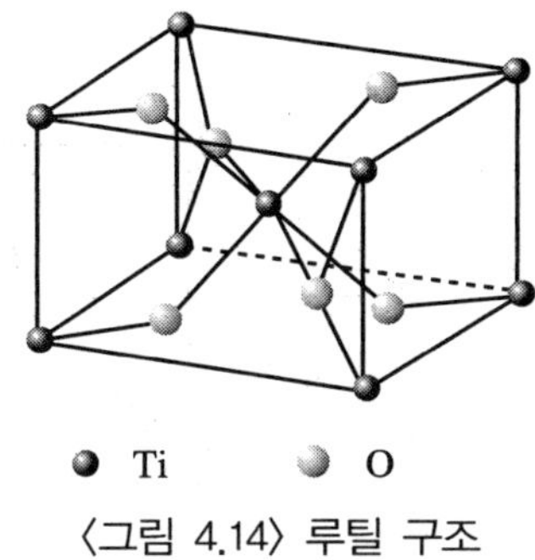


〈그림 4.14〉 루틸 구조

$Ti^{4+}$ 이온이 일그러진 체심입방체를 형성하고 $O^{2-}$ 이온이 $Ti^{4+}$ 이온을 중심으로 Oh 구조를 이루고 있다(그림 4.14). 배위수는 (6, 3)이며 원자의 수는 $Ti^{4+}$가 2개이고 $O^{2-}$가 $2+(4\times\frac{1}{2})=4$개이므로 1:2의 비를 이룬다.

## 4.3.3 삼원소 결정 구조

[1] 페로브스카이트 구조(perovskite, $CaTiO_3$)

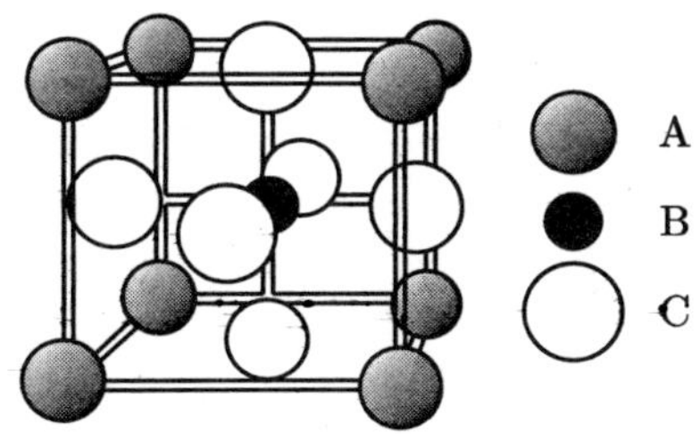


〈그림 4.15〉 Perovskite 구조

$ABO_3$ 형태의 고체로, <그림 4.15>에 보이는 것과 같이 단순 입방체에 $A$와 $O$가 close-packing을 하고 있다고 보고 중앙에 $B$가 놓여 있는 것으로 볼 수 있다. $A$는 12개의 $O$와, $B$는 6개의 $O$와 결합하며, $A$와 $B$의 산화수가 합하여 +6가이어야 한다. 즉 $A^{2+}B^{4+}$ 또는 $A^{3+}B^{3+}$이어야 한다. 그러나 $A$나 $B$의 금속 원소가 또 다른 3의 원소를 부분적으로 포함할 수도 있다. 예를 들면 $(PbSr)TiO_3$ (pzt)가 있다. 이 구조를 갖는 물질들 중에는 흥미있는 전기적 성질을 갖는 것들이 있는데, 압전성(piezoelectricity)과 강유전성(ferroelectricity), 고온 초전도성(high-temperature superconductivity)이 그것이다.

### [2] 스피넬 구조(Spinels)

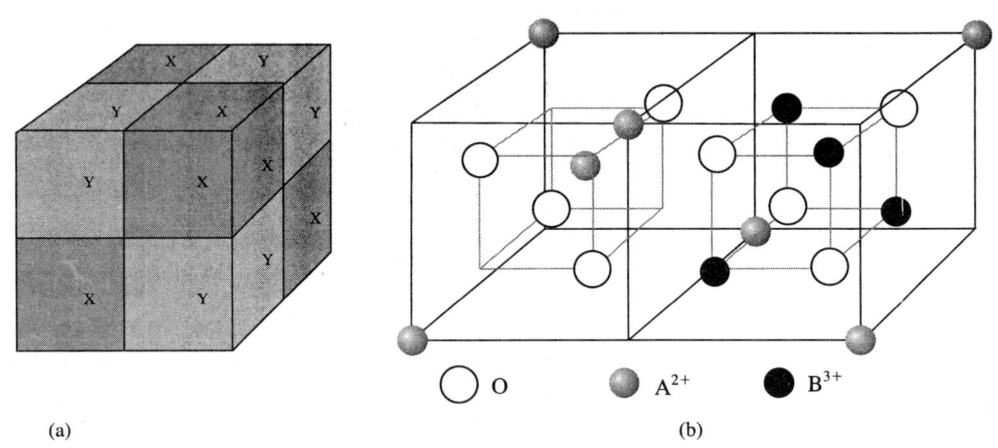


〈그림 4.16〉 스피넬의 구조. (a)단위 세포. (b)단위 세포의 XY 내부구조.

일반적인 화학식 $AB_2O_4$를 갖는 $MgAl_2O_4$(spinel)은 <그림 4.16>의 구조를 갖는다. (a)는 스피넬 구조의 단위 세포내 반복되는 구조를 블록으로 나타냈으며, (b)에는 그 반복된 블록 단위 내의 원자 위치를 그림으로 나타내었다. $A^{2+}$ 이온은 Td 구멍에 위치하는데, 반복된 블록 (b)에서 존재하는 Td 구멍은 각 꼭지점에 $\frac{1}{8}$개씩 8개, 모서리 중앙에 $\frac{1}{4}$개씩 4개, 면의 중앙에 $\frac{1}{2}$개씩 10면과 가운데 면의 모서리 중앙에 4면, 그리고 완전한 원자가 Td구조를 가지며 포함될 수 있는 육면체 중앙 2개와 내부의 육면체 사이의 공간에 1개가 존재한다. 즉, $\frac{1}{8}\times 8+\frac{1}{4}\times(8+8+4)+\frac{1}{2}\times(10+4)+3=16$개로 계산된다. 반면 실제로 $A^{2+}$ 이온이 존재하는 것은 (b) 구조에서 옅은 색으로 표현된 것으로 $\frac{1}{8}\times 4+\frac{1}{4}\times 2+1=2$ 뿐으로 Td 구멍 중 $\frac{1}{8}$을 채우고 있다. $B^{3+}$ 이온은 (b) 구조를 더 연장시켜 내부의 육면체를 포함시켜 연상하면 O와 6배위를 갖는 Oh 구멍에 존재하며 가능한 8개의 구멍 중 반을 채운다. 반복되는 블록 내에 존재하는 $A^{2+}$: $B^{3+}$:O = 2 : 4 : 8로 $AB_2O_4$의 화학식으로 쓴다. 특히 Oh 구멍에 들어가는 이온을 표현하기 위해 $A[B_2]O$로 쓰기도 한다.

에너지적인 이유로 $A^{2+}$ 이온이 Oh 구멍에 들어가는 경우, 즉 $B[AB]O_4$의 경우를 역스피넬 구조(inverse spinels)라 부른다. 그 예로 $Fe_3O_4$, $Co_3O_4$, $Mn_3O_4$가 있다.

## 4.4 이온 반경과 배위수

이온 반경의 주기적인 경향은 앞의 2장에서 언급한 바 있다. 주기율표상 주기가 증가할수록 이온의 크기가 증가하며, 같은 주기 상에서 원자번호가 증가할수록 유효핵전하의 증가로 인해 이온 반경은 감소한다. 다른 전하의 이온과 결합하는 고체결정에서는 이온의 크기와 전하가 어떤 영향을 주는가?

하나의 양이온에 대해 배위하는 음이온의 개수가 많을수록 허용되는 구멍의 크기가 크다. 배위하는 음이온의 개수에 따라 결합할 수 있는 양이온의 크기가 제한된다는 것이다. 예를 들면 같은 1족 원소이지만 $NaCl$에서 $Na^+$의 배위는 6이고 $CsCl$에서 $Cs^+$의 배위수는 8이다. 역으로 두 가지 이온 크기의 비에 따라 서로가 형성할 수 있는 구멍의 크기도 제한될 것이므로 배위수가 제한될 수 있다.

결정 내에서 음이온이 만든 공간에 양이온이 끼어들어갈 때 다음 <그림 4.17>의 세 가지 경우가 가능하다.

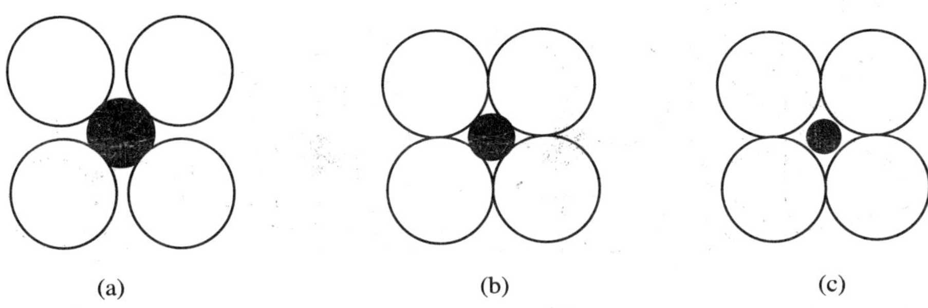


〈그림 4.17〉 결정 내에서 음이온의 공간에 양이온이 들어갈 수 있는 가능한 방법들

그러나 (a)와 (b)의 경우는 안정한 결정 격자를 유지할 수 있으나, (c)의 경우는 양이온이 너무 작아 같은 전하를 갖는 음이온끼리의 접촉이 반발을 유도함으로써 불안정해진다. 이러한 가정 하에 두 이온 사이의 반경비로 배위수를 예측할 수 있다. 큰 이온에 대한 작은 이온의 반경비에 따른 예측되는 배위수를 <표 4.4>에 보였다.

〈표 4.4〉 두 이온의 원자반경 비에 따른 배위수의 예측

| Coordination number | Raius ratio | Diagram | |
|---|---|---|---|
| 8 | >0.7 | | ≥ 0.7321 |
| 6 | 0.4-0.7 | | ≥ 0.414 |
| 4 | 0.2-0.4 | | ≥ 0.225 |
| 3 | 0.1-0.2 | | ≥ 0.155 |

**(예제 4.5)** <표 4.4>에 표시한 각 배위수에 따른 이온 반경 비의 예상치를 설명하여 보시오. 다음의 그림에서 원자반경과 단위 세포의 변의 길이와의 관계를 이용하시오.

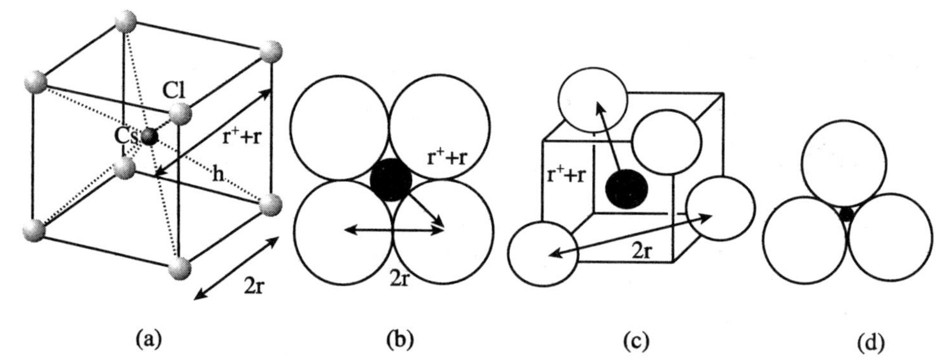


〈그림 4.18〉 배위수에 따른 단위 세포의 크기와 각 이온들의 관계. (a) 8배위, (b) 6배위, (c) 4배위, (d) 3배위.

**(예제 4.6)** 양이온 $Cd^{2+}$ 와 음이온 $I^-$ 의 고체결정에서 양이온의 배위수를 예측하여 보시오.

## 4.5 고체결정의 열역학

두 개의 다른 이온들이 고체결정을 형성할 때 자유에너지의 감소를 예상할 수 있다.

$$\Delta G^o = \Delta H^o - T\Delta S^o \tag{4.1}$$

식 (4.1)에서 기체 상태의 원소나 이온으로부터 고체결정을 얻을 때 실온에서 발생하고 얻는 엔탈피에 비해 엔트로피의 기여도는 작으므로 본 절에서는 두 번째 항, $-T\Delta S$는 고려하지 않겠다.

## 4.5.1 격자 엔탈피(Lattice enthalpy)

고체 결정을 이온성 결합이라고 가정한 경우 각 양이온과 음이온이 고체 결정을 형성할 때 방출하는 엔탈피를 격자 엔탈피(Lattice enthalpy)라 한다(식 4.2).

$$M^+(g) + X^-(g) \rightarrow MX(s) \qquad \Delta H_L^o \tag{4.2}$$

<그림 4.19>는 $NaCl$에 대한 Born-Harber cycle을 도식화한 것이다. 격자엔탈피(식 4.8)를 계산으로 얻기 위해서 기존에 알려진 다른 열역학적 데이터를 이용할 수 있는데, 이 때 사용되는 데이터는 생성 엔탈피(식 4.3), 승화 엔탈피(식 4.4), 이온화에너지(식 4.5), 결합해리에너지(식 4.6), 전자친화도(식 4.7)이다.

$$NaCl(s) \rightarrow Na(s) + \frac{1}{2}Cl_2(g) \qquad -\Delta H_f^o \tag{4.3}$$

$$Na(s) \rightarrow Na(g) \qquad \Delta H_{sub}^0 \tag{4.4}$$

$$Na(g) \rightarrow Na^+(g) + e^- \qquad \Delta H_{ion}^o \tag{4.5}$$

$$\frac{1}{2}Cl_2(g) \rightarrow Cl(g) \qquad \frac{1}{2}\Delta H_{diss}^o \tag{4.6}$$

$$Cl(g) + e^- \rightarrow Cl^-(g) \qquad \Delta H_{EA}^o \tag{4.7}$$

$$Na^+(g) + Cl^-(g) \rightarrow NaCl(s) \qquad \Delta H_L^o \tag{4.8}$$

Born-Harber cycle에 따르면 위의 반응식을 모두 합한 경우의 엔탈피 합이 0이어야 하므로 다음 식 (4.9)가 성립된다.

$$-\Delta H_f^o + \Delta H_{sub}^0 + \Delta H_{ion}^o + \frac{1}{2}\Delta H_{diss}^o + \Delta H_{EA}^o + \Delta H_L^o = 0 \tag{4.9}$$

따라서 알려진 열역학적 데이터로부터 $NaCl$의 격자엔탈피 $\Delta H_L^o$은 -808 kJ/mol로 계산된다.

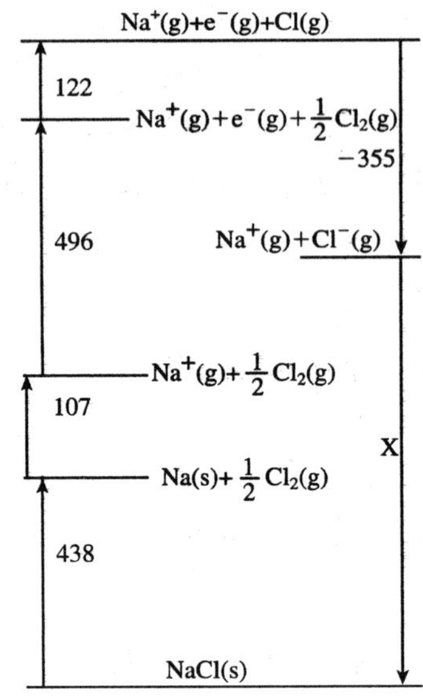


〈그림 4.19〉 $NaCl$의 Born-Harber cycle

| (예제 4.7) Handbook에 나오는 데이터를 찾아 $CaF_2$의 격자엔탈피를 계산하시오. |
|---|

## 4.5.2 Madelung 상수

앞 절에서 Born-Harber cycle로부터 구한 격자엔탈피는 거시적인 관점에서 엔탈피 계산을 한 것인데 반해 본 절에서는 각 이온들 간의 정전기적 인력을 계산함으로써 미시적 관점에서 격자엔탈피를 구하고자 한다.

염의 결정은 이온성 결합으로 가정하기 때문에 각 이온 간에는 Coulomb force가 존재한다. 양이온에 가장 근접해 있는 것은 음이온이므로 정전기적 인력을 계산하면 아래 식 (4.10)과 같다.

$$V_{AB} = \frac{(z_A e) \times (z_B e)}{4\pi\epsilon_0 r_{AB}} \tag{4.10}$$

$\epsilon_0 = 8.85 \times 10^{-12} C^2 J^{-1} m^{-1}$ (진공유전율)

$Z_A,\ Z_B$ : 각 이온의 산화가

$e = 1.602 \times 10^{-19} C$ (전자전하량)

서로 다른 전하를 띠므로 Coulomb 에너지는 (−)의 값으로 전체 격자의 에너지를 안정화시킨다. 양이온의 두 번째 최근접 지점에는 양이온이 존재하므로 (+)의 Coulomb 에너지로 척력 에너지를 계산하게 된다. 세 번째 근접 이온과는 다시 인력 등으로 인력과 척력이 교대로 작용하며, 그 에너지는 이온 간의 거리에 반비례하므로 거리가 멀어질수록 Coulomb 에너지는 수렴하게 되고, 그 수렴값은 이온들의 위치에 따라, 즉 고체 결정의 모양에 따라 달라진다. 이러한 경향을 몰 당으로 표현한 것이 아래 식 (4.11)이며 식에서 수렴값 A가 Madelung constant이다.

$$V = N_A \frac{e^2}{4\pi\epsilon_0}\left(\frac{z_A z_B}{d}\right)\times A \tag{4.11}$$

$N_A$: 아보가드로 수, $A$=Madelung constant, d=이온간 거리

결정 형태에 따른 Madelung constant는 <표 4.5>에 나타내었다.

〈표 4.5〉 Madelung constants

| crystal type | Madelung constant |
|---|---|
| $NaCl$ | 1.748 |
| $CsCl$ | 1.763 |
| $\alpha - ZnS$(Zinc blende) | 1.638 |
| $\beta - ZnS$(Wurzite) | 1.641 |
| $CaF_2$ | 2.519 |
| $TiO_2$(Rutile) | 2.480 |

이온 결정 고체를 순수한 이온 결합으로 가정하고 격자 엔탈피를 계산해 보자. $NaCl$은 이온 반경이 $Na^+$는 102 pm, $Cl^-$는 181 pm이며, 이온간 거리 d=283 pm이다. Madelung constant는 <표 4.5>에 1.748로 주어졌으므로 식 (4.11)에 대입하여 푼다. 결과 -858.5 kJ/mol의 값을 얻었으며, 앞 절에서 실험적인 데이터로 얻은 -808 kJ/mol과는 6.3%의 오차를 보였다. 물론 원자가 겹침으로 인한 반발력 등 고려해야할 요인들이 많으나 본 절에서는 결정의 구조에 따른 차이점만을 강조하겠다.

**(예제 4.8)** Handbook에서 배위수에 따른 이온 반경을 찾아 $CaF_2$의 Madelung constant를 이용하여 격자엔탈피를 계산하고 위의 (예제 4.7)의 값과 비교하시오.

# 4.6 격자엔탈피의 의미

앞에서 격자엔탈피에 대한 계산은 결정이 이온성이라는 가정 하에 이루어졌다. 만일 측정값과 거의 유사하다면 이러한 가정에 무리가 없었음을 알 수 있다. $LiF$의 경우 측정치와 99.6%로 유사한 계산값을 얻을 수 있으나, $LiI$는 97.2%로 다소 큰 오차를 보인다. 이는 앞의 가정에 다소 무리가 있음을 의미하며 $LiF$보다 공유결합 성향이 더 클 것으로 유추할 수 있다. 이외에도 격자엔탈피의 크기에 따라 물리적 성질, 예를 들면 용해도나 열에 의한 분해 성향 등을 달리함을 관찰할 수 있다.

## 4.6.1 용해도

2족의 원소들의 황산염인 $MgSO_4$와 $BaSO_4$는 용해도가 매우 다르다. 전자는 수용성임에 비해 후자는 불용성이다. 수용액 중의 황산이온을 검출하는 방법으로 $Ba^{2+}$ 용액을 이용하는 것도 이러한 이유 때문이다. 그렇다면 이러한 현상을 어떻게 이해할 것인가?

결정이 용해됨은 다음 식 (4.12)로 표현되며, 반응식의 자유에너지에 따라 용해도가 결정된다.

$$MX(s) \rightleftharpoons M^{+}(aq) + X^{-}(aq) \qquad (4.12)$$

이때 엔트로피는 각 이온에 결합되는 물 분자의 개수에 따라 달라지고 크기가 미약하므로 엔탈피로만 평가해 본다.

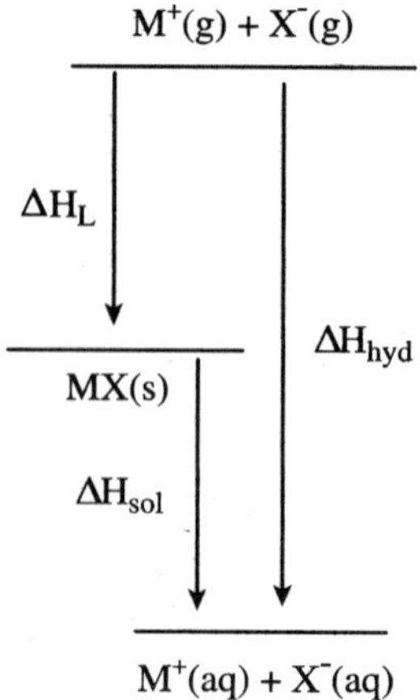


〈그림 4.20〉 격자엔탈피($\Delta H_L$)와 수화엔탈피($\Delta H_{hyd}$), 용해열($\Delta H_{sol}$)과의 관계

용해가 잘 되려면 반응물 쪽보다 생성물 쪽의 엔탈피가 낮아야 하므로 수화엔탈피가 격자엔탈피 보다 더 큰 발열 반응이어야 한다(그림 4.20). 역으로 용해되지 않는 결정의 경우 수화엔탈피와 격자엔탈피가 유사하면 용해에 의한 발열량이 크지 않다.

격자엔탈피는 각 이온들 간의 정전기적 인력에 의해 생성되는 것으로 각 이온 간의 거리에 반비례하며 각 이온의 전하에 비례한다(식 4.12). 반면 수화엔탈피는 이온과 쌍극자 간의 인력으로 이온의 반경에 반비례한다(식 4.13).

$$\Delta H_L \propto \frac{q^+ q^-}{r_+ + r_-} \tag{4.12}$$

$$\Delta H_{hyd} = \Delta H_{hyd(+)} + \Delta H_{hyd(-)} \propto \frac{q^+}{r_+} + \frac{q^-}{r_-} \tag{4.13}$$

만일 $r_+$에 비해 $r_-$가 매우 작다면 격자엔탈피는 두 이온의 크기가 유사한 경우에 비해 그리 크게 차이가 나지 않으나, 수화엔탈피는 작은 값의 $r_-$에 의한 영향이 더 커지게 되므로 유사한 이온들 간의 수화엔탈피에 비해 절대값이 커진다. 따라서 두 엔탈피, $\Delta H_L$와 $\Delta H_{hyd}$ 간의 차가 커짐으로 인한 용해열의 증가가 예상된다. 결과적으로 두 이온의 크기가 크게 차이가 날수록 용해도가 증가한다고 말할 수 있다. 앞의 예시한 2족 원소의 이온들도 $SO_4^{2-}$의 크기와 유사하게 큰 $Ba^{2+}$는 불용성 염을 형성하고, 크기가 작은 $Mg^{2+}$ 이온의 염은 용해된다고 이해할 수 있다.

이러한 결론은 굳은 산과 굳은 염기 간, 무른 산과 무른 염기 간의 결합이 강하다는 설명을 연장하여, 굳은 것끼리 무른 것끼리의 격자엔탈피가 크고 그것들이 불용성이 되기 쉽다고 설명할 수도 있다(식 4.14).

$$LiI(aq) + CsF(aq) \rightarrow LiF(s) + CsI(s) \tag{4.14}$$

## 4.6.2 열분해

$CaCO_3$와 $BaCO_3$가 열분해하여 $CO_2$ 기체를 방출하는 온도는 각각 840℃와 1300℃로 같은 2족 금속의 탄산염임에도 매우 큰 차이를 보인다. 식 (4.15)에서 보이듯 엔트로피의 차이는 그리 크지 않을 것이므로 반응의 자유에너지는 주로 엔탈피, 즉 탄산염과 산화염의 격자엔탈피의 차에 의존할 것이다.

$$MCO_3(s) \rightarrow MO(s) + CO_2(g) \tag{4.15}$$

산화염의 결정이 안정하므로 격자엔탈피의 차가 클수록 생성물 쪽으로 쉽게 진행할 것이며, 열분해 온도는 상대적으로 낮을 것이다.

$$\Delta H_{L(MCO_3)} \propto \frac{1}{r_{M^{2+}} + r_{CO_3^{2-}}} \text{ vs. } \Delta H_{L(MO)} \propto \frac{1}{r_{M^{2+}} + r_{O^{2-}}} \tag{4.16}$$

위 식 (4.16)에서 $r_{M^{2+}}$가 $r_{CO_3^{2-}}$에 비해 무시할 수 없을 만큼 큰 경우 두 이온 반경의 영향을 모두 받으나, 매우 작은 $r_{M^{2+}}$을 갖는 결정은 $\Delta H_{L(MCO_3)} \propto \frac{1}{r_{CO_3^{2-}}}$로 과장시켜 생각할 수 있다. 반면 산소 음이온의 크기와 금속 양이온의 크기는 탄산염에서만큼의 차이가 나지 않으므로 산화염의 격자엔탈피는 금속이온의 크기에 덜 민감하다고 본다면, 탄산염의 격자엔탈피가 작은 금속이온의 탄산염이 산화염과의 격자엔탈피가 크지 않아 높은 열분해 온도를 보일 것으로 예측할 수 있다(그림 4.21).

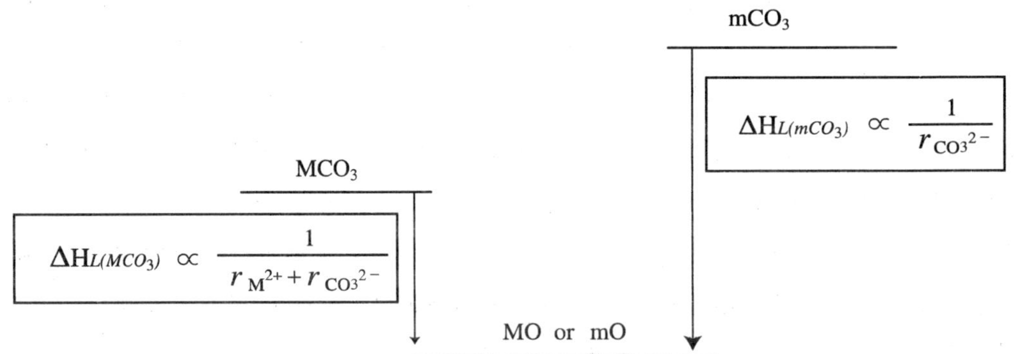


〈그림 4.21〉 이온의 크기가 큰 금속 M과 작은 m의 탄산염과 산화염의 격자엔탈피 차이

즉, 금속이온과 탄산음이온 간 크기 차이가 클수록 쉽게 산화염을 형성하고 따라서 낮은 열 분해 온도를 갖는다.

## 4.7 띠이론(Band Theory)

금속간의 결합을 금속결합이라고 별개로 분류하기도 하나, 본 절에서는 앞의 분자궤도함수의 연장으로 금속의 속성을 설명하고자 한다.

파동함수의 원리에 따르면, 두 개의 원자는 2개의 분자궤도함수를, 3개의 원자는 3개를, n개의 원자는 n개의 분자궤도함수를 형성한다(그림 4.22).

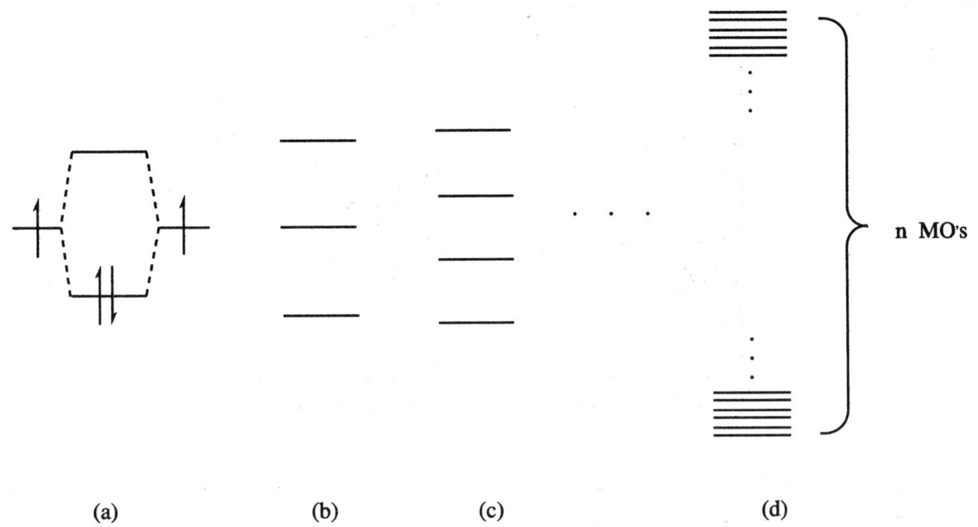


〈그림 4.22〉 원자궤도함수(AO)로부터 형성되는 분자궤도함수(MO)의 에너지 준위. (a) 2개의 AO로부터 형성된 2개의 MO, (b) 3개의 MO, (c) 4개의 MO, (d) n개의 MO.

원자의 수가 무한히 많은 경우 MO간의 에너지 간격이 매우 작아 이들을 하나의 띠(band)로 보는 것으로부터 띠이론(band theory)이 시작된다. <그림 4.22>는 원자가 MO를 형성할 때 축퇴(degenerate)됨을 고려하지 않고 간단히 n개의 MO를 나타낸 것이나 절(node)의 수가 같으면 에너지가 같다는 것을 상기하면 같은 에너지를 갖는 MO가 정상분포곡선의 모양으로 나타날 것을 예상할 수 있다(그림 4.23). 이러한 MO에 전자를 채우는 과정을 보자.

만일 1족 알칼리금속의 원자가 이러한 고체를 형성한다면 최외각전자인 $s^1$의 전자를 n개 채워야 하므로 궤도함수 1개당 2개의 전자를 채우다 보면 $\frac{1}{2}$n개의 MO만 채워지게 된다(그림 4.23). 반면 2족 알칼리토금속의 경우 최외각전자가 $s^2$이므로 n개의 MO가 다 채워지나, $s$보다 그리 높지 않은 에너지를 갖는 $p$ 원자궤도함수에 의한 MO가 겹쳐짐으로써 <그림 4.23>(b)에서와 같이 전자의 분포가 흩어지기도 한다.

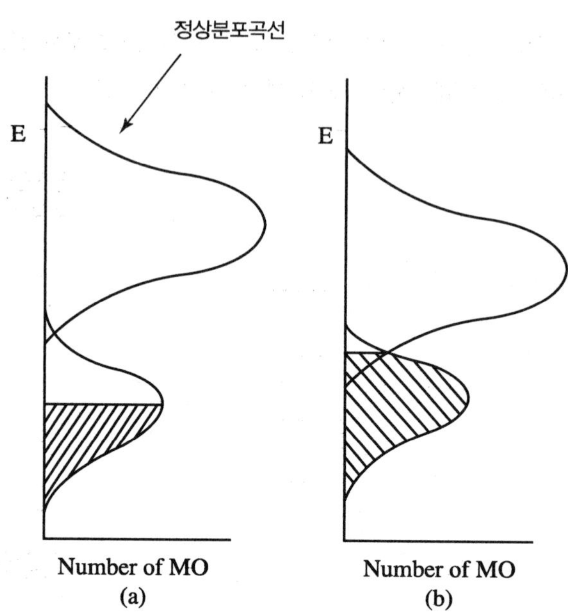


〈그림 4.23〉 에너지 띠의 분포도. $s$와 $p$ 원자궤도함수가 형성하는 띠들이 떨어져 있는 경우(a)와 근접해 있는 경우(b).

전기전도성을 가지는 물질은 자유전자의 원활한 흐름이나 물질 전체에 용이한 에너지 전달로 설명한다. 본 절에서는 에너지 전달이 어떤 이유로 쉽게 이루어지는지에 대해 설명하고자 한다.

전자를 채우고 있는 띠들을 원자가 밴드(valance band), 그보다 바로 위에 존재하면서 전자를 갖지 않는 띠들을 전도성 밴드(conduction band)라 부른다. <그림 4.23>(a)에서와 같이 원자가 밴드와 전도성 밴드가 매우 근접한 경우, 적은 에너지를 부가하면 원자가 밴드의 전자가 쉽게 전도성 밴드로 전이될 수 있다. 즉 밴드를 구성하고 있는 원자에 대해 에너지 전달이 쉽게 이루어짐으로써 전도성을 가진다고 한다. <그림 4.23>(b)의 경우도 전도성을 갖는다.

<그림 4.24>에는 원자가 밴드와 전도성 밴드가 이룰 수 있는 에너지 차를 표현한 것이다. <그림 4.24>(a)는 전도체(conductor)이나 (c)와 같이 원자가 밴드와 전도성 밴드 사이의 에너지 차(band gap)가 크면 적은 에너지에 의한 전자의 전이가 힘들어짐으로써 절연체(insulator)가 된다. (b)와 같이 에너지차가 적은 경우를 반도체(semiconductor)라 하는데 반도체의 경우 외부에서 열에너지를 가하면 전자들이 들뜬(excited) 상태가 되어 전도성 밴드로 일부 전이된다. 이것이 새로운 원자가 밴드가 되면서 전도성을 가질 수 있는 것이다. 전도체와 반도체의 차이는 온도를 증가시키는 경우 전도체는 원자

의 진동에 의해 자유전자의 흐름이 방해되어 전도도가 감소하나, 반도체는 전도도가 증가하는 것이다.

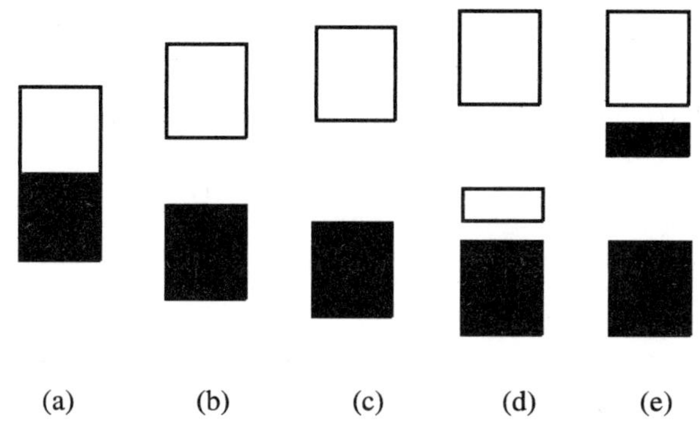


〈그림 4.24〉 원자가 밴드와 전도성 밴드가 이룰 수 있는 에너지 차. (a) 밴드 갭이 없는 경우, (b) 밴드 갭이 작은 경우 (c) 밴드 갭이 큰 경우 (d) 3족 원소가 도핑된 p형 반도체 (e) 5족 원소가 도핑된 n 형 반도체

<그림 4.24>(b)는 4족 원소인 Si으로만 이루어진 내성반도체(intrinsic semiconductor)인데 만일 Si의 일부를 3족 원소인 Al이나 Ga으로 치환한다면 Si 보다 전자가 부족하므로 원자가 밴드 바로 위에 전도성 밴드가 형성되는 <그림 4.24>(d)를 이룬다. 이것을 positive type, p형 반도체라 하고, Si의 일부를 5족 원소인 P나 In으로 치환하면 (e)와 같이 밴드를 형성하면서 negative type, n형 반도체가 된다. 위의 두 경우 다른 원소들을 도핑(doping)하여 새로운 형태의 반도체를 형성하는 것이며, 외성(extrinsic) 반도체라 부른다.

P-type과 n-type을 연결하는 방법에 따라 diode를 형성할 수도 있고 이를 이용한 LED(light-emitting diode)를 구성할 수도 있으며 LED의 반대 개념으로 접목시키면 태양전지로 활용할 수도 있다.

# 제5장 배위화합물

주기율표 상에서 d 또는 f 전자를 원자가 전자로 갖는 원자들을 전이원소라 하고 이들은 모두 열전도성, 전기전도성, 연성과 전성 등의 금속성을 가지므로 전이금속이라고도 한다. 전형원소의 금속들과는 달리 원자에 약하게 결합해 있는 d 또는 f 전자를 부분적으로 잃어 하나의 원소가 여러 가지의 산화가를 가질 수 있으며(예: $Fe^{2+}$, $Fe^{3+}$), 이러한 전이원소 화합물들은 적은 에너지로도 전자전이가 가능하므로 가시광선(visible light) 영역을 흡수하여 색을 띠기도 한다. 전이금속 화합물들은 금속의 이온결합성 외에 공유결합성을 갖는 이유로 배위화합물(coordination compound) 또는 착화합물(complex)이라 하며 본 장에서는 그 구조와 결합원리를 설명하고 물리적 화학적 특성을 보고자 한다.

## 5.1 배위화합물의 구조

배위화합물은 선사시대부터 사용되어 왔다. 그러나 그 화합물에 대한 연구는 19세기 말에 들어서야 구조에 대한 연구가 이루어지면서 활발해졌다. 그 전에 알고 있던 유기화합물의 구조와 같은 방법으로 이해하려할 때 결합의 문제나 이성질체 등을 설명할 수 없었다.

18세기 말 Tassaert는 실험식이 $CoCl_3(NH_3)_6$인 화합물을 얻었다. 이것의 결합 성질도 모르는 상태에서 색깔이나 발견자의 이름을 따서 명명하였다. Alfred Werner는 여러 형태의 염화코발트 암모니아 화합물들을 분석하여 $CoCl_3 \cdot 6NH_3$(yellow), $CoCl_3 \cdot 5NH_3$(purple), $CoCl_3 \cdot 4NH_3$(violet 또는 green)의 화합물들로 밝혀냈다. 그러나 이제까지 알려진 유기화합물의 구조로는 결합 구조를 설명이 어려웠다. Werner는 팔면체 구조를 주장하며 $CoCl_3 \cdot 4NH_3$의 두 가지 이성질체를 합성하는데 성공하였다. 결과로

Werner는 노벨상을 수상하였고, 그 이후 전이금속에 대한 연구는 활발해졌다. 특히 $AgNO_3$로 염소 이온을 분석한 결과 $AgCl$의 침전이 $CoCl_3 \cdot 6NH_3$에서는 3당량의 염소가, $CoCl_3 \cdot 5NH_3$에서는 2당량의 염소, $CoCl_3 \cdot 4NH_3$에서는 1당량의 염소가 침전하였다. 이 반응을 다음 식들로 간략하게 표현할 수 있다.

$$CoCl_3 \cdot 6NH_3(yellow) + \text{과량의 } Ag^+ \rightarrow 3AgCl(s) \tag{5.1}$$

$$CoCl_3 \cdot 5NH_3(purple) + \text{과량의 } Ag^+ \rightarrow 2AgCl(s) \tag{5.2}$$

$$CoCl_3 \cdot 4NH_3(green \text{ or } violet) + \text{과량의 } Ag^+ \rightarrow AgCl(s) \tag{5.3}$$

이 실험 결과로 음이온 형태의 염소가 각각 3, 2, 1 당량씩 존재한다는 사실을 알 수 있고, 나머지의 $Cl$은 이온 형태가 아닌 공유 결합 형태로 존재한다는 것을 알았다. 결과적으로 $Co$ 주변에 $NH_3$와 $Cl$이 공유 결합하고 있다고 보고, 각각 $[Co(NH_3)_6]^{3+} \cdot 3Cl^-$, $[Co(NH_3)_5Cl]^{2+} \cdot 2Cl^-$, $[Co(NH_3)_4Cl_2]^+ \cdot Cl^-$이라는 결론을 내렸다. 공유 결합 형태를 구분하기위해 대괄호([ ])로 묶으며, 따라서 앞의 화합물들은 각각 $[Co(NH_3)_6]Cl_3$, $[Co(NH_3)_5Cl]Cl_2$, $[Co(NH_3)_4Cl_2]Cl$로 표기한다.

이렇듯 금속 주위에 이온이 아닌 직접 결합을 하고 있는 화합물을 배위화합물(coordination compound) 또는 착화합물(complex)이라 하고 착화합물이 이온 형태이면 착이온(complex ion)이라 한다.

이제 입체적인 구조를 생각해 보자. 전이 금속 주변에 6개의 분자 또는 이온이 직접 결합할 때 어떤 구조를 가져야 하는가? 6개의 결합을 갖는 구조는 아래 <표 5.1>에서 보듯이 세 가지가 가능하다. 그러나 각 구조에서 예상할 수 있는 이성질체와 실제 발견된 이성질체의 경우의 수를 확인하면 팔면체일 수밖에 없다.

〈표 5.1〉 예상되는 화합물의 구조와 그에 따른 이성질체의 종류

| | 평면형 | 삼각 기둥 | 팔면체 | 실험결과 |
|---|---|---|---|---|
| 구조 | | | | |
| $MA_5B$ | 1 | 1 | 1 | 1 |
| $MA_4B_2$ | 3 | 3 | 2 | 2 |
| $MA_3B_3$ | 3 | 3 | 2 | 2 |

## 5.1.1 Lewis acid로서의 금속 원자

앞 절에서 살펴본 착화합물에서 $Co^{3+}$ 이온이 $Cl^-$나 $NH_3$와 이루는 결합은 어떻게 설명할 수 있을 것인가? 전기양성도(electropositivity)가 큰 금속과의 결합 원리를 이해하기에 가장 쉬운 방법은 산-염기의 반응으로 보는 것이다(그림 5.1).

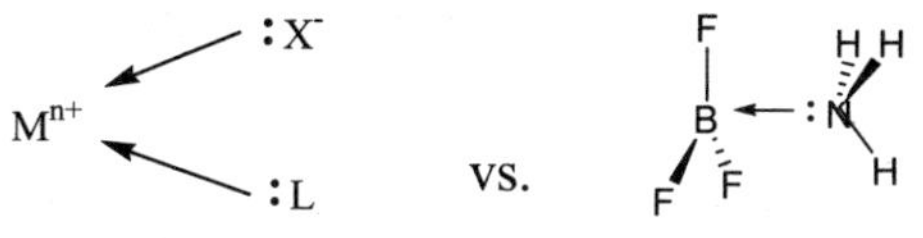

(a) (b)

〈그림 5.1〉 Lewis acid와 base의 개념으로 보는 배위결합: (a) 전이금속과 리간드, (b) $BF_3 - NH_3$.

쉽게 전자를 잃는 성격을 가진 금속은 전자가 부족한 Lewis acid로, 전자쌍을 가진 음이온이나 원자 또는 분자는 Lewis base로 작용하여 서로 전자를 공유함으로써 이온결합과 다른 배위결합을 형성한다고 본다. 이 때 금속에 결합하는 이온, 원자, 분자를 리간드(ligand)라 한다. 이러한 배위 결합 결과 얻어지는 화합물을 통칭 배위화합물(coordination compounds 또는 complexes)이라 하며, 특히 금속과 탄소가 직접 결합을 한 경우 유기금속 화합물(organometallic compounds)이라 분류한다. 물론 금속과 탄소간의 결합도 <그림 5.2>에서 표현하듯이 Lewis acid-base 개념으로 설명할 수 있다. 탄소보다 전기양성도(electropositivity)가 큰 금속이 양이온으로 간주되고, 탄소는 전자를 금속으로부터 받아 음이온이 된 것으로 보아, 각각 Lewis acis와 Lewis base의 역할을 한다고 본다.

$$M : CH_2R \longleftrightarrow \overset{+}{M} : \overset{-}{C}H_2R$$

〈그림 5.2〉 Lewis acid-base 개념으로 본 금속과 탄소간의 결합

전이 원소의 화합물은 아니나 Grignard reagent, RMgX에서 R로 표현된 alkyl 기는 음이온의 특성을 가지므로 강한 친핵성기(nucleophile)로 작용한다는 것과 비교할 수 있다. 전이금속 화합물에서는 RMgX에서 만큼의 음이온 성향을 갖지는 않으나 충분히 전자 밀도가 높으므로 배위화합물에서 산화가를 계산할 때 금속은 양이온으로 alkyl 기는 음이온으로 생각한다. 금속에 결합한 수소 원자도 <그림 5.2>에서와 같이 공유되는 전자쌍을 전기양성도가 큰 금속이 포기하고 수소가 갖게 된다고 봄으로 수소는 음이온인

hydride($H^-$)로 부른다. 알칼리금속의 수소화합물인 $NaH$는 sodium hydride, $KH$ potassium hydride라 부르며, 강한 염기성을 띠는 $H^-$를 내어 놓는다. 전이금속의 hydride 화합물로는 $HCo(CO)_4$등이 있다.

## 5.1.2 배위 화합물의 가능한 구조

전이금속은 d-궤도함수에 전자를 가지고 있으므로 전형원소들의 구조보다 다양할 수 있으며, d-궤도함수를 통해 결합함으로써 전형원소들보다 적은 결합각도 허용한다. 배위화합물의 가능한 구조는 아래 <표 5.2>에서 보이는 것들이다.

〈표 5.2〉 배위화합물들의 가능한 구조들

| 배위수 | 2 | 3 | 4 | 5 | 6 | 7 | 8 |
|---|---|---|---|---|---|---|---|
| 구조 | 선형 | 평면 삼각형 | 사면체 (Td), 평면사각형 (sq. pl.) | 삼각 이중피라밋 (tri. bipy.), 피라밋 (sq. py.) | 팔면체 (Oh), 프리즘 | 뚜껑 달린 팔면체, 곁가지 달린 프리즘, 오각이중피라밋 | 육면체, 뒤틀린 사각기둥, 십이면체, |
| |  |  |  |  |  |  |  |

배위화합물의 구조도 전형원소 화합물들의 구조와 같이 원자가 전자쌍 반발(VSEPR) 모델로 설명이 가능하다. 중심 원소 주변에 두 쌍의 전자 존재할 때 결합각은 180°를 이루며, 세 쌍은 120°를 이루며 평면 삼각형의 입체 구조를 갖는다. 그러나 4개의 리간드가 결합하는 경우는 109.5°의 결합각을 갖는 사면체(tetrahedral, Td) 구조 외에 평면사각형 구조도 이룬다. 평면사각형 구조는 팔면체 구조의 변형으로 보는데, 그 이유는

중심 원소 주변에 6쌍의 전자가 있는 경우 이루는 팔면체 구조(octahedral, Oh)에서 이중 두 쌍이 비공유 전자쌍으로 리간드가 결합하지 않으면 입체적으로 볼 때 평면형을 이루는 것으로 보이기 때문이다. 마치 4쌍의 전자를 갖는 $H_2O$의 $O$가 2쌍은 비공유 전자쌍으로 자리만 차지할 뿐 보이지 않는 이유로 사면체 구조가 아닌 꺾은 선형 구조로 보이는 것에 비유할 수 있다.

리간드가 5개 존재하는 경우도 삼각 이중 피라밋(trigonal bipyramidal, Tri. bipy.) 구조와 피라밋(square pyramidal, Sq. py.) 구조가 가능하다. 5쌍의 전자가 모두 리간드와 결합하고 있으면 삼각 이중 피라밋(trigonal bipyramidal, Tri. bipy.) 구조를 이루나 6쌍의 전자 중 5쌍만 리간드와 결합하고 나머지 한 쌍은 비공유 전자쌍으로 남는 경우 피라밋 구조를 갖는다. 6개의 리간드는 팔면체(Oh) 구조를 이루거나 팔면체의 변형인 프리즘 구조를 이룬다. <그림 5.3>은 팔면체의 구조를 보는 각도에 따라 그린 그림이며, 프리즘 구조가 팔면체의 한 면을 60° 비틀어 놓은 경우와 같다는 것을 보여주기 위한 것이다. 8개의 리간드와 결합한 육면체 또는 비틀린 사각 기둥도 같은 경우임을 <그림 5.3>(d)와 (e)에서 볼 수 있다.

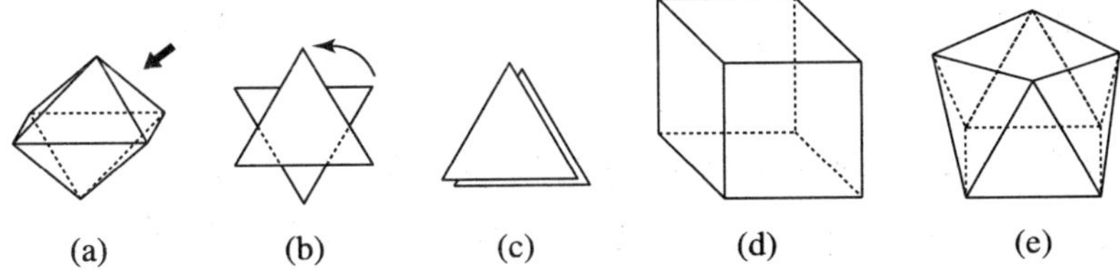


〈그림 5.3〉 팔면체(Oh)와 육면체 구조의 변형: (a) 팔면체 구조; (b) (a)의 구조에 대해 화살표 방향에서 바라본 팔면체 구조; (c) (b)의 구조에서 화살표 방향으로 60° 회전시킨 후의 구조; (d) 육면체 구조; (e) (d) 구조에서 한 면을 45° 회전시킨 후의 구조.

7개의 리간드가 만드는 구조는 6개를 갖는 Oh나 삼각기둥 구조의 한 면에서 새로운 결합을 갖는 변형된 구조 즉, '뚜껑 달린 구조'를 갖거나, 오각형의 평면에서 축 상으로 두 개의 리간드를 갖는 오각 이중 피라밋 구조를 가질 수 있다. 8개의 결합을 갖는 경우는 앞서 살펴본 육면체와 그 변형 구조 외에 오각 이중 피라밋 구조, 즉 십면체의 변형으로 볼 수 있는 십이면체 구조도 가능하다. 십면체에서 하나의 꼭지점을 두 개로 벌리면 면이 두 개 늘면서 십이면체가 되고, 중심 원소는 7개의 결합보다 하나 더 많은 8개의 결합을 갖는다.

중심 원소가 란탄족이나 악틴족이 되면 원자의 크기가 커서 6개 이상의 리간드를 가질 수 있으며 9개의 리간드도 가질 수 있다. 이렇듯 결합하는 리간드의 수나 착화합물의 구조는 중심원소의 크기나 결합 전자의 수, 주변 원자들의 전자적 또는 입체적 영향에 따라 다양하다.

## 5.1.3 가능한 리간드

비공유 전자쌍을 가지고 있어 Lewis base로 작용할 수 있는 이온, 분자들은 모두 리간드가 될 수 있다. 할로겐 원소의 음이온($X^-$)이나 초산의 음이온($CH_3COO^-$), 산소($O_2$)나 암모니아($NH_3$) 등이 그 예이다. 다음 <표. 5.3>에 널리 사용되는 리간드들을 나열하였다

〈표 5.3〉 금속과 착화합물을 형성하는 리간드들

| | | |
|---|---|---|
| $Cl^-$<br>$O_2$<br>$NH_3$<br>$CO$<br>$CH_3COO^-$ (OAc$^-$) | acetylacetonate (acac)<br>2,2'-bipyridine (bpy)<br>1,10-phenanthroline<br>(phen) $NH_2CH_2CH_2NH_2$ (en) | terpyridine (terpy)<br>$NH_2CH_2CH_2NHCH_2CH_2NH_2$(dien)<br>ethylenediaminetetraacetate (EDTA$^{4-}$)<br>phthalocyanine<br>porphyrin |

우선 <표 5.3>의 첫 번째 열에 있는 할로겐 음이온, 산소 분자, 암모니아, 일산화탄소들은 <그림 5.4>에서와 같이 비공유 전자쌍 하나로 금속과 결합한다. 이를 일배위결합(monodentate)이라 부르는데, 'dent'라는 어휘는 치아라는 어원으로 금속을 잡는다는 의미로 쓰인다.

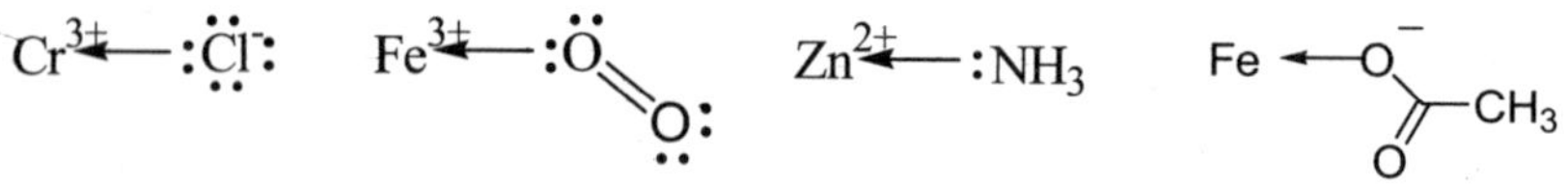

$Cr^{3+} \leftarrow :\ddot{Cl}:$ $Fe^{3+} \leftarrow :\ddot{O}=\ddot{O}:$ $Zn^{2+} \leftarrow :NH_3$ $Fe \leftarrow O^-C(=O)CH_3$

<그림 5.4> 일배위 리간드의 결합 방향

<표 5.3>의 두 번째 열에 열거한 리간드들은 분자 하나당 비공유 전자쌍을 두 쌍 갖는 것들로 금속과 <그림 5.5>에서 보이는 것과 같은 이배위결합(bidentate)을 할 수 있다. 2,4-Pentadione은 C3에 결합된 수소가 산성이므로 쉽게 -1가의 음이온이 되고 그 구조는 비편재화된 구조를 갖는다. 따라서 (a)와 같이 금속에 이배위로 결합하고 흔히 관용적으로는 acetylacetonate의 약어로 acac라고 쓴다. (b)의 ethylenediamine은 $N$의 비

공유 전자쌍을 통해 배위할 수 있으며, 이것 역시 화학식을 쓸 때 간단히 en이라고 쓴다. (c)는 2,2`-bypyridyl (bpy)이고, (f)는 1,10-phenanthroline (phen)으로 이배위 리간드이다. 이배위 리간드와의 결합은 중심 금속을 포함한 오각형이나 육각형의 고리를 형성하며 매우 안정한 결합을 이룬다.

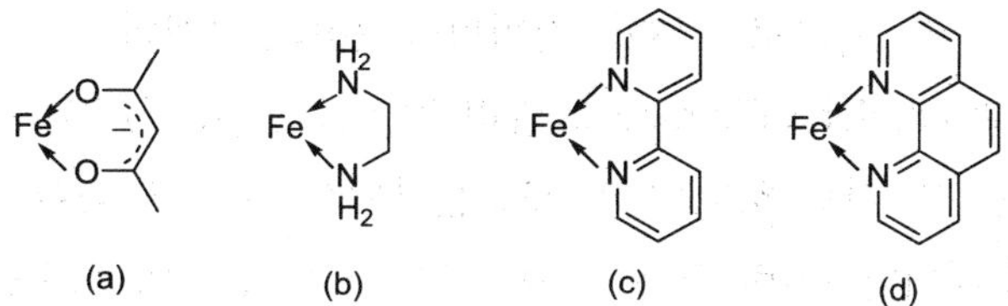


〈그림 5.5〉 이배위 리간드의 결합 방법: (a) acetylacetonato (acac), (b) ethylenediamine (en), (c) 2,2'–bipyridyl (bpy), (d) 1,10–phenanthroline (phen).

금속과 두 자리 이상의 결합을 형성하는 리간드를 집게발이란 어원을 갖는 킬레이트(chelate)라 부르는데, <표 5.3>의 세 번째 열의 리간드들은 <그림 5.6>에서와 같이 두 쌍 이상의 비공유 전자쌍으로 금속에 결합할 수 있는 킬레이트들이다. 이배위 리간드인 bipyridyl에서 삼배위 리간드인 terpyridine으로, ethylenediamine에서 diethylenetriamine

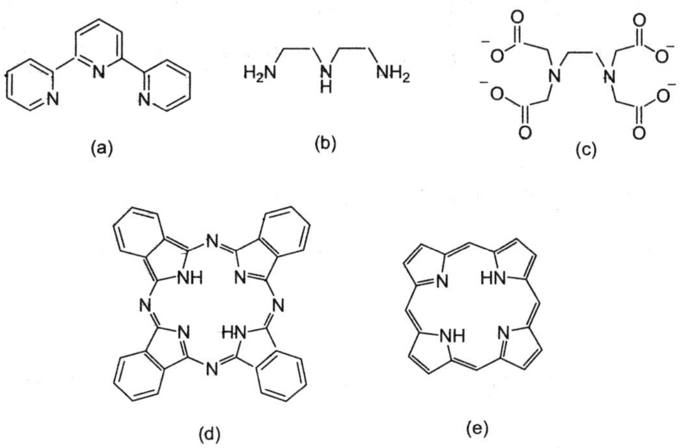

〈그림 5.6〉 다양한 리간드의 배위결합: (a) terpyridine, (b) diethylenetriamine (dien), (c) ethylenediamine tetraacetate ($EDTA^{4-}$), (d) phthalocyanine (Pc), (e) phorphyrin.

으로 배위수를 연장할 수 있으며, 금속을 분석할 때나 금속의 침전물을 녹일 때 사용하는 ethylenediamine tetraacetic acid의 음이온은 용액의 염기성 정도에 따라 -4가의 음이온까지 가능하며 6배위 결합을 할 수 있다. 거대고리 화합물인 phthalocyanine이나 porphyrin은 2개의 $H^+$를 잃고 4배위 결합을 한다.

리간드가 하나 이상의 금속과 결합 하는 경우 다리 결합(bridge)을 이룬다고 한다. 염소 리간드는 하나의 금속에 결합하는 것 뿐 만아니라, <그림 5.7>(a)의 방법으로 배위할 수도 있으며, 이러한 다리 결합의 표시를 '$\mu$(mu)'로 나타낸다. 결합하는 금속의 수까지 나타내기 위해 $\mu_n$으로 쓰며, 착화합물 (b)의 3개의 $Mo$과 결합하는 형태는 '$\mu_3 - O$'이다. (c)의 ethylene diamine도 다리 결합을 할 수 있으나 하나의 원자가 두 금속을 결합하는 형태가 아닌 하나의 리간드 분자에서 두 개의 다른 원소가 각기 다른 금속과 결합하는 형태이다. 이런 경우 금속과 결합하는 원소의 개수를 '$\eta^m$(eta)'으로 쓰고 (c)의 리간드는 '$\mu,\eta^2$-en'으로 표시한다.

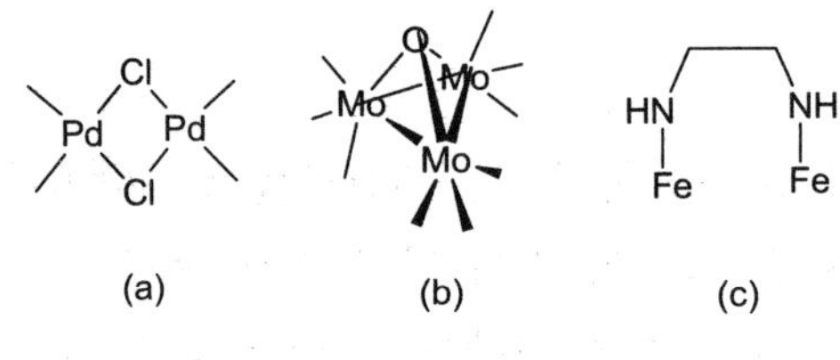


<그림 5.7> 다리 결합 리간드

(예제 5.1) 다음 중 리간드로 작용할 수 없는 이온, 분자는 어떤 것들인가?

$Cl^-$, $OH^-$, $NH_4^+$, $PH_3$, $BH_3$, $CH_3CH_2^+$, $CH_3CH_2 \cdot (radical)$

(예제 5.2) 다음 리간드들은 몇 배위 리간드인가?

(a) $[H_3CC(O)CHC(CH_3)N(CH_2)_2NC(CH_3)CHC(O)CH_3]^{2-}$ (b) $N[CH_2CH_2P(C_6H_5)_2]_3$

(예제 5.3) 다음 리간드가 결합하는 형식을 설명하고 기호로 표시해 보시오..

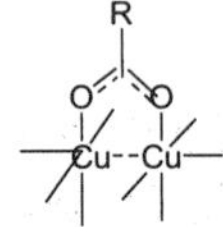

## 5.1.4. 배위화합물의 이성질체

배위화합물들은 같은 분자식을 갖더라도 결합 방법이나 결합 방향에 따라 화학적, 물리적 성질이 다른 이성질체가 존재할 수 있다. 구조 이성질체(constitutional 또는 structural isomer)에는 결합 이성질체, 배위 이성질체, 이온화 이성질체 등이 있고, 입체 이성질체(stereoisomer)에는 기하 이성질체와 광학 이성질체 등이 있다.

[1] 결합 이성질체(linkage isomer)

리간드가 금속에 결합될 수 있는 방법이 한 가지 이상인 경우 생길 수 있는 이성질체를 결합 이성질체(linkage isomer)라 한다. 예를 들면 $NO_2^-$(nitrite 이온)는 금속에 $M-NO_2$의 형태나 $M-ONO$의 형태로 결합이 가능하다. 그러나 그 때의 결합각은 서로 다르며(그림 5.8) 물론 각각의 화합물의 물성 또한 다르다. $[Co(NH_3)_5(NO_2)]^{2+}$가 N 쪽으로 결합하면 노란색을 띠나 빛을 받으면 붉은색의 화합물로 변하는데, 이 때 $Co-ONO$의 결합을 갖는 이성질체가 된 것이다.

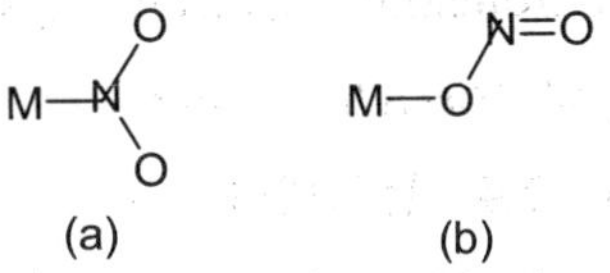

(a) M—N(O)(O)  (b) M—O—N=O

〈그림 5.8〉 $NO_2^-$ 이온의 결합 방법: (a) $M-NO_2$(nitro), (b) $M-ONO$(nitrito).

(예제 5.4) $NO_2^-$ 이온이 금속에 결합할 수 있는 방법을 모두 그려보시오. 두 개의 금속 사이에 다리 결합도 포함하여 6가지가 그려질 수 있다.

또 다른 예로는 cyanate 이온($NCO^-$)과 thiocyanate 이온($SCN^-$)이 있다(그림 5.9).

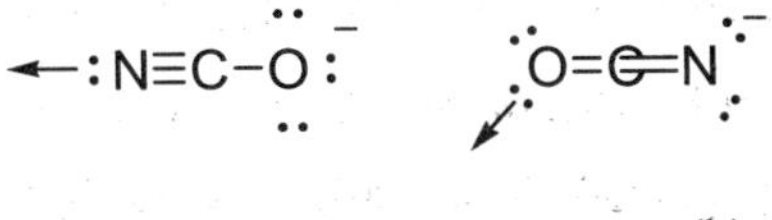

(a) ←:N≡C−Ö:⁻  (b) :O=C=N:⁻

〈그림 5.9〉 cyanate 음이온의 결합 방법에 따른 명명법과 결합 각도:
(a) cyanato 또는 N–cyanato, (b) isocyanato 또는 O–cyanato.

$NCO^-$ 리간드는 금속의 종류에 따라 $N$ 또는 $O$ 쪽으로 결합하며 $NCO^-$로 결합하는 경우를 cyanato 또는 N-cyanato라 부르고 $OCN^-$로 결합하는 경우를 isocyanato 또는 O-cyanato라 부른다.

Thiocyanato 리간드도 $N$ 또는 $S$로 결합이 가능한데, 금속의 종류, 입체적 조건, 착화합물 내의 다른 리간드의 성격에 의존한다. $SCN^-$로 결합하는 것을 thiocyanato 또는 S-thiocyanato라 하고 $NCS^-$로 결합하는 것을 isothiocyanato 또는 N-thiocyanato라 부른다. 무른 산의 중금속들은 주로 무른 염기인 S와 결합을 하며, <그림 5.9>(b)와 같은 형태로 금속과 결합하므로 $M-SCN$은 구부러지고 약 110°의 각도를 갖는다. 그렇다고 $M-NCO$가 완벽한 직선형은 아님을 유념하여야 한다.

| **(예제 5.5)** $(NH_3)_2[Pt(NCS)_6]$와 $[Mo(NCS)_6]^{3+}$의 구조를 설명하여 보시오. |
|---|

[2] 배위 이성질체(coordination isomer)

분자의 원소분석 결과 각 원소의 비율은 동일하여 실험식은 같으나 결합하는 금속을 달리하는 경우 배위 이성질체(coordination isomer)라 한다.

그 예로 $[Co(NH_3)_6][Cr(CN)_6]$와 $[Cr(NH_3)_6][Co(CN)_6]$가 있다. 두 착화합물의 실험식은 $Co:Cr:NH_3:CN$ = 1:1:6:6 으로 동일하다. 그러나 전자는 $Co^{3+}$가 중심금속이고 $NH_3$의 6 분자와 배위 결합을 하고 있는 +3가의 착이온이나 후자는 $NH_3$와 $Cr^{3+}$가 결합하여 형성한 +3가 착이온이다. 또 다른 예로 $[Cr(NH_3)_4(SCN)_2][Cr(NH_3)_2(SCN)_4]$와 $[Cr(NH_3)_6][Cr(SCN)_6]$를 살펴보면, 전자는 +1가와 -1가의 착이온을 형성하며 후자는 +3가와 -3가의 착이온을 이루므로 용액의 전기전도도 등 물리적 성질이 다르게 나타난다.

[3] 이온화 이성질체(ionization isomer)

같은 실험식을 가지나 경우에 다른 형태의 이온이 존재하는 경우 이온화 이성질체(ionization isomer)라 한다. $[Co(NH_3)Br]SO_4$과 $[Co(NH_3)(SO_4)]Br$을 비교하면 전자에서는 $Br$이 리간드로 작용하여 금속과 공유 결합을 형성하고 착이온에 포함되어 있으나 후자에서는 음이온으로 존재한다. 두 착화합물에 대해 질산은과 같은 할로겐 이온 검출 시약을 첨가하면 전자는 침전을 형성하지 않으나 후자는 $AgBr$의 침전을 형성한다.

(예제 5.6) 다음 착화합물들이 어떻게 구별될 수 있는지 설명하여 보시오.
$Cr(H_2O)_6Cl_3$는 보라색과 초록색 화합물이 존재한다. 보라색 화합물은 진한 황산에 의해 물을 전혀 잃지 않으나, 초록색 화합물은 부분적으로 물을 잃는다. 초록색 화합물도 두 종류가 존재하는데 하나는 분자 하나당 하나의 물분자를 잃고 $Ag^+$이온에 의해 $Cl^-$의 2/3가 침전하고, 다른 하나는 분자 하나당 두 개의 물분자를 잃고 $Ag^+$이온에 의해 $Cl^-$의 1/3이 침전한다. 이 세 가지 화합물들의 분자식을 써 보시오.

[4] 기하 이성질체(geometrical isomer)

위에 열거한 이성질체들은 금속과 리간드 간의 결합을 달리하는 경우이나, 이제 결합을 동일하게 하면서 입체적으로 상이한 이성질체들을 언급하려 한다. 우선 <그림 5.10>의 $[Pt(NH_3)_2Cl_2]$에서 사각평면 상에서 같은 리간드들이 대각선으로 서로 마주보는 것과 바로 옆자리를 차지하는 경우를 볼 수 있는데, 이들을 각기 *trans*와 *cis*라 부른다.

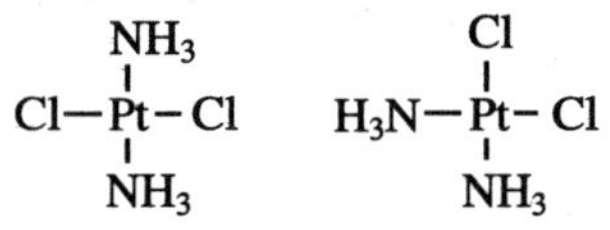

〈그림 5.10〉 평면사각형 구조를 갖는 $[Pt(NH_3)_2Cl_2]$의 *trans*와 *cis* 이성질체

4개의 같은 리간드와 2개의 다른 리간드를 갖는 팔면체 구조의 착화합물에서도 <그림 5.11>과 같이 *trans*와 *cis* 이성질체가 가능하다.

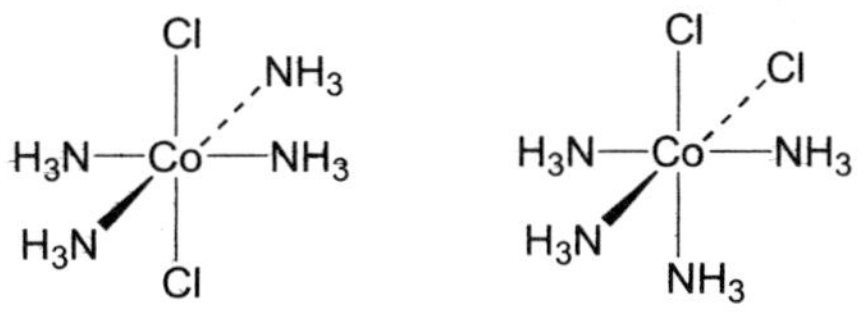

〈그림 5.11〉 $[Co(NH_3)_4Cl_2]$의 두 기하 이성질체: (a) *trans*, (b) *cis*.

(예제 5.7) $[CoCl_2(en)_2]^+$의 기하 이성질체를 그리시오. 단 en은 이배위를 하는 ethylenediamine을 가리킨다.

Oh 구조를 갖는 $MA_3B_3$형태의 착화합물은 또 다른 형태의 기하 이성질체를 이룰 수 있는데, <그림 5.12>에서 보는 것과 같이 팔면체의 한 삼각형 면 내에 동일한 리간드를 갖는 경우 면상에 있다는 의미로 facial(*fac*)이라 하고, 동일한 리간드들이 축상에 존재하는 경우를 자오선의 의미로 meridional(*mer*)이라 부른다.

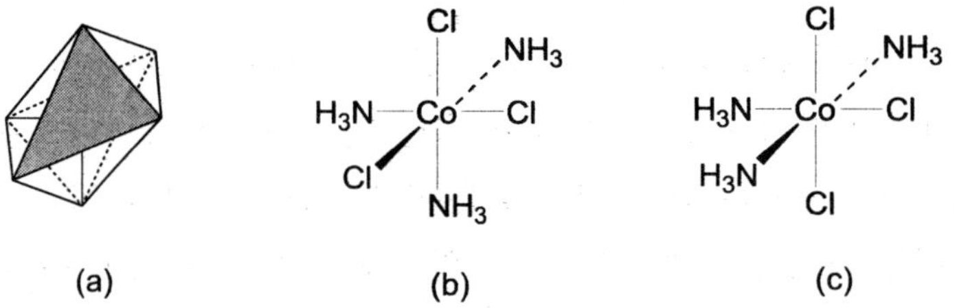

〈그림 5.12〉 $[Co(NH_3)_3Cl_3]$의 두 기하 이성질체: (a) 팔면체의 한 면인 삼각형, (b) *fac*, (c) *mer*.

[5] 광학 이성질체(optical isomer)

Td 구조나 Oh 구조를 갖는 착화합물에서도 유기화합물에서의 광학 이성질체(optical isomer)와 같은 개념의 이성질체가 존재한다. 한 화합물이 자신의 거울상과 겹쳐지지 않을 때 chiral 하다고 하며, 이 때 이 화합물은 광학 이성질체를 갖는다.

중심 금속 주위에 4개의 서로 다른 리간드가 결합하고 사면체 구조를 이루는 경우 <그림 5.13>과 같은 광학 이성질체를 갖는다. Td 구조는 입체적으로 기하 이성질체가 없으며 오직 광학 이성질체 만이 가능하다.

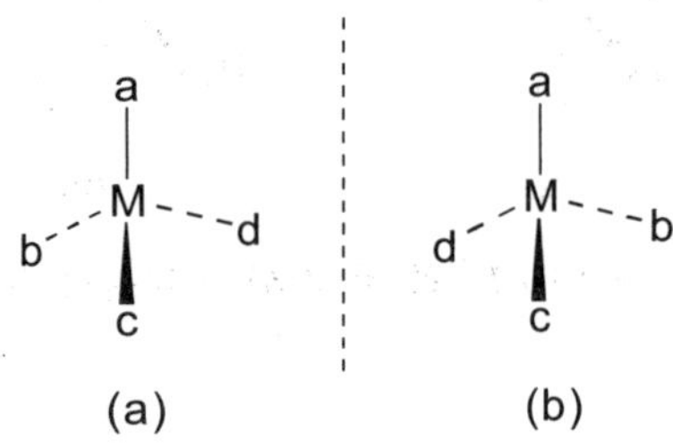


〈그림 5.13〉 Td 구조의 광학 이성질체들: (a)와 (b)는 서로 거울상들로 겹쳐지지 않는다.

Oh 구조를 갖는 $[Cr(oxalate)_3]^{3-}$는 <그림 5.14>에서 보이는 것과 같이 광학 이성질체를 갖는다.

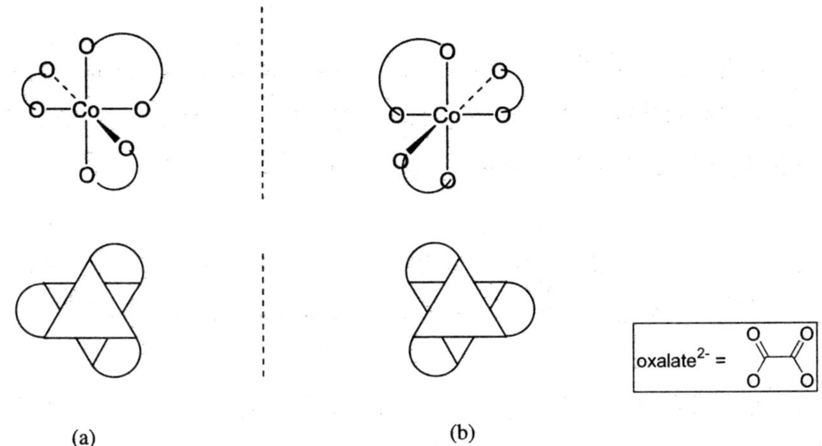


〈그림 5.14〉 $[Cr(oxalate)_3]^{3-}$의 광학 이성질체: (a) 오른 나사형의 $\Delta$(delta), (b) 왼 나사형의 $\Lambda$(lamda). Oxalate는 옥살산의 음이온으로 chelate 리간드이며 그 구조는 작은 상자 안에 명기하였다. (a)와 (b)의 아래 그림은 Oh 구조를 한 삼각형 면으로 보았을 때 chelate가 결합 한 형태를 나타낸 것이다.

| (예제 5.8) (예제 5.7)에서 그렸던 $[CoCl_2(en)_2]^+$의 광학 이성질체를 그리시오. |
|---|

| (예제 5.9) $[Co(en)(oxalate)BrCl]^-$의 이성질체는 5개 이다. 이들 이성질체들을 모두 그리시오. |
|---|

## 5.1.5 명명법

금속 착화합물의 명명법도 기타 화합물에 대한 것과 비슷한 규칙을 적용한다. 그 예를 정리해 보면 다음과 같다. 단 본 절에서는 화합물 명을 영문 표기법에 준한다.

(1) 리간드의 이름 후에 금속의 이름을 붙이는데 금속의 산화가를 로마 숫자로 괄호 안에 쓴다. 예로 $[Co(en)_3]^{2+}$는 tris(ethylenediamine)cobalt(II)라 쓴다.

(2) 리간드의 이름은 알파벳 순으로 정리한다. 이 때 개수를 표현하는 접두어의 알파벳은 고려하지 않는다. 예를 들면 $[CoCl_2(NH_3)_4]^+$는 tetraamminedichlorocobalt(III)라 쓴다.

(3) 개수를 나타내는 접두어는 mono, di, tri, tetra, penta, hexa, hepta, nona, deca의 순이며, 유기 화합물에서와 같이 리간드 이름이 긴 경우 bis, tris, 등을 쓰고 3개 이후 접두어엔 -kis를 붙인다: tetrakis, pentakis, hexakis, 등.

(4) 리간드가 다리 결합을 하는 경우에는 μ를 접두어로 사용한다. 예를 들면 $[Cr(NH_3)_5]-O-[Cr(NH_3)_5]$는 μ-oxo-bis(pentaamminechromium)(Ⅲ)로 쓴다.

(5) 리간드의 이름은 보통 중성의 경우 화합물명을 그대로 사용하나, 음이온 리간드는 -o로 부른다. 예를 들면 $NC_5H_5$는 pyridine으로 $Cl^-$는 chloro, $C_2O_4^{2-}$는 oxalato라 부른다. 몇 가지 중성 리간드는 유기물에서와는 다른 이름으로 부르기도 하는데, 그 예로는 $H_2O$는 aqua, $NH_3$는 ammine, $CO$는 carbonyl로 부른다. 많이 사용되는 리간드들의 예를 <표 5.4>에 열거하였다.

(6) 화합물을 화학식으로 쓸 때에는 대괄호를 사용하며, 금속을 먼저 쓰고 음이온 리간드 다음에 중성 리간드를 쓴다. 예를 들면 $[CoCl_2(NH_3)_4]^+$가 있다.

(7) 양이온을 먼저 쓰고 음이온을 쓰며, 착화합물이 중성이나 양이온인 경우는 금속의 상용 이름을 그대로 쓰고 괄호에 산화가를 쓰나, 착화합물이 음이온인 경우는 금속의 이름 끝을 'ate'로 고쳐 쓴다. <표 5.5>에 몇 가지 금속의 어휘 변환을 예로 들었다. 몇 가지 금속은 라틴 어원을 그대로 따른다.

〈표. 5.4〉 자주 사용하는 리간드 이름

| | |
|---|---|
| $CH_3COO^-$ | acetato |
| $CO_3^{2-}$ | carbonato |
| acac | acetylacetonato |
| $N^{3-}$(nitride) | nitrido |
| $N_3^-$(azide) | azido |
| $NH_2^-$(amide) | amido |
| $(CH_3)_2N^-$(dimethylamide) | dimethylamido |
| $NO_2^-$(nitrite) | nitrito |
| $ClO_3^-$(chlorite) | chlorito |
| $CN^-$ | cyano |
| $F^-$ | floro |
| $Cl^-$ | chloro |
| $O^{2-}$ | oxo |
| $O_2^{2-}$ | peroxo |
| $O_2^-$ | superoxo |
| $OH^-$ | hydroxo |
| $H^-$ | hydrido |
| $CH_3O^-$ | methoxo |
| $CH_3$ | methyl |
| $C_2H_5$ | ethyl |
| $C_6H_5$ | phenyl |
| $C_5H_5N$ | pyridine |
| terpy | terpyridine |
| bpy | 2,2'-bipyridine |
| $N_2$ | dinitrogen |
| $O_2$ | dioxygen |
| $PPh_3$ | triphenylphosphine |
| $P(OCH_3)_3$ | trimethoxyphosphite |
| $OP(CH_3)_3$ | trimethoxyphosphineoxide |
| $NH_3$ | ammine |
| $H_2O$ | aqua |
| $NO$ | nitrosyl |
| $CO$ | carbonyl |
| $CS$ | thiocarbonyl |

〈표 5.5〉 착화합물이 음이온인 경우 금속의 어미 변환의 예

| | |
|---|---|
| titanium | titanate |
| chromium | chromate |
| palladium | palladate |
| rhenium | rhenate |
| manganese | manganate |
| cobalt | cobaltate |
| nickel | nickelate |
| molybdenum | molybdate |
| tungsten | tungstate |
| platinum | platinate |
| iron | ferrate |
| copper | cuprate |
| silver | argenate |
| gold | aurate |

이것 이외에도 쓰는 방법이 있을 수 있으나 화합물을 접하면서 익힐 것을 권한다.

(예제 5.10) 다음 분자식을 보고 화합물명을 쓰시오.

(1) $[Co(en)(oxalate)BrCl]^-$

(2) $[Co(NH_3)_5CO_3]Cl$

(3) $K_2[OsCl_5N]$

(예제 5.11) 다음 화합물명을 보고 분자식을 쓰시오.

(1) *trans*-Iodoaquabis(ethylenediamine)cobalt(III) nitrate

(2) *mer*-Trichlorotris(triphenylphosphine)ruthenium(III)

(3) tetraphenylarsenium dichlorohydridomethylplatinate(II)

# 5.2 결정장 이론(Crystal Field Theory)

VSEPR 모델을 사용하여 착화합물의 대략적인 구조를 예측할 수 있었다. 본 절에서는 착화합물이 각 해당하는 구조를 이루기 위한 원자간 결합 원리를 살펴보려한다.

우선 간단한 가정으로 금속을 (+) 전하를 갖는 점전하로 보고, 리간드는 ( - ) 전하를 갖는 점전하로 본다. 이 때 착화합물에서의 결합에너지는 (+)와 ( - )간의 이온성 정전기적 인력으로 이해할 수 있다. 금속의 (+) 전하를 보고 다가오는 리간드는 Lewis 염기로 전자쌍을 주게 되나 금속 이온 역시 부분적으로나마 전자를 가지고 있는 d 궤도함수가 있어서 리간드와 금속 간의 전자 반발을 예견할 수 있다. 이러한 반발을 최소화하기 위해 궤도함수들의 새로운 조합이 생성된다.

## 5.2.1 팔면체 구조

우선 팔면체 구조(Oh)를 살펴보자. 금속 주위로 6개의 대칭된 방향으로 접근하는 리간드를 생각하자(그림 5.15).

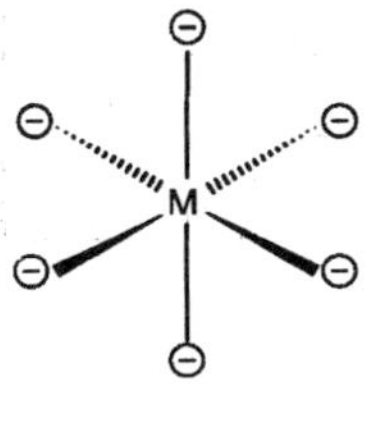

〈그림 5.15〉 Oh 구조에서의 금속과 6개의 리간드들

리간드들이 가지고 다가오는 전자쌍과의 반발에 의해 금속의 d 전자들은 불안정해진다. 이 때 만일 리간드의 접근 방향과 다른 쪽에 있는 d 궤도함수로 전자가 몰린다면 그 반발력은 감소가 될 것이며, 결과로 분자 전체의 에너지는 감소하여 안정화 될 것이다. 그렇게 되기 위해서는 5개의 d 궤도함수들이 서로 에너지가 달라 채워지는 순위가 차별화되는 것이 유리하다. 이제 5개의 d 궤도함수가 차별화되는 과정을 보겠다.

<그림 5.16>에 5개의 d 궤도함수들을 보였다. 이들 중 6개의 리간드와 바로 마주치는 것은 xy축 상으로 뻗어있는 $d_{x^2-y^2}$과 z축 상에 있는 $d_{z^2}$이다. 즉 5개의 d 궤도함수들 중 축의 방향으로 다가오는 6개의 리간드와의 반발이 가장 심한 것이 $d_{x^2-y^2}$과 $d_{z^2}$

이다. 따라서 축퇴(degernate)되어 있던 5개의 d 궤도함수들 중 이것들의 에너지를 높여 전자를 채우지 못하도록 한다면 리간드의 전자들과 반발이 약해질 수 있다. 반면 일정한 에너지를 유지해야하므로 나머지 3개의 d 궤도함수들은 에너지가 낮아진다고 본다.

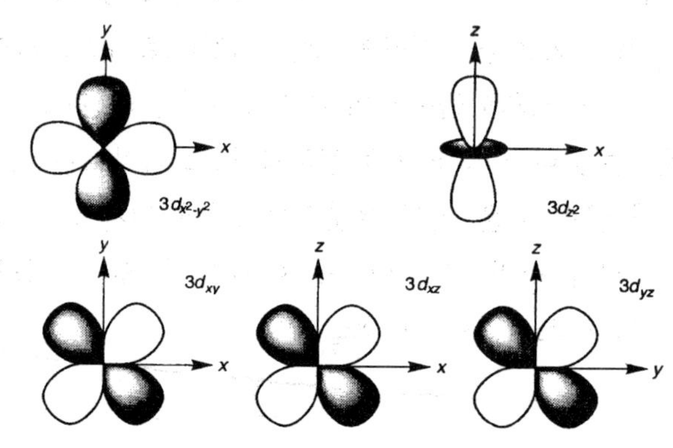


〈그림 5.16〉 5개의 d 궤도함수들.

즉 에너지 준위는 <그림 5.17>과 같이 된다.

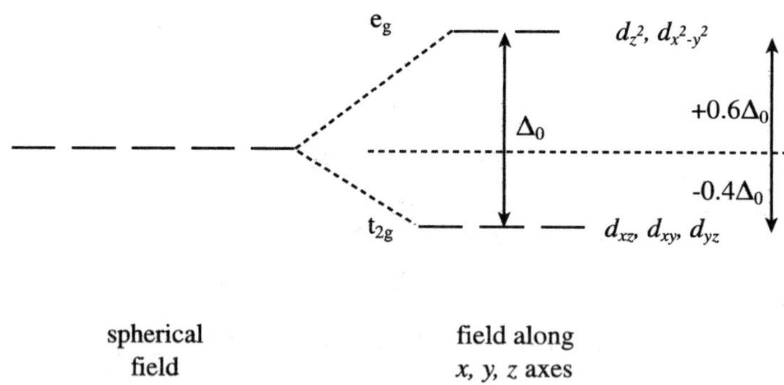


〈그림 5.17〉 6개의 점전하가 축을 따라 근접하는 경우 5개의 d 궤도함수들이 두 부분으로 나누어 진다.

리간드의 결합 위치에 따라 축퇴(degenerate)되어 있던 금속의 d 궤도함수들이 몇 개의 그룹으로 나뉘며 다른 에너지를 갖는다는 논리가 '결정장 이론(crystal field theory)'이다. 마치 리간드가 결정 내에서 장(field)을 형성하고 금속 원자가 그 안에 들어와서 그 장의 영향을 받는다고 보는 것이다. 여기에 더 나아가 금속 원자에 리간드가 얼마나 강한 결합을 하는가에 따라 그 장의 세기가 달라질 것이므로, d 궤도함수의 갈라짐은 결정장 이론(crystal field theory) 보다는 리간드장 이론(ligand field theory)이라고 부르는 것이 더 적절하다 할 수 있다.

<그림 5.17>에 나타난 d 궤도함수 두 그룹 간의 에너지 차를 ligand field splitting parameter(리간드장 분리인자) $\Delta_o$라 하며, $d_{z^2}$ , $d_{x^2-y^2}$은 같은 에너지를 가지며 '$e_g$'라고 쓰고, $d_{xy}$, $d_{xz}$, $d_{yz}$는 3개가 같은 에너지를 갖고 '$t_{2g}$'라고 쓴다. 에너지 상으로는 전체 에너지 합에 변화가 없다고 보므로, $e_g$는 $+0.6\Delta_o$만큼 $t_{2g}$는 $-0.4\Delta_o$만큼 중심에서 멀어지는 것으로 계산한다.

$$(+0.6\Delta_o)\times 2 + (-0.4\Delta_o)\times 3 = 0$$

$\Delta_o$는 때에 따라서 10Dq라고도 쓰며, 이것으로 표기하면 $e_g$는 6Dq만큼 불안정화되는 것이고, $t_{2g}$는 4Dq만큼 안정화되는 것이다.

$$(+6Dq)\times 2 + (-4Dq)\times 3 = 0$$

이 때 $\Delta_o$의 크기는 금속의 종류나 금속의 산화가, 리간드의 결합에 따라 달라진다.

(1) 금속의 산화가가 증가함에 따라 $\Delta_o$ 값은 커진다: 금속 이온의 유효핵 전하가 증가함에 따라 원자가전자에 대한 인력이 증가하므로 $t_{2g}$의 에너지가 보다 안정해진다.

(2) 같은 족의 아래쪽으로 내려갈수록 $\Delta_o$ 값이 커진다: 조밀한 3d 궤도함수보다 멀리 퍼진 4d나 5d의 궤도함수가 리간드와 결합을 쉽고 강하게 하기 때문으로 본다.

위 (1)과 (2)의 예를 보면 아래와 같이 정리된다.

$$Mn^{2+} < Ni^{2+} < Co^{2+} < Fe^{2+} < V^{2+} < Fe^{3+} < Co^{3+}$$
$$< Mn^{4+} < Mo^{3+} < Rh^{3+} < Ru^{3+} < Pd^{4+} < Ir^{3+} < Pt^{4+}$$

(3) 리간드의 결합 강도나 결합 방법에 따라 $\Delta_o$ 값이 다르다. 실험적 관찰에 의한 리간드에 따른 $\Delta_o$의 값은 아래와 같이 정리될 수 있으며 이를 spectrochemical series (분광학적 계열)이라 부른다. 경향의 분석은 다음 절의 분자궤도함수에서 보겠다. 다원소 분자나 이온의 경우 밑줄을 그은 원자를 통해 금속과 결합하는 것을 표시한다.

$$I^- < Br^- < S^{2-} < \underline{S}CN^- < Cl^- < NO_3^- < F^- < OH^- < C_2O_4^{2-} < H_2O < \underline{N}CS^-$$
$$CH_3CN < NH_3 < en < bpy < phen < \underline{N}O_2^- < PPh_3 < \underline{C}N^- < CO$$

이제 Oh 구조를 갖는 전이금속들의 전자를 채워보도록 하자. <표 5.6>에 보이듯이 $d^1$ 부터 시작하여 $d^{10}$까지 전자를 차례로 $t_{2g}$ 부터 채운다. $Ti^{2+}$ 이온은 $3d^1$의 전자배치를 가지나 이 이온이 Oh 구조를 갖는 착화합물을 이루면 $t_{2g}^1$의 전자배치를 갖는다. 그리고 d 궤도함수에 2개의 전자를 갖는 경우도 Oh 구조에서는 $t_{2g}^2$의 전자배치를 갖는다.

또한 전이금속의 d 궤도함수가 리간드장에 의해 갈라짐으로 인해 전자가 5개의 궤도함수 모두 축퇴되어 있을 때와 다른 형태로 채워지게 되고, 따라서 전체의 에너지가 달라지게 된다. 이 때 안정한 에너지를 갖게 되는 정도를 리간드장 안정화에너지(ligand field stabilization energy, LFSE)라고 부르고 $\Delta_o$의 값으로 계산한다. 즉 $t_{2g}^1$의 경우는 5개의 축퇴된 궤도함수에 $d^1$으로 채워진 경우보다 -0.4$\Delta_o$ 만큼 안정화되며, $t_{2g}^2$는 -0.8 $\Delta_o$의 LFSE를 갖는다. <표 5.6>에 각 전자배치에 따른 LFSE도 계산하였다.

〈표 5.6〉 약한장에서 d 전자의 배치

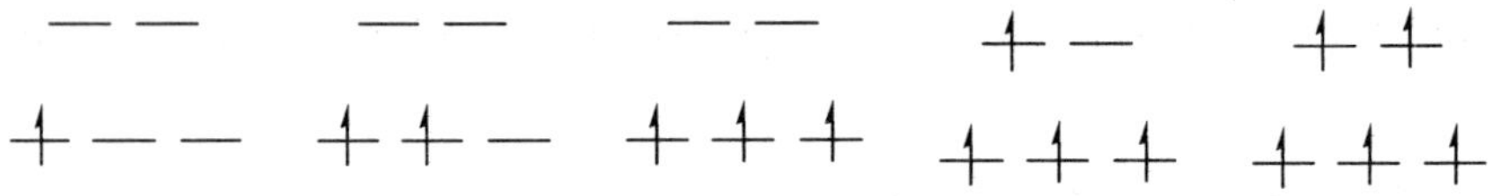

| | $t_{2g}^1$ | $t_{2g}^2$ | $t_{2g}^3$ | $t_{2g}^3e_g^1$ | $t_{2g}^3e_g^2$ |
|---|---|---|---|---|---|
| LFSE | -0.4$\Delta_o$ | -0.8$\Delta_o$ | -1.2$\Delta_o$ | -0.6$\Delta_o$ | 0 |

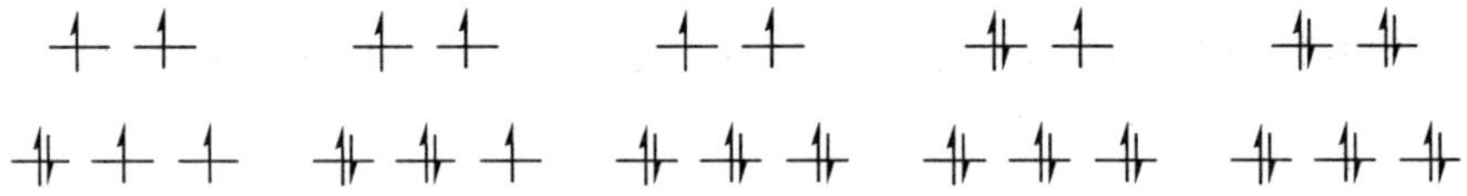

| | | | | | |
|---|---|---|---|---|---|
| LFSE | | | | | |

(예제 5.12) <표 5.6>에서 $d^6$부터 $d^{10}$까지의 전자배치 구조와 LFSE를 계산하시오.

그러나 $\Delta_o$의 값이 큰 경우 위와 같이 $t_{2g}$를 완전히 채우지 않고 $e_g$를 채울 수 없다. $\Delta_o$가 큰 경우는 $t_{2g}$를 모두 채운 후 $e_g$를 채워야 하며, $\Delta_o$의 값이 큰 경우를 강한장(strong field)이라 하고, 작은 경우를 약한장(weak field)이라 한다. 강한장의 경우라도 $d^1$부터 $d^3$까지는 약한장과 다름이 없으나 4번째 전자는 $t_{2g}$로 들어갈 것인지 $e_g$로 들어갈 것인지를 결정해야 한다. $\Delta_o$ 값이 작으면 <표 5.6>의 약한장의 형태로 들어가 두 개의 전자가 쌍을 이룸으로써 나타나는 반발을 피할 수 있으나 $\Delta_o$가 큰 경우는 반발을 겪고라도 $t_{2g}$로 들어가야한다. <표 5.7>은 강한장의 경우 전자의 배치를 나타낸 것이며 각 경우에 해당하는 LFSE도 계산하였다.

〈표 5.7〉 강한장에서 d 전자의 배치

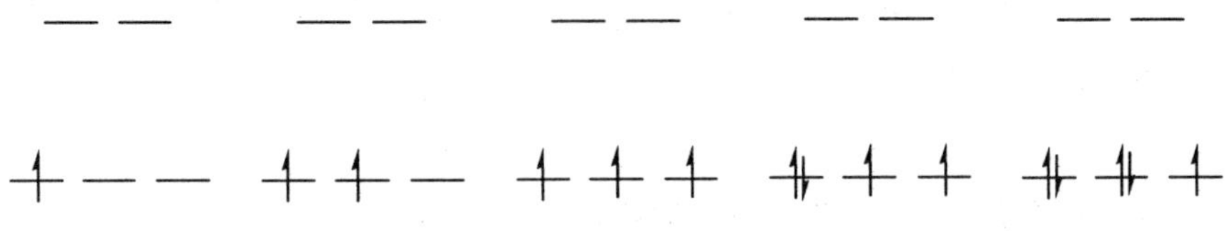

| | | | | | |
|---|---|---|---|---|---|
| | — — | — — | — — | — — | — — |
| | ↑ — — | ↑ ↑ — | ↑ ↑ ↑ | ↑↓ ↑ ↑ | ↑↓ ↑↓ ↑ |
| | $t_{2g}^1$ | $t_{2g}^2$ | $t_{2g}^3$ | $t_{2g}^4$ | $t_{2g}^5$ |
| LFSE | $-0.4\Delta_o$ | $-0.8\Delta_o$ | $-1.2\Delta_o$ | $-1.6\Delta_o$+P | $-2.0\Delta_o$+2P |

| | | | | | |
|---|---|---|---|---|---|
| | — — | ↑ — | ↑ ↑ | ↑↓ ↑ | ↑↓ ↑↓ |
| | ↑↓ ↑↓ ↑↓ | ↑↓ ↑↓ ↑↓ | ↑↓ ↑↓ ↑↓ | ↑↓ ↑↓ ↑↓ | ↑↓ ↑↓ ↑↓ |
| LFSE | | | | | |

LFSE를 계산할 때 $t_{2g}^4$를 갖는 경우는 $-0.4\Delta_o \times 4 = -1.6\Delta_o$ 만큼의 안정화는 이룰 수 있으나, 축퇴된 5개의 d 궤도함수에 채울 때에는 발생하지 않았던 전자끼리의 반발 즉 짝지음에 의한 에너지(pairing energy, P)가 생성되므로 불안정화를 야기한다. 따라서 리간드장을 이룸으로써 안정화되는 에너지는 $-1.6\Delta_o$+P로 계산해야 한다. 마찬가지로 $d^5$의 강한장에 의한 LFSE는 $-2.0\Delta_o$+2P가 된다.

(예제 5.13) <표 5.7>에서 $d^6$부터 $d^{10}$까지의 전자배치 구조와 LFSE를 계산하시오.

전자의 배치를 부를 때 약한장의 경우는 전자를 낮은 것과 높은 것의 구별 없이 모두 채우므로 spin-up의 상태를 갖는 전자가 많아 '높은 스핀(high spin) 배열'이라 하고, 강한장의 경우는 낮은 것부터 완전히 채운 후 높은 것을 채우므로 전자가 쌍을 이룸으로써 평행한 전자의 수가 적어 '낮은 스핀(low spin) 배열'이라고 한다. $\Delta_o$의 값은 금속과 리간드에 따라 다르며 P 역시 금속 따라 다르므로 spectrochemical series로 단순히 high-spin과 low spin을 정할 수는 없으나 spectrochemical series에서 높은 쪽에 있는 리간드들은 주로 강한장을 형성하여 low-spin 배열을 이루게 한다. 또한 4d와 5d의 금속 원자들은 $\Delta_o$ 값이 크므로 low-spin 배열을 선호한다. <표 5.8>에 Oh 구조를 갖는 몇 가지 착화합물들의 $\Delta_o$ 값을 나열하였다. 굵은 글씨는 low-spin을 이루었을 때의 $\Delta_o$ 값을 나타낸다. Spectrochemical series에 따라서, 금속의 산화가에 따라서 $\Delta_o$ 값이 달라짐을 비교할 수 있다.

〈표 5.8〉 Oh 구조를 갖는 몇 가지 착화합물들의 $\Delta_o$ 값($10^3 cm^{-1}$)

| 금속 이온 | 리간드 | | | |
|---|---|---|---|---|
| | $Cl^-$ | $H_2O$ | $NH_3$ | $CN^-$ |
| $Cr^{3+}(d^3)$ | 13.7 | 17.4 | 21.5 | 26.6 |
| $Mn^{2+}(d^5)$ | 7.5 | 8.5 | | 30.0 |
| $Fe^{3+}(d^5)$ | 11.0 | 14.3 | | **35.0** |
| $Fe^{2+}(d^6)$ | | 10.4 | | **32.8** |
| $Co^{3+}(d^6)$ | | **20.7** | **22.9** | **34.8** |

결정장 이론으로 설명할 수 있는 실험적 결과들을 몇 가지 소개하겠다.

[1] 흡수 스펙트럼

$[Ti(OH_2)_6]^{3+}$ 착화합물의 수용액은 492 nm에서 흡수 밴드를 보인다. 이 파장 영역은 가시광선에 해당하는 것으로 만일 축퇴된 상태의 d 궤도함수에 $d^1$의 전자배치를 갖는다면 흡수될 수 없는 영역이다. <그림 5.18>에서와 같이 Oh 구조에서 $t_{2g}^1$의 전자배치를 가짐으로써 나타나는 d-d 전이 밴드로 해석할 수 있다.

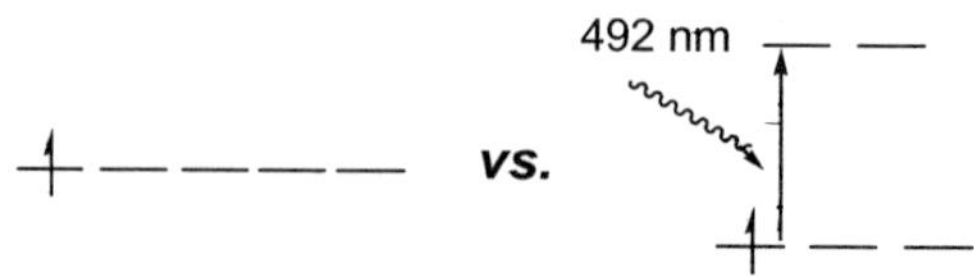


〈그림 5.18〉 축퇴된 d 궤도함수와 Oh 구조에서 결정장에 의한 $t_{2g}^1$의 전자배치

[2] 열역학적 에너지

+2가의 전이금속 이온들의 수화에너지를 비교해 보면 <그림 5.19>와 같은 경향을 보인다. 같은 주기에서 원자번호가 증가할수록 이온의 크기가 작아짐으로써 나타나는 에너지의 변환에 비해 더 큰 에너지만큼의 안정화를 보이는 이유는 Oh 구조에 의한 LFSE에 의한 것으로 해석할 수 있다. $[Mn(OH_2)]^{2+}$의 $t_{2g}^3e_g^2$는 0의 LFSE를 갖고 결정장에 의한 영향을 전혀 받지 않으나, $[Fe(OH_2)]^{2+}$가 가지고 있는 $t_{2g}^4e_g^2$의 -0.4$\Delta_o$, $[Co(OH_2)]^{2+}$의 $t_{2g}^5e_g^2$ -0.8$\Delta_o$, $[Ni(OH_2)]^{2+}$의 $t_{2g}^6e_g^2$ -1.2$\Delta_o$에서 최고점을 보인다.

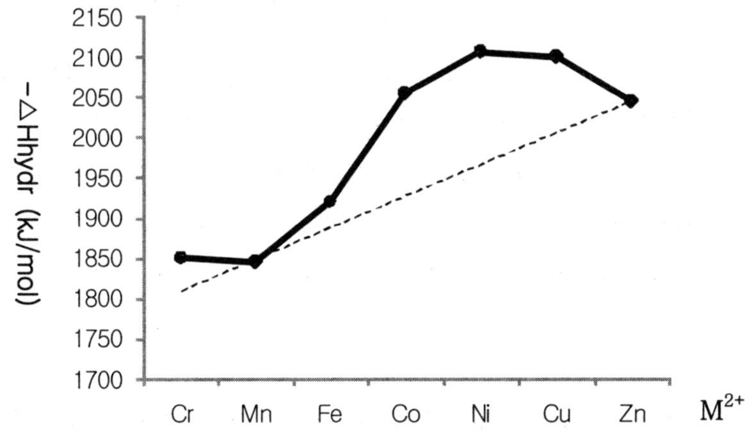


〈그림 5.19〉 1주기 전이금속의 +2가 이온의 수화엔탈피 곡선(—). 실험값에서 LFSE를 뺀 엔탈피는 점선(-)으로 나타내었다.

(예제 5.14) Oh 구조를 이루는 다음 금속의 산화물들은 다음과 같은 격자엔탈피를 갖는다. LFSE를 이용하여 다음의 경향을 설명하시오.

| | CaO | TiO | VO | MnO |
|---|---|---|---|---|
| $\Delta H_{lattice}(kJ/mol)$ | 3640 | 3878 | 3913 | 3810 |

[3] 자기적 성질

전이금속의 착화합물들은 쌍을 이루지 않은 전자들이 존재하므로 전자의 스핀에 의한 자기적인 성질이 나타난다. 쌍을 이루지 않은 전자가 없는 경우 자기장에서 밀려나는 반자기성(diamagnetic property)을 띠며, 쌍을 이루지 않은 전자가 있는 경우 자기장에 의해 끌리는 상자기성(paramagnetic property)을 띤다. 자유 금속 이온인 경우는 궤도함수에 의한 모멘트와 전자 스핀에 의한 모멘트 모두 자기 모멘트(magnetic moment)에 기여하나, 착화합물을 이루면 주로 스핀에 의한 자기모멘트(spin-only magneton, $\mu$) 만 나타난다(식 5.4).

$$\mu = 2\sqrt{s(s+1)}\,\mu_B, \qquad s = \frac{1}{2}N \quad (N\text{: 홀전자의 수}) \tag{5.4}$$

$$\therefore \ \mu = \sqrt{N(N+2)}\,\mu_B \tag{5.5}$$

$$\mu_B = \frac{e\hbar}{2m_e} = 9.724 \times 10^{-24} JT^{-1} \ \text{(Bohr magneton)} \tag{5.6}$$

식 (5.5)에서 계산되는 자기 모멘트 값은 쌍을 이루지 않은 전자의 개수($N$)에 따라 달라지므로 d 궤도함수가 갈라졌다는 사실 뿐만 아니라 강한장과 약한장도 구별할 수 있다. 예를 들면 $Ti^{3+}$은 홀전자가 1개이고 $s=1/2$이므로 $\mu/\mu_B=$ 1.73으로 계산되고, 실제로 실험하면 1.7~1.8의 값을 얻는다. $Fe^{3+}$의 경우는 약한장인 경우 홀전자의 개수가 5개로 $\mu/\mu_B$=5.92의 값으로 예상되며 강한장인 경우는 홀전자가 1개이므로 1.73으로 예상된다.

(예제 5.14) $Fe(OH_2)_3^{3+}$는 자기 모멘트가 6.3$\mu_B$이다. 그렇다면 이 착화합물의 d 궤도함수는 강한장인가 아니면 약한장인가?

## 5.2.2 사면체 구조

사면체 구조는 정육면체의 8개 꼭지점 중 4개만을 리간드가 차지하는 것으로 이해할 수 있다. 따라서 점대칭을 갖는 정육면체를 먼저 이해하고 이를 4개의 리간드만을 갖는 사면체 구조로 확장시키고자 한다.

정육면체의 구조에서 8개의 리간드는 <그림 5.20>과 같이 꼭지점 방향으로 근접한다. 중심에 놓인 d 궤도함수들 중 $d_{x^2-y^2}$과 같이 축 상에 있는 궤도함수들과 $d_{xy}$와 같이 축과 45°로 어긋나 있는 궤도함수를 비교하면, 축 상에 있는 것 보다 축에서 어긋나

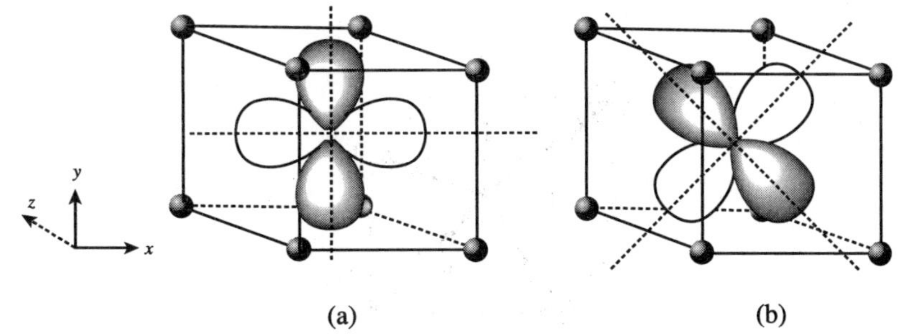


〈그림 5.20〉 육면체 구조에서 8개의 리간드와 xy 평면상에 놓인 d 궤도함수들과의 관계.
(a) $d_{x^2-y^2}$ (b) $d_{xy}$

있는 것이 리간드와 더 가깝게 존재함을 볼 수 있다. 비슷한 결과를 $d_{z^2}$과 $d_{xz}$, $d_{yz}$에 대해서도 볼 수 있다.

따라서 d 궤도함수들은 Oh와 같이 반발이 더 강한 그룹과 덜 강한 그룹으로 나눌 수 있다. 리간드가 존재하는 꼭지점과 보다 가까운 $d_{xy}$, $d_{xz}$, $d_{yz}$과 꼭지점에서 좀 더 멀리 떨어져 있는 $d_{x^2-y^2}$, $d_{z^2}$의 두 그룹으로 나눌 수 있으며, <그림 5.21>과 같이 전자의 그룹 보다 후자의 그룹이 더 낮은 에너지를 가져야 한다. 이것은 Oh과 반대의 현상이다. 그리고 두 그룹의 d 궤도함수들 간의 에너지차는 $\Delta_c$로 표현하며 전체 에너지의 합이 불변한다는 조건으로 각각 -0.6$\Delta_c$와 0.4$\Delta_c$만큼 갈라진다.

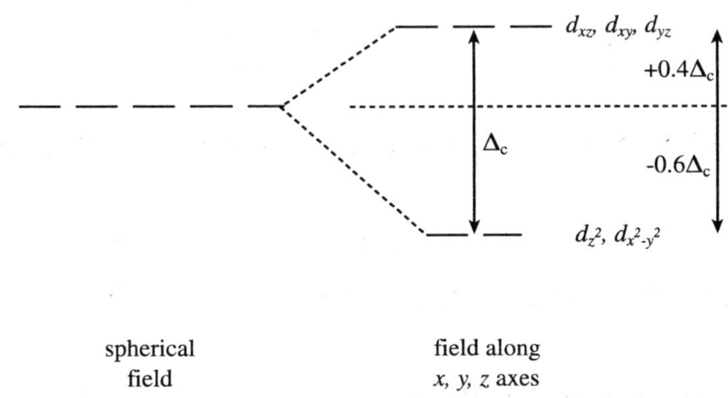


〈그림 5.21〉 정육면체에서의 d 궤도함수들의 에너지 변화.

이제 금속 원자주변에 8개가 아닌 4개의 리간드를 갖는 사면체 구조(Td)를 고려하자. Td는 정육면체 구조 내의 리간드들 중 4개만을 고려하면 된다(그림 5.22).

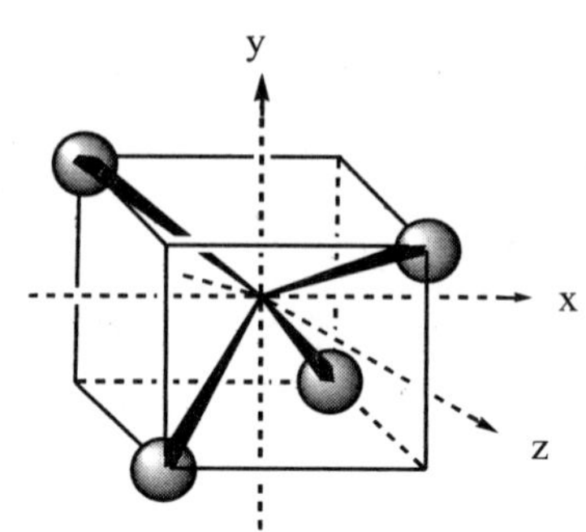


〈그림 5.22〉 Td 구조에서의 리간드들

정육면체의 8개 리간드에 비해 4개만의 리간드와의 반발이므로 금속 원자와 리간드 간의 전자들 간 반발은 훨씬 적을 것이다(그림 5.23). $d_{x^2-y^2}$, $d_{z^2}$과 $d_{xy}$, $d_{xz}$, $d_{yz}$는 각각 $e$와 $t_2$라 부르고, 그 사이 에너지 차를 $\Delta_t$라고 쓴다. $\Delta_t$는 $\Delta_o$의 4/9에 해당할 정도로 적다.

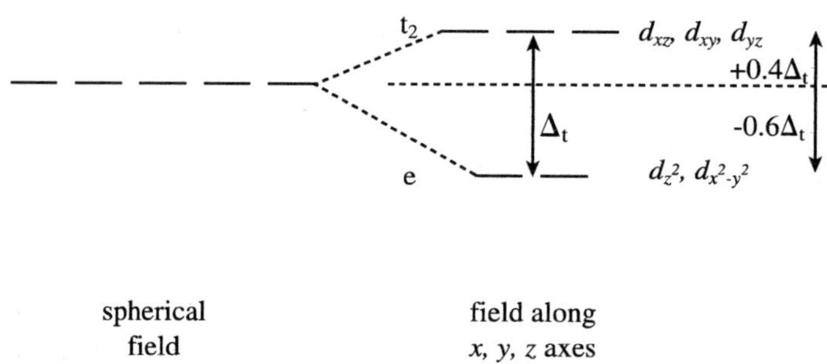


〈그림 5.23〉 사면체 구조에서 d 궤도함수들. $e$와 $t_2$와의 에너지 차이는 $\Delta_t$이다.

<표 5.9>에 Td 구조를 갖는 몇 가지 착화합물들의 $\Delta_t$ 값을 보였다. 이 값들과 <표 5.8>에 있는 $\Delta_o$의 값들을 비교하면 많은 차이가 남을 알 수 있다.

〈표 5.9〉 Td 구조를 갖는 몇 가지 착화합물들의 $\Delta_t$ 값($cm^{-1}$)

| 착화합물 | $\Delta_t$ |
|---|---|
| $VCl_4$ ($d^1$) | 9010 |
| $[CoCl_4]^{2-}$ | 3300 |
| $[CoBr_4]^{2-}$ | 2900 |

이렇게 리간드장 분리인자(ligand field splitting parameter) $\Delta_t$가 작으므로 전자쌍끼리의 반발이 더 큰 영향을 주므로 전자는 쌍을 이루기보다 비어있는 궤도함수를 먼저 채울 것이고 따라서 강한장은 존재하지 않는다. 즉, Td 구조를 갖는 착화합물들은 모두 high-spin이고 약한장을 갖는다고 본다. 예를 들면 $Co^{2+}$가 Td 구조를 이루면 $e^2t_2^2$의 전자배치를 갖는다.

## 5.2.3 Jahn-Teller 뒤틀림

4개의 배위를 갖는 구조로 사면체 외에 평면사각형(square planar) 구조가 있다. 평면사각형 구조를 6개의 배위수를 갖는 팔면체의 구조에서 z축 상에 있는 두 개의 리간드가 떨어져 나간 것으로 생각해 보자.

우선 z축 상의 리간드 2개가 다른 리간드에 비해 금속으로부터 멀어지는 경우를 보자. 즉 팔면체의 대칭성에서 z축으로 길어지는 일그러진 형태를 생각한다. z축 상의 리간드들과의 반발이 감소되면서 $e_g$로 축퇴되어 있던 $d_{x^2-y^2}$과 $d_{z^2}$은 <그림 5.24>(a)에서와 같이 더 이상 에너지가 같지 않게 된다. z축 상의 리간드가 더 멀리 있어서 $d$ 궤도함수와 반발이 적어지므로 $d_{z^2}$의 에너지는 더 낮아지며, 총 에너지가 일정해야 하는 이유로 $d_{x^2-y^2}$은 에너지는 높아지게 된다. $t_{2g}$의 궤도함수들도 z 축과 직접 관련이 있는 궤도함수, $d_{xz}$와 $d_{yz}$는 에너지가 낮아지고, 나머지 $d_{xy}$는 높아진다.

<그림 5.24>(a)의 궤도함수에 $Cu^{2+}(d^9)$의 전자를 채워보자. 마지막 3개의 전자는 대칭의 Oh 구조를 갖는 경우 $d_{z^2}^2d_{x^2-y^2}^1$으로 전자를 채울 때 보다 낮은 에너지를 갖는다는 것을 볼 수 있다. 이같이 $d^9$으로 에너지적인 이득이 있거나 주변 리간드들의 입체적인 방해 등으로 z축 상의 리간드가 접근하기 어려울 때 d 궤도함수는 Oh의 결정장과 다소 다른 변화를 겪는다. 이것을 Jahn-Teller distortion이라 부른다.

물론 z축 상에서 멀어지는 것이 아닌 가까워지는 경우도 있다. 이때의 에너지 변화는 z축 상의 d 궤도함수들이 더 많은 반발을 겪음으로 인해 높은 에너지를 갖는다(그림 5.25). $d^1$의 전자를 갖는 금속의 경우 Oh 구조에서는 -0.4$\Delta_o$의 에너지를 가지나, Jahn-Teller distortion에 의해 일그러지는 경우에는 그보다 더 낮은 에너지를 갖는다. 특히 z축으로 늘어나는 경우는 -1/3$\delta_1$이나 z축으로 짧아지는 경우는 -2/3$\delta_1$의 에너지 안정 효과가 있으므로 $d^1$의 금속을 갖는 착화합물은 완벽한 Oh 구조보다는 대칭 방향의 리간드 길이가 다른 4개에 비해 짧은 구조를 가질 것으로 예측된다. 비록 $\delta_1$이나 $\delta_2$의 값이 $\Delta_o$에 비해 매우 작아 Oh 구조의 강한장과 약한장의 규칙을 먼저 따라야하므로

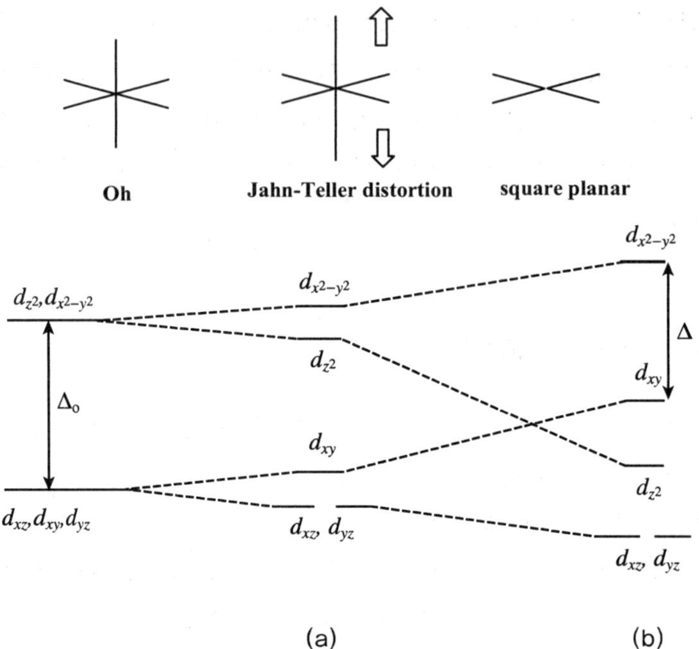


〈그림 5.24〉 Oh 구조에서 z축 상으로 리간드를 떼어냄으로써 일어나는 d 궤도함수 에너지의 변화 (a) z축 상의 리간드를 다소 떼어낸 경우 (b) z축 상의 리간드를 완전히 제거함으로써 생성되는 평면사각형 구조

각각 low-spin, high-spin의 방법으로 전자가 채워져야 한다. 그러나 같은 조건에서 $\delta$만큼의 에너지 안정화가 일어난다면 분자는 충분히 그 구조를 선호할 것이다.

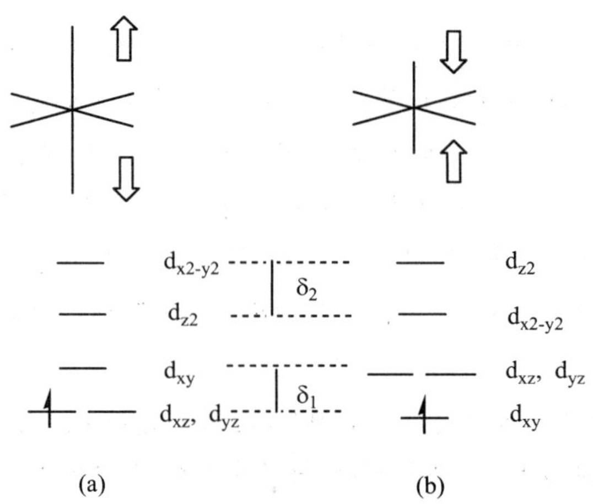


〈그림 5.25〉 Jahn-Teller distortion으로 인한 d 궤도함수들의 에너지 준위:
(a) z축으로 늘임(elongation), (b) z축으로 줄임(compression).

이러한 뒤틀림 구조는 6개의 배위를 갖는 Oh 구조로부터 시작하여 최후에 부가적인 에너지 안정화를 확인하는 과정에서 살펴보는 것이 편리할 것이다. 예를 들면 $NiF_6^{3-}$는 $d^7$의 전자를 갖는 금속 이온이다. <그림 5.26>에서 보이듯 Oh 구조에서는 high-spin이므로 $t_{2g}^5 e_g^2$이나, z축으로 늘어난 경우는 $d_{xz}^2 d_{yz}^2 d_{xy}^1 d_{z^2}^1 d_{x^2-y^2}^1$으로 $-2/3\delta_1$만큼의 부가적인 에너지 안정화가 나타난다.

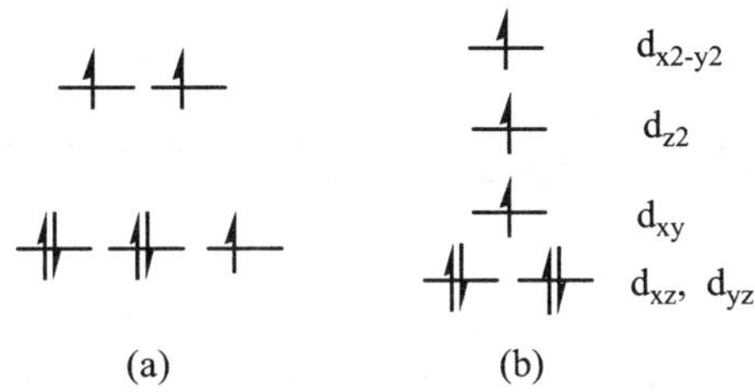


〈그림 5.26〉 $NiF_6^{3-}$에서 $Ni^{3+}(d^7)$이 가질 수 있는 전자배치: (a) Oh 구조를 갖는 경우, (b) Jahn–Teller distortion에 의해 z축으로 늘어난 경우.

## 5.2.4 평면사각형 구조

z축 상의 리간드가 완전히 떨어져 나가는 경우 입체적으로 평면사각형 구조를 이루며 에너지 준위는 <그림 5.24>(b)와 같이 된다. $Ni^{2+}(d^8)$의 전자를 채울 때 Oh 구조를 이루는 경우 $d_{xy}^2\ d_{xz}^2\ d_{yz}^2\ d_{z^2}^1\ d_{x^2-y^2}^1$의 전자배치를 가지며 상자기성을 나타낸다. 그러나 평면사각형 구조를 이룬다면 $d_{xy}^2\ d_{xz}^2\ d_{yz}^2\ d_{z^2}^2$으로 Oh 구조 경우보다 더 낮은 에너지를 갖고 착화합물은 반자기성을 띨 것이다. $[Ni(CN)_4]^{2-}$는 강한장을 갖는 리간드로 인해 $\Delta$ 값이 커지고 따라서 평면사각형 구조를 갖는 것이 유리하며, $[NiCl_4]^{2-}$은 약한장을 갖는 리간드로 d 궤도함수의 갈라짐으로 인한 에너지적 이득이 많지 않아 리간드 간의 반발을 줄이는 대칭 구조인 Td 구조를 갖는다. 반면 같은 $d^8$의 전자를 갖는 $Pd^{2+}$나 $Pt^{2+}$의 금속은 $Ni^{2+}$ 보다 큰 $\Delta$ 값을 갖기 때문에 $[PdCl_4]^{2-}$나 $[PtCl_4]^{2-}$도 평면사각형 구조를 갖는다. 즉, 주로 $d^8$의 4개 결합을 갖는 착화합물들은 평면사각형 구조를 선호한다고 볼 수 있다.

## 5.3 분자궤도함수

결정장 이론은 금속과 리간드 간의 결합을 순순한 점전하의 인력으로만 고려하였으며, 어떤 리간드가 금속과 강한 결합을 왜 하는지에 대한 설명은 하지 못하였다. 따라서 복잡하지만 이 모든 것을 설명해 줄 수 있는 분자궤도 함수를 살펴보지 않을 수 없다.

### 5.3.1 금속과 리간드들이 σ 결합을 이룰 수 있는 경우

금속의 d 궤도함수와 리간드의 s 나 p 궤도함수와 겹칠 수 있는 방법은 <그림 5.27> 에서 보는 바와 같다. (a)에서와 같은 방법으로 축 상으로 뻗어있는 d 궤도함수와 리간드의 s 궤도함수가 겹치거나 또는 (b)에서와 같이 p 궤도함수가 겹치는 경우는 파동함수의 상(phase) 즉 사인(sign)이 같아 파동함수의 증폭이 일어나며 전자의 확률이 증가하므로 결합을 이룬다. 반면, (c)나 (d)와 같이 증폭과 상쇄가 같이 일어나는 경우는 결합도 반결합도 일어나지 않으므로 비결합(nonbonding)이라 하고 에너지 상 아무 변화가 없으므로 서로 무관하다.

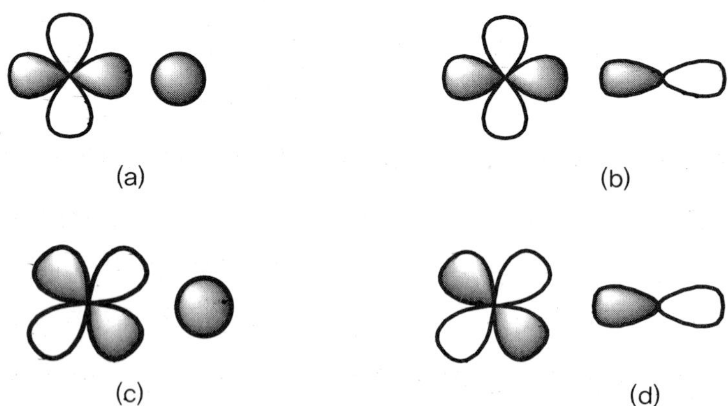


〈그림 5.27〉 축 상의 d 궤도함수와 리간드의 겹침에 의한 결합과 비결합 관계:
(a) s 궤도함수와의 σ 결합, (b) p 궤도함수와의 σ 결합, (c) s 궤도함수와의 비결합, (d) p 궤도함수와의 비결합.

Oh의 구조에서 6개의 리간드가 결합하는 착화합물에 대해 살펴보자. 금속의 s 궤도함수와 3개의 p 궤도함수, 5개의 d 궤도함수들과 리간드의 전자쌍들과의 겹침을 입체적으로 생각하자. 리간드가 전자쌍을 주는 Lewis base의 역할을 하는 파동함수로 보자. 금속 원자의 s 궤도함수 주변에 존재하는 리간드와 파동함수가 겹치는 방법은 <그림 5.28>과 같이 6개의 리간드가 모두 같은 사인을 갖는 세트 두 가지가 하나는 (a)와 같이 결합 방법으로 다른 하나는 (b)와 같이 반결합으로 포개지는 경우가 생긴다. 금속의 s 궤도함수와 6개의 리간드 궤도함수들의 세트, 즉 2개의 궤도함수로부터 이루어진 분

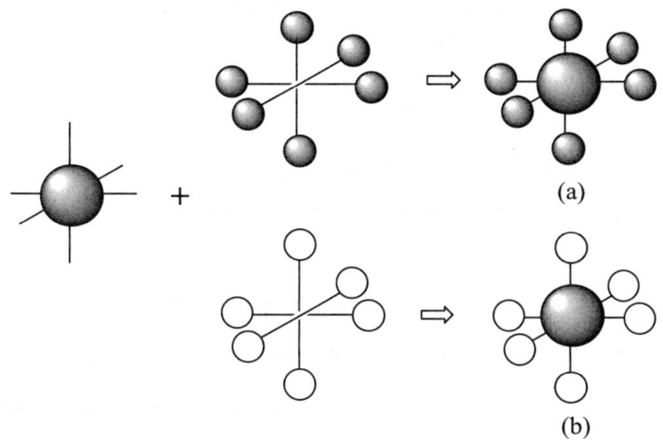


〈그림 5.28〉 금속의 s 궤도함수와 6개의 리간드 파동함수 간의 간섭 결과: (a) 결합궤도함수, (b) 반결합궤도함수. (궤도함수의 사인은 파동함수의 색으로 구별하도록 하였다.)

자 궤도함수이므로 1개의 결합궤도함수와 1개의 반결합궤도함수 총 2개의 새로운 궤도함수가 만들어진 것도 확인할 수 있다. 유사하게 <그림 5.29>(b)에서와 같이 금속의 p 궤도함수와 대칭으로 사인이 다른 2개의 리간드의 세트가 겹쳐질 수 있다. 만일 금속의 p 궤도함수와 사인이 같은 세트이면 결합, 사인이 다르면 반결합 궤도함수를 이룰 것이므로 3개의 p 궤도함수와 3개의 리간드 세트로부터 3개의 결합과 3개의 반결합 궤도함수 가 생성된다. 마지막으로 <그림 5.29>(c)에서는 금속 원자의 $d_{z^2}$과 $d_{x^2-y^2}$ 궤도함수

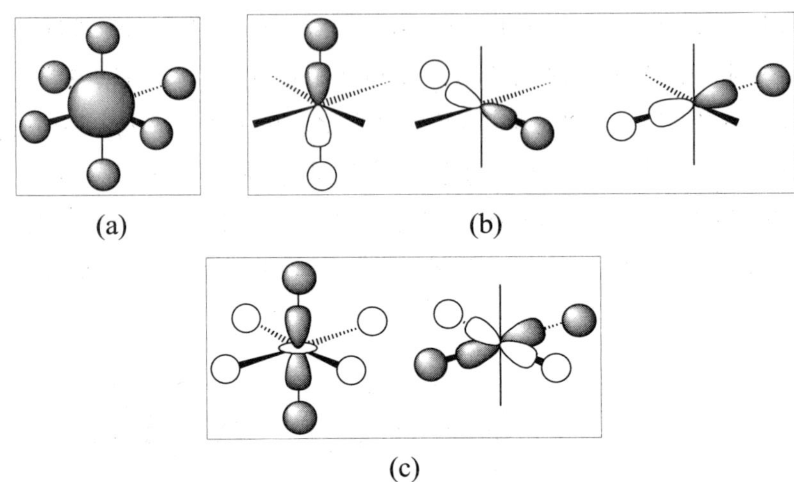


〈그림 5.29〉 금속원자의 (a) s 궤도함수, (b) p 궤도함수, (c) $d_{z^2}$과 $d_{x^2-y^2}$ 궤도함수와 리간드의 함수 간의 생성될 수 있는 6개의 $\sigma$ 결합궤도함수들.

와 리간드의 궤도함수 간의 겹침으로 인해 두 개의 결합궤도함수를 얻는다. 이것과 반대의 부호를 가질 때 반결합 궤도함수를 얻으므로, 4 개의 분자궤도함수가 생성된다.

이로써 총 2+6+4=12개의 분자궤도함수가 생성된다. 이제까지 사용하지 않았던 금속의 d 궤도함수들, $d_{xy}$, $d_{xz}$, $d_{yz}$는 리간드가 접근하는 축과 어긋나 있으므로 겹치지 못하여 비결합 관계를 갖는다(그림 5.27 (c)). 이제까지의 분자궤도함수를 에너지 준위로 나타내 보면 <그림 5.30>과 같다. <그림 5.30>에 금속의 d, s, p 궤도함수들과 6개의 리간드 궤도함수들이 만든 새로운 분자궤도함수 15개가 나타나 있으며, 결합 궤도함수와 반결합 궤도함수, 비결합 궤도함수가 존재한다. 여기에 $d^3$인 금속 이온의 $ML_6$ 착화합물의 MO를 채워보자. 금속으로부터 유래한 3개의 전자와 리간드로부터 온 $2 \times 6 = 12$개의 전자를 채우면, HOMO는 리간드와 무관한 비결합 궤도함수가 되고, LUMO는 d 궤도함수와 리간드가 이루는 반결합 궤도함수가 된다. 앞서 언급한 리간드장의 쪼개짐 에너지 $\Delta_0$는 이 두 MO 간의 에너지 차가 된다.

리간드의 궤도함수에 전자쌍들이 존재하였다가 MO를 이루면서 전자를 공유하는 것이므로 이러한 형태의 결합을 하는 리간드를 '$\sigma$ 주개($\sigma$-donor)'라 한다. 앞의 결정장 이론에서 $\Delta_o$의 크기가 리간드의 종류에 따라 달라질 수 있다고 언급한 것 중 리간드의 $\sigma$ 주개가 강하면 $e_g$의 결합궤도함수가 안정화되고 그 반결합 궤도함수의 에너지가 높아지며, 따라서 $t_{2g}$와 $e_g$ 간의 에너지차가 커짐을 분자궤도함수로 설명할 수 있다.

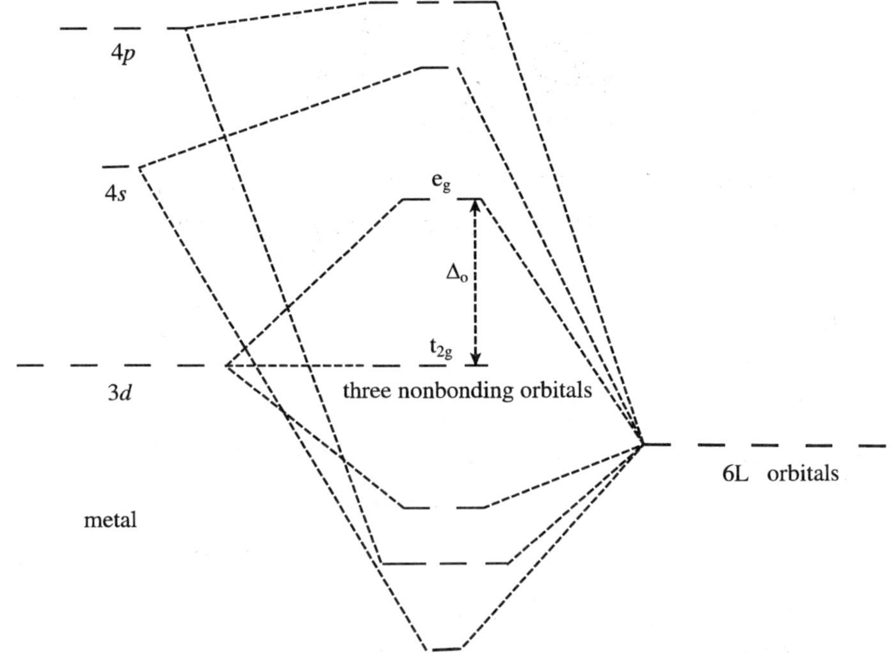


〈그림 5.30〉 1주기 전이금속의 착화합물 $ML_6$ 화합물에서 금속의 원자궤도함수들(3d, 4s, 4p)과 리간드의 궤도함수들 간에 생성될 수 있는 σ-결합궤도함수들과 반결합 궤도함수들. 3d 궤도함수들 중 리간드들의 궤도함수들과 겹치지 않는 세 궤도 함수들($d_{xy}$, $d_{xz}$, $d_{yz}$)은 비결합 궤도함수로 존재한다.

### 5.3.2 금속과 리간드들이 π 결합을 이룰 수 있는 경우

지금까지는 금속 원자와 리간드 간에 일어날 수 있는 σ 결합에 관해서만 고려하였다. 이제 금속 원자와 리간드 간에 겹침 상태가 σ와는 다른 상태를 보겠다. 생성된 분자궤도함수의 사인이 결합하는 두 원자를 지나는 대칭축에 대해 180° 대칭인 경우를 σ 결합이라고 하는 반면, 축에 대해 대칭이 아닌 경우를 π 결합이라고 한다. 무기 착화합물에서도 같은 대칭을 적용하며, 앞의 σ와 구별되는 <그림 5.31>과 같은 겹침이 가능하다.

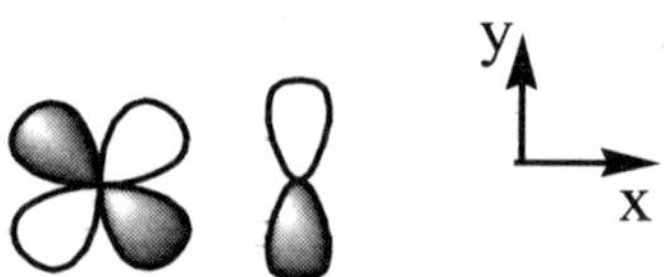


〈그림 5.31〉 지면을 xy 평면으로 보았을 때 금속의 $d_{xy}$와 리간드의 $p_y$의 부호가 같으며, 원자핵을 잇는 축에 대해 비대칭이므로 π 결합을 이룰 수 있다.

[1] halide

금속과 halide 리간드 간의 결합을 생각해 보자. 우선 halide가 금속 원자와 결합을 하는데 사용하는 궤도함수는 s와 p 궤도함수로부터 생성된 혼성궤도함수 $sp$를 사용한다. $sp$ 혼성궤도함수는 아래 <그림 5.32>(a)에서 보이는 바와 같이 2개이며 서로 180° 의 각도를 유지하고 있다. $sp$의 홀전자는 금속의 $d_{x^2-y^2}$, $d_{z^2}$의 전자와 공유하여 σ 결합을 이루어 <그림 5.30>에서의 $e_g$로 표현된 2개의 축퇴된 결합 궤도함수와 2개의 반결합궤도함수를 형성한다. <그림 5.32>(b)는 각 궤도함수의 방향을 표현하였다. 나머지 $sp$와 $p_x$, $p_y$궤도함수에는 비공유전자쌍이 존재한다.

<그림 5.30>에서 비결합으로 남아있던 $t_{2g}$는 xy 평면상에 $d_{xy}$, xz 평면상에 $d_{xz}$, yz 평면상에 $d_{yz}$이다. 예를 들어 xy 평면상의 $d_{xy}$가 <그림 5. 33>과 같이 놓여있을 때 리간드의 $p_x$와 $p_y$가 $d_{xy}$와 같은 사인을 갖도록 놓인다면 $\sigma$결합과는 다른 새로운 결합을 가질 것이다. 이 때에는 z축과의 어떤 파동함수도 결합 또는 반결합의 간섭을 이룰 수 없으므로 1개의 결합과 1개의 반결합을 이룰 것이다. 같은 방법으로 $d_{xz}$는 xz 평면 상에서, $d_{yz}$는 yz 평면 상에서 리간드의 p 궤도함수들의 세트와 새로운 궤도함수를 만든다: 총 3개의 결합과 3개의 반결합. 그 에너지 준위는 <그림 5.34>와 같이 그려진다.

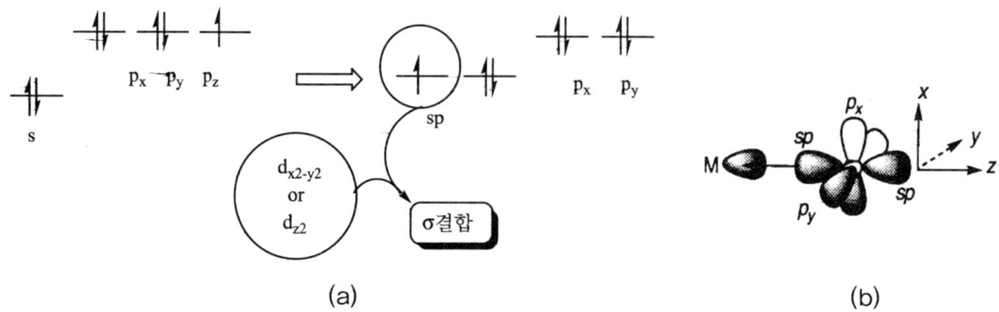


〈그림 5.32〉 (a) $Cl^-$의 $sp$ 혼성궤도함수와 남아있는 원자궤도함수 $p_x$, $p_y$ (b) 금속 원자(M)와 결합할 때 각 궤도함수의 위치와 방향. $d$궤도함수와 $sp$궤도함수 간에 $\sigma$결합이 형성된다.

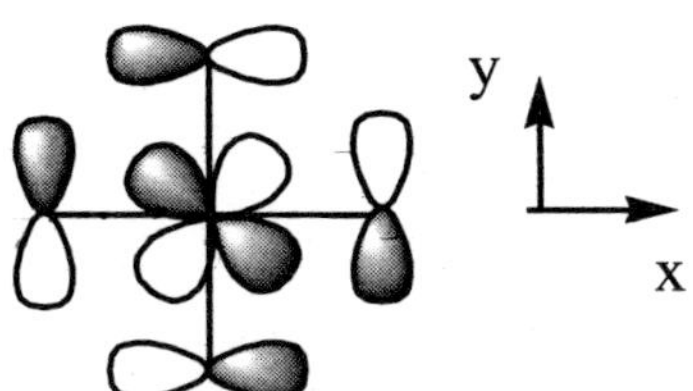


〈그림 5.33〉 금속의 $d_{xy}$와 xy 평면상에 있는 리간드의 $p$ 궤도함수 세트들 간의 결합궤도함수의 생성. 같은 π 결합이 xz와 yz 평면에서도 생성된다.

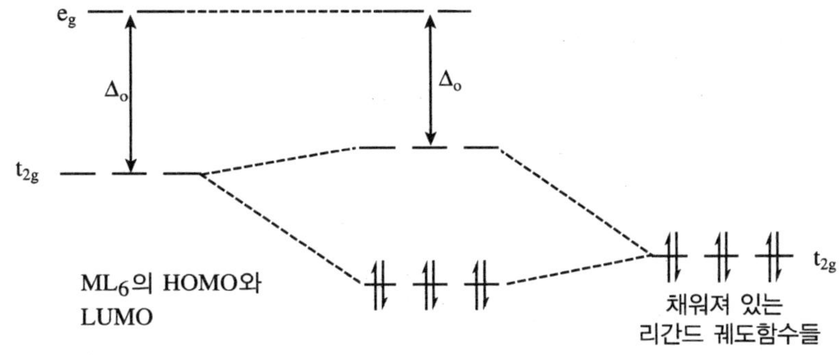


〈그림 5.34〉 $ML_6$의 팔면체 화합물에서 리간드가 π-주개로 작용하는 경우 $t_{2g}$와 리간드의 궤도함수 간에 3개의 결합궤도함수와 3개의 반결합궤도함수를 생성한다.

리간드가 할로겐의 음이온이므로 $sp$ 혼성궤도함수에 참여하지 않은 2개의 $p$ 궤도함수에 전자쌍을 가지고 있어서 3 세트의 리간드 파동함수들은 채워져 있으며, 금속의 $t_{2g}$에 해당하는 3개의 d 궤도함수들은 금속의 원자가 전자에 따라 전자를 갖는다. 따라서 이들로부터 만들어진 새로운 궤도함수에 전자를 채우면 <그림 5.34>에서와 같이 금속의 d 궤도함수가 비어져 있을 경우 리간드의 전자를 금속에 주는 배위결합을 하게 된다. 결합의 대칭성을 표현하여 이러한 리간드를 $\sigma$ 주개와 대비된 'π 주개(π-donor)'라고 부른다.

<그림 5.34>의 에너지 준위는 착화합물이 $\pi$ 주개 리간드를 가짐으로써 새로운 $t_{2g}$와 $e_g$ 사이의 에너지차 $\Delta_o$가 π 주개 리간드가 없을 때 보다 작아져서 약한 장을 이루는 것으로 나타났다. Spectrochemical series에서 $H_2O$나 $NH_3$ 보다 halide가 약한장을 이루는 이유는 halide는 p 궤도함수를 이용해 $\pi$ 주개의 역할을 할 수 있는 반면, $H_2O$나 $NH_3$는 $sp^3$의 혼성궤도함수를 이용하므로 $\sigma$ 주개의 역할만 하기 때문으로 본다.

[2] *CO*

이제 다른 형태의 금속-리간드 간 결합을 생각해 보자. 예를 들면 이온성 분자도 아니며 쌍극자 모멘트(μ)가 $0.374 \times 10^{-3}$로 낮은 극성을 지닌 일산화탄소(CO)가 금속과 결합할 때 매우 강한 리간드장을 이루는 것을 spectrochemical series에서 경험한다. 이것은 어떻게 설명할 수 있겠는가? 우선 CO의 분자궤도함수의 형태를 살펴보자(그림 5.35). C와 O 사이는 1개의 σ 결합과 2개의 π 결합을 갖는다. 파동함수의 모양은 C와 O 사이에 존재하는 마디(node) 수를 나타낼 뿐만 아니라 파동함수가 어느 원소에 치우치는지도 보여주고 있다. HOMO인 σ 결합 궤도함수는 C와 O의 sp 혼성 궤도함수들 간에 이루어지는 것으로 C 쪽으로 치우쳐 있음을 볼 수 있으며 이러한 이유로 금속에 Lewis base로 C 쪽이 $\sigma$ 결합을 한다.

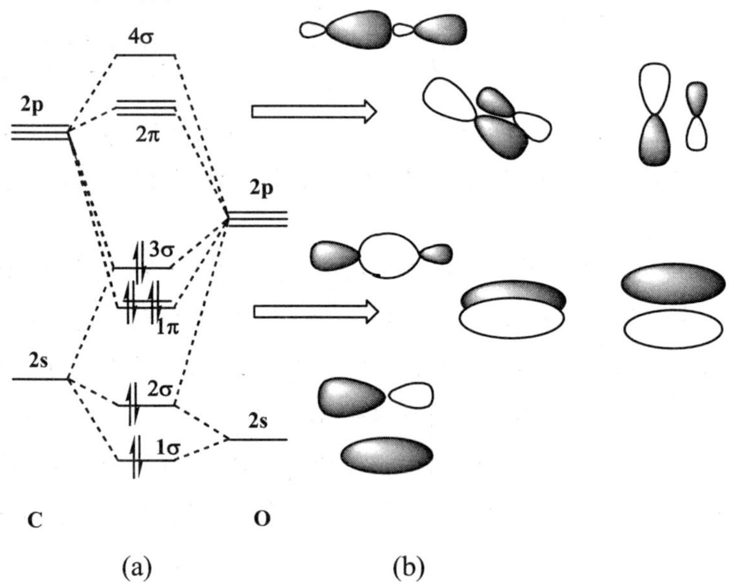


〈그림 5.35〉 CO 분자의 (a) 분자궤도함수의 에너지 준위와 (b) π, σ, π* 궤도함수의 모양

금속의 $e_g$ 궤도함수들과 halide와 같이 $\sigma$ 결합을 하고 결합에 참여하지 않은 $t_{2g}$가 남아있는데, xy 평면 상에 있는 $d_{xy}$와 CO의 $\pi$ 궤도함수 간에 대칭이 <그림 5.36>과 같이 맞는다. 특히 $\pi$ 궤도함수는 채워져 있으나 $\pi^*$는 비어있으며, $\pi^*$ 궤도함수는 C 쪽으로 치우쳐 있어 $\pi^*$의 MO가 C에 몰려있음을 고려하면, 전이 금속의 d 궤도함수와 겹침이 커지며 전자를 가지고 있는 금속으로부터 전자가 없는 리간드의 $\pi^*$ 궤도함수로 전자를

주는 결합을 이룬다. 이것은 앞의 $\sigma$-주개나 $\pi$-주개에 의한 결합과는 방향이 반대이다. 이런 이유로 금속에서 리간드로 전자를 주는 것을 특히 '$\pi$-backbonding'이라 한다. π-backbonding을 하는 리간드는 금속으로부터 전자를 받는 효과를 가지므로 앞의 π-주개와 대비해 π-받개(acceptor) 또는 π-acid라고도 한다.

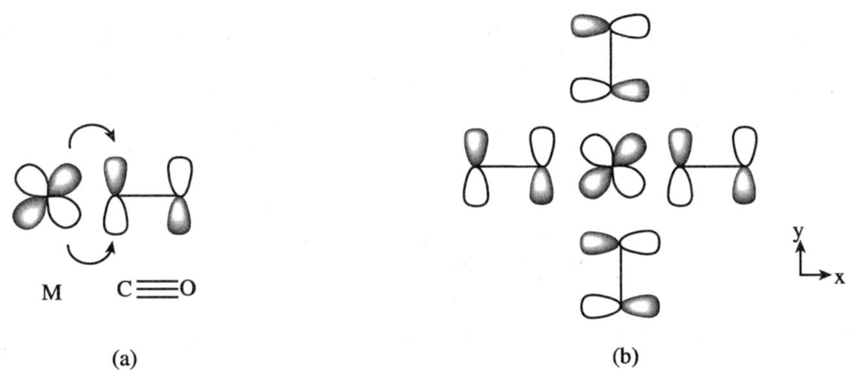


〈그림 5.36〉 M–CO 결합에서 일어나는 π 결합 방법: (a) $d$와 $\pi^*$ 궤도함수 간에 π–backbonding, (b) $d_{xy}$와 xy 평면상에 놓인 4개의 CO의 $\pi^*$ 궤도함수 세트들의 결합

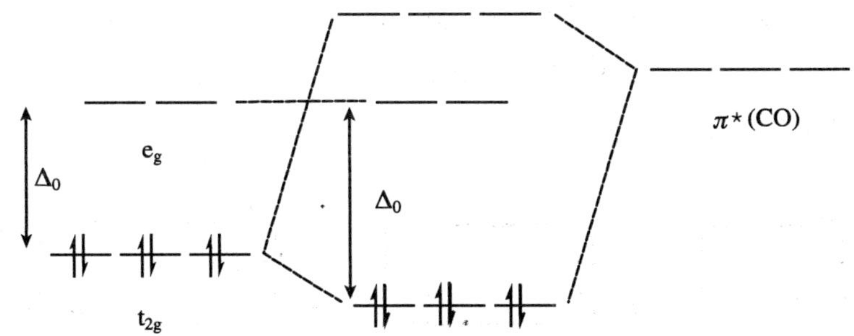


〈그림 5.37〉 채워져 있는 금속의 $t_{2g}$와 비어있는 CO의 π* 궤도함수들 간의 새로운 분자 궤도함수

$ML_6$의 화합물에서 세 평면에 존재하는 $d$ 궤도함수들과 CO의 $\pi^*$ 궤도함수들 간에 결합과 반결합 궤도함수들이 <그림 5.37>의 에너지 준위를 갖는다. 새롭게 얻어지는 분자궤도함수는 π-backbonding 리간드가 결합하기 전의 $t_{2g}$ 보다 에너지가 낮아지며 LUMO인 $e_g$와 에너지 차가 커져서 $\Delta_0$가 커진다. 즉 강한 리간드장을 형성한다.

결론적으로 리간드장의 크기를 비교하면 σ 결합만 하는 리간드에 비해 π-주개 리간드는 약한장을 형성하며, π-받개 리간드는 강한장을 형성한다.

**π-주개 리간드 < σ 결합 리간드 < π-받개 리간드**

Spectrochemical series에서 강한장을 나타내는 $PR_3$, $CN^-$나, CO와 같은 원자가전자수($10e^-$)를 갖는 비슷한 구조의 $NO^+$, $N_2$ 등도 같은 방법으로 결합한다. $PR_3$의 포스핀은 $sp^3$ 혼성궤도함수의 반결합궤도함수가 비슷한 대칭을 이루며 $NO^+$나 $CN^-$는 $CO$와 유사한 MO를 이용한다. $N_2$의 경우는 같은 원자가전자수를 가지나 대칭분자라 dipole moment가 0이며 따라서 금속 원자나 이온에 전자를 주는 σ 결합 자체가 어렵기 때문에 $N_2$의 전이금속 화합물은 그 예가 드물고 결합력 또한 매우 약하여 진공 상태에서는 쉽게 금속으로부터 떨어진다.

금속과 CO 간의 결합 강도는 어떻게 비교할 수 있는가? X-ray 결정구조를 확인하기 전에는 절대적인 결합 길이를 알 수 없다. 따라서 간접적인 비교로 그 강도를 확인한다. 금속과 CO 간에 결합이 강하다는 것은 π-backbonding이 강하다는 것이고 CO의 $\pi^*$ 궤도함수에 전자가 쌓인다는 뜻이다. 반결합궤도함수인 $\pi^*$에 전자가 많아짐으로써 C-O의 결합은 약해진다. 적외선 스펙트럼(IR spectrum)으로 CO의 스트레칭 밴드 파장을 비교할 수 있는데, $\nu_{CO}$가 작을수록 CO의 결합이 약하고 금속과 CO 간에는 결합이 강하다고 말할 수 있다(그림 5.38).

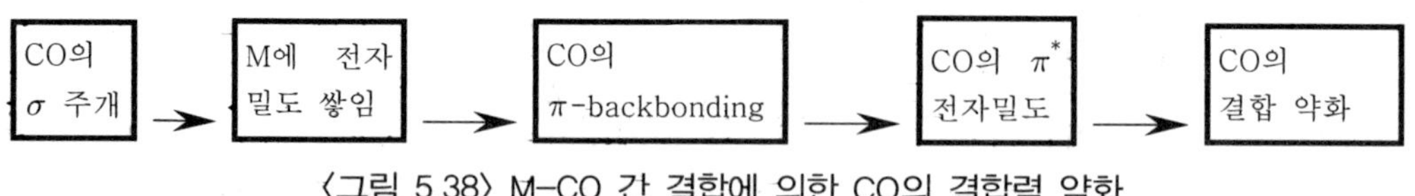


〈그림 5.38〉 M–CO 간 결합에 의한 CO의 결합력 약화

전이금속과 CO 착화합물에서는 π-backbonding으로 인한 전자밀도는 적은 양으로 따로 세지 않으므로 CO를 σ-주개로 기여하는 2개의 전자 주개로만 고려한다.

[3] Ethylene

$[PtCl_3(H_2CCH_2)]^-$ 의 착화합물의 모양은 <그림 5.39>(a)에서와 같이 ethylene 분자는 평면사각형의 금속 주변 구조와 수직으로 놓인다. Ethylene의 π 궤도함수는 <그림 5.39>(b)에서와 같이 Pt의 $d_{x^2-y^2}$과 부호가 맞아 σ 결합 궤도함수를 형성하며, $\pi^*$ 궤도

함수는 $d_{xz}$ 궤도함수와 부호가 맞아 π-backbonding을 이룬다. 따라서 CO와 같은 방법으로 금속과 강한 결합을 한다.

다른 리간드에 의해 금속에 전자 밀도가 쌓여있는 경우 $F_2C=CF_2$와 같이 전기음성도가 강한 치환체를 갖는 ethylene은 π-backbonding이 더 강해지며, 빈결합궤도함수인 $\pi^*$에 전자밀도가 쌓여 결합이 약화되고 경우에 따라 C=C 간 이중 결합이 단일 결합으로 나타나는 경우도 있다.

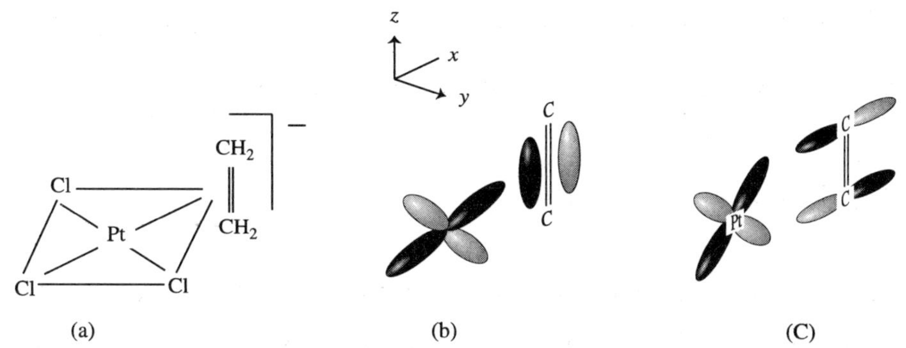


〈그림 5.39〉 (a) $[PtCl_3(H_2CCH_2)]^-$의 착화합물의 모양 (b) Pt의 $d_{x^2-y^2}$과 ethylene의 π 궤도함수 간의 σ 결합 (c) Pt의 $d_{xz}$와 ethylene의 $\pi^*$ 궤도함수 간의 π-backbonding

## 5.4 배위화합물의 반응성

배위화합물의 반응 형태는 리간드의 치환반응과 전이금속 화합물이라 가능한 산화·환원 반응, 알킬 이동(또는 CO 삽입) 반응, 산화·첨가/환원·제거 반응, β-수소 제거 반응 등이 있다. 치환반응은 6배위인 Oh 경우와 4배위인 평면사각형의 경우에 대해 언급할 것이며 반응속도로 부터 유추해 낼 수 있는 반응메카니즘에 대해 살펴보겠다.

### 5.4.1 팔면체 화합물의 치환반응

금속 원자 주변에 배위수가 6개인 팔면체 구조를 갖는 배위화합물의 경우 가능한 치환반응 메카니즘은 식 (5.7)-(5.9)에 보이듯이 세 가지 방법이 있을 수 있다. 새로운 리간드가 결합하여 7배위의 중간체를 이룬 후 하나의 리간드가 떨어져 나가는 회합성(associative) 메카니즘과 하나의 리간드가 떨어져 나가 5배위 중간체를 형성한 후 새로운 리간드가 결합하는 해리성(dissociative) 메카니즘, 이 두 가지의 중간형인 배위화합물과 새로운 리간드가 클러스터와 같은 중간체를 형성한 후 하나를 잃는 교환성 (interchange) 메카니즘이다. 각 메카니즘에서 얻을 수 있는 반응속도과 실제 측정되는 반응속도를 비교하면 실제로 어떤 메카니즘으로 진행되었는지를 추정할 수 있다.

$$M-X + Y \rightleftharpoons \left[ M\begin{matrix} X \\ Y \end{matrix} \right] \longrightarrow M-Y + X \qquad \text{Associative (A)} \quad (5.7)$$

$$M-X \rightleftharpoons [M + X] \xrightarrow{Y} M-Y \qquad \text{Dissociative (D)} \quad (5.8)$$

$$M-X + Y \rightleftharpoons M-X\cdots Y \rightleftharpoons M-Y\cdots X \longrightarrow M-Y + X \qquad \text{Interchange (I)} \quad (5.9)$$

[1] 회합성 메카니즘(associative mechanism)

다음과 식 (5.10)과 같은 치환반응이 회합성 메카니즘으로 일어난다면 반응 속도식은 식 (5.11)과 같이 두 반응물의 농도에 비례한다. 단, 농도를 표현하기 위해 착화합물을 나타낸 대괄호는 속도식에서 생략하였다.

$$[Ni(OH_2)_6]^{2+} + NH_3 \rightleftharpoons [Ni(OH_2)_5(NH_3)]^{2+} + H_2O \qquad (5.10)$$

$$\text{rate} = k[Ni(OH_2)_6^{2+}][NH_3] \qquad (5.11)$$

[2] 해리성 메카니즘(dissociative mechanism)

만일 반응 (5.10)이 해리성 메카니즘을 따라 일어난다면, 금속에 리간드로 결합해 있던 물 분자가 먼저 떨어진 후 새로운 리간드 $NH_3$가 결합하는 반응식 (5.12)-(5.13)을 따른다.

$$[Ni(OH_2)_6]^{2+} \underset{k_{-1}}{\overset{k_1}{\rightleftharpoons}} [Ni(OH_2)_5]^{2+} + H_2O \qquad (5.12)$$

$$[Ni(OH_2)_5]^{2+} + NH_3 \xrightarrow{k_2} [Ni(OH_2)_5(NH_3)]^{2+} \qquad (5.13)$$

반응의 속도는 식 (5.14)와 같이 $[Ni(OH_2)_6]^{2+}$의 농도에만 비례하고 $NH_3$의 농도에는 무관하게 나타난다.

$$\text{rate} = k[Ni(OH_2)_6^{2+}] \qquad (5.14)$$

[3] 교환성 메카니즘(interchange mechanism)

그러나 실제로 팔면체의 치환 반응은 완전한 회합성도 완전한 해리성도 아니며 교환성 메카니즘(interchange mechanism)으로 일어난다(식 (5.13)-(5.14)).

$$[Ni(OH_2)_6]^{2+} + NH_3 \underset{k_{-1}}{\overset{k_1}{\rightleftharpoons}} [Ni(OH_2)_6^{2+},(NH_3)] \qquad K = \frac{k_1}{k_{-1}} \tag{5.15}$$

$$[Ni(OH_2)_6^{2+},\ NH_3] \overset{k_2}{\longrightarrow} [Ni(OH_2)_5NH_3]^{2+} + H_2O \tag{5.16}$$

위 반응에서 $k_2 << k_{-1}$이고 반응 (5.15)의 평형상수가 $K = k_1/k_{-1}$이고, 정류상태 근사법(steady state approximation)을 적용하면 다음 관계식 (5.17)을 얻을 수 있다.

$$\frac{d[Ni(OH_2)_{6,}NH_3]}{dt} = k_1[Ni(OH_2)_6][NH_3] - k_{-1}[Ni(OH_2)_{6,}NH_3] - k_2[Ni(OH_2)_6,NH_3] = 0 \tag{5.17}$$

만일 $[NH_3]$의 값이 $[Ni(OH_2)_6^{2+}]$ 보다 매우 커서 반응이 진행함에 따라 그 농도 변화가 적고, 생성물의 양 $[Ni(OH_2)_5(NH_3)^{2+}]$도 매우 작아 반응 초기 농도의 양을 아래 식 (5.18)과 같이 나타낼 수 있다면 정류상태의 식 (5.17)이 식 (5.19)로 바뀔 수 있다.

$$[NH_3]_0 = [NH_3], \qquad [Ni^{2+}]_0 = [Ni(OH_2)_6^{2+}] + [Ni(OH_2)_6,NH_3^{2+}] \tag{5.18}$$

$$k_1([Ni^{2+}]_0 - [Ni(OH_2)_6,NH_3^{2+}])[NH_3]_0 - k_{-1}[Ni(OH_2)_6,NH_3^{2+}] - k_2[Ni(OH_2)_6,NH_3^{2+}] = 0 \tag{5.19}$$

결과로 반응속도는 $k_2 << k_{-1}$의 조건으로 식 (5.20)과 같이 간략하게 나타난다.

$$rate = k_2[Ni(OH_2)_6,NH_3^{2+}] = \frac{k_2K[Ni^{2+}]_0[NH_3]_0}{1 + K[NH_3]_0 + (k_2/k_{-1})} \tag{5.20}$$

$$\cong \frac{k_2K[Ni^{2+}]_0[NH_3]_0}{1 + K[NH_3]_0}$$

만일 $[NH_3]$가 매우 작아 $1 \gg K[NH_3]_0$라면 속도식 (5.20)은 더 간단하게 식 (5.21)로 된다. 반면 $[NH_3]$가 크다면 $1 << K[NH_3]_0$이고 분자와 분모가 상쇄되어 식 (5.22)가 된다.

$$rate = k[Ni^{2+}]_0[NH_3]_0 \tag{5.21}$$

$$rate = k'[Ni^{2+}]_0 \tag{5.22}$$

위의 반응 속도식은 $NH_3$의 양이 적을 때는 회합식의 속도와 같이 두 반응물의 농도에 의존하는 것으로 나타나며, $NH_3$의 양이 많을 때는 해리식의 결과와 같게 보이므로 메카니즘을 차별화하기 위해서는 또 다른 방법이 필요하다. 특히 치환하고자 하는 리간드가 용매인 경우는 그 양이 많아 반응이 진행되는 동안 농도가 거의 일정하므로 해리식이라 하더라도 속도식에는 기여하지 않는 것처럼 보인다.

측정되는 반응속도 상수 $k_{obs}$는 착화합물과 리간드가 결합하는 첫 번째 단계의 평형상수에 비례하므로 전이 금속과 공격하는 리간드 간의 결합이 얼마나 강한가에 의존한다. 또한 떨어져 나가는 리간드와의 결합이 강하면 두 번째 단계의 반응이 어려우므로 전체 반응 속도에도 영향을 준다.

예를 들면 식 (5.23)의 Oh 치환 반응에서 $Co^{3+}$ halide 착화합물에서 떨어져나가는 halide X가 $F^- < Cl^- < Br^- < I^-$ 의 순서로 빠르다.

$$[CoX(NH_3)_5]^{2+} + H_2O \rightarrow [Co(NH_3)_5(OH_2)]^{3+} + X^- \tag{5.23}$$

그러나 같은 $Rh^{3+}$ halide 착화합물에서는 그 순서가 반대이다. 이러한 현상은 $Rh^{3+}$가 무른 산으로 $I^-$와 더 강한 결합을 하기 때문으로 볼 수 있다.

치환 반응에는 무관한 방관자 리간드들 역시 치환 반응에 영향을 준다. 예를 들면 식 (5.24)에서와 같이 $Ni^{2+}$ halide 착화합물의 치환 반응에서 방관자 리간드인 L이 $H_2O$일 때 보다 $NH_3$ 일 때 더 빠른 것으로 나타났다. 이것은 $NH_3$가 더 강한 σ 주개이므로 금속에 전자 밀도가 쌓여 같은 $\sigma$ 주개인 halide의 결합을 약화시킨 것이라고 설명할 수 있다.

$$[NiXL_5]^+ + H_2O \rightarrow [NiL_5(OH_2)]^{2+} + X^- \tag{5.24}$$

입체적으로는 방관자 리간드가 금속 주위에서 공간을 많이 차지하는 경우 치환되는 리간드가 쉽게 떨어져 나가는 경향을 보인다.

## 5.4.2 평면 사각형 화합물의 치환반응

[1] 반응메카니즘

평면 사각형 화합물인 $Pt^{2+}$ 착화합물에서 $Cl^-$ 리간드를 $I^-$로 치환하는 반응은 식 (5.25)와 같이 표기한다. L은 치환반응에는 참여하지 않는 방관자 리간드이다.

$$[PtClL_3]^+ + I^- \rightarrow [PtIL_3]^+ + Cl^- \qquad (5.25)$$

$$\text{반응 속도} = k_2[PtClL_3^+][I^-] \qquad (5.26)$$

이 때 반응속도식이 식 (5.26)과 같이 2차로 나타나는 경우 중간체(intermediate)를 <그림 5.40>(a)의 $Pt^{2+}$의 착화합물에 $I^-$가 결합한 형태로 보고 이 중간체로부터 $Cl^-$가 떨어져 나가는 과정으로 간주할 수 있다. 이것은 회합성 메카니즘에 의한 것이며 중간체는 5배위를 갖는다. 유기화합물의 치환반응에서 이분자 친핵성 치환반응 $Sn2$에서와 같이 한 쪽의 결합은 약해지고 다른 쪽의 결합은 강해지면서 치환반응이 일어난다. $Pt^{2+}$나 $Pd^{2+}$ 화합물에 대해 공격을 하여 잘 치환시키는 리간드의 세기는 $CO, CN^-$가 가장 크고, $PR_3 > I^- > Cl^- > H_2O$의 순이다. 반대로 치환되는 리간드 즉 떨어져 나가는 리간드의 순서는 그와 반대가 된다. 이 결과는 평면사각형을 이루는 주된 전이금속들이 $d^8$의 최외각전자를 갖는데, 이들 중 무른 산의 금속은 무른 염기를 선호하며, $\sigma$ 주개의 리간드들 덕분에 금속의 전자밀도가 높아지고 따라서 π-backbonding을 하는 리간드의 결합이 강한 것으로 설명할 수 있다.

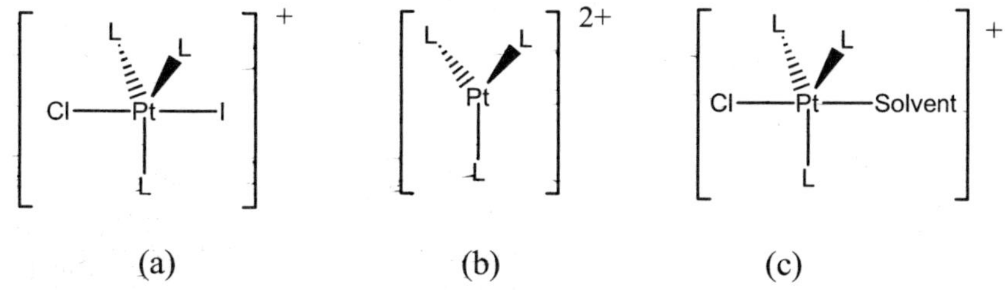


〈그림 5.40〉 평면 사각형 착화합물 $[PtClL_3]^+$의 $I^-$에 의한 치환반응 중간체: (a) associative mechanism과 (b) dissociative mechanism의 경우, (c) 용매가 결합한 경우

반면, 반응식 (5.25)가 1차 반응속도식을 보이기도 한다(식 5.27).

$$반응\ 속도 = k[PtClL_3^+] \tag{5.27}$$

이 경우는 몇 가지로 설명할 수 있는데 해리성 메카니즘에 의해 우선 착화합물에서 $Cl^-$가 떨어져 나가는 단계가 속도결정단계로 <그림 5.40>(b)의 중간체를 형성하는 경우이다. 세 개의 배위 결합을 갖는 것은 극히 드무나 배위하는 리간드의 크기가 매우 커서 5배위를 할 수 없는 경우 (b)의 중간체를 이루기도 한다. 이 외에 (c)에서와 같이 공격하는 리간드가 용매인 경우 식 (5.26)와 같이 반응 속도가 $k_2[PtClL_3^+][sol]$의 2차로 쓰여야 하나, 용매의 농도는 매우 커서 일정하므로 실제로 측정되는 반응속도식은 식 (5.27)로 나타난다.

[2] Trans 효과

반응 속도식이나 반응 화합물의 관계 등을 고려해 보면 평면 사각형 착화합물의 치환 반응은 보통 회합성 메카니즘을 따른다고 말할 수 있다. 치환 반응에서 일어날 수 있는 몇 가지 현상들을 살펴보겠다.

반응물인 평면 사각형 착화합물에서 떨어져 나가는 리간드에 대해 trans 위치에 있던 리간드가 강한 σ 주개이거나 강한 π 받개인 경우 trans 위치에 있던 리간드의 치환 반응을 촉진 시킨다. 이를 'trans effect'라 한다.

<그림 5.41>(a)에서 떨어져나가는 리간드 X에 대해 trans 위치에 있던 리간드가 T이며 공격하는 리간드 Y가 결합함에 따라 5배위를 갖는 중간체를 형성한다.

σ 주개로서 강한 리간드는 금속에 전자 밀도를 높게 함으로써 trans 위치의 리간드와의 결합을 약화시킴으로써 X를 쉽게 떨어뜨리며(그림 5.41 (b)), π 받개인 리간드는 전이 상태인 삼각 이중 피라밋 구조에서 금속으로부터 전자를 끌어와 떨어져 나가는 리간드와 금속과의 결합을 약화시켜 X를 쉽게 치환시킨다고 본다(그림 5.41 (c)).

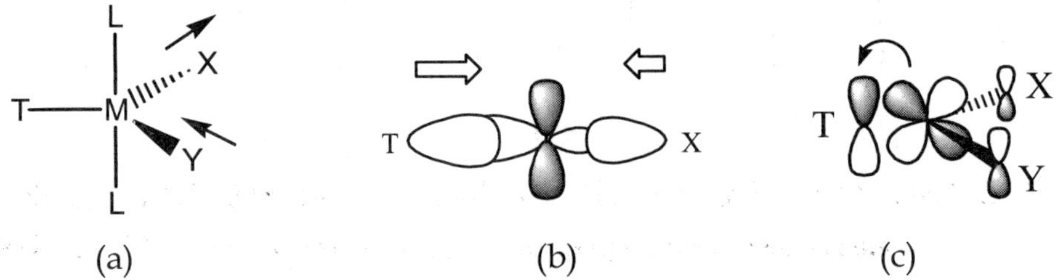


〈그림 5.41〉 평면 사각형 구조에서 X 리간드가 Y에 의해 치환되는 반응에서 (a) 5배위를 갖는 전이 상태. (b) σ 주개인 T에 의해 X와 금속간 결합이 약하다. (c) Trans 위치의 리간드 T가 금속과 강한 π-backbonding을 한다.

이렇게 삼각 이중 피라밋 구조의 전이 상태를 거쳐 얻어지는 생성물은 원래의 이성질체 형태를 그대로 유지한다. <그림 5.42>의 메카니즘에서 보이듯이 5배위의 전이 상태에서 이탈하는 리간드와 공격하는 리간드 모두 삼각 평면상에 존재하므로 cis는 그대로 cis로 trans는 trans 그대로 유지하는 성향이 강하나, 5배위의 전이상태가 충분히 오래 존재하여 (b)에서 (d)로 축상의 리간드와 trans 위치에 있던 리간드가 자리를 바꾸면 cis 형이 trans로 이성질화하기도 한다.

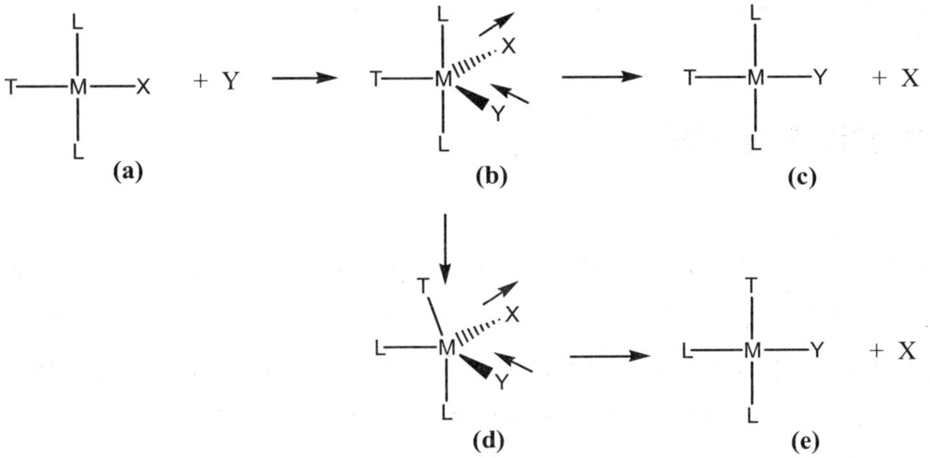

〈그림 5.42〉 평면사각형 구조 착화합물의 치환반응의 가능한 메카니즘. 보통 일어날 수 있는 입체 이성질체의 형태가 유지되는 루트는 (a)–(b)–(c)이나 중간체인 (b)의 생존기간이 길면 가회전(pseudorotation)이 일어나 (b)–(d)를 거쳐 trans가 cis 이성질체를 만든다.

Pt의 염화물에 대해 치환 반응을 일으킨다고 하자. 식 (5.28)에서 리간드 A의 trans 효과가 B 보다 더 크다면 A에 대해 trans 위치에 있는 Cl이 치환될 것이고, B가 더 크다면 식 (5.29)와 같이 B의 trans 위치에 있는 Cl이 치환될 것이다.

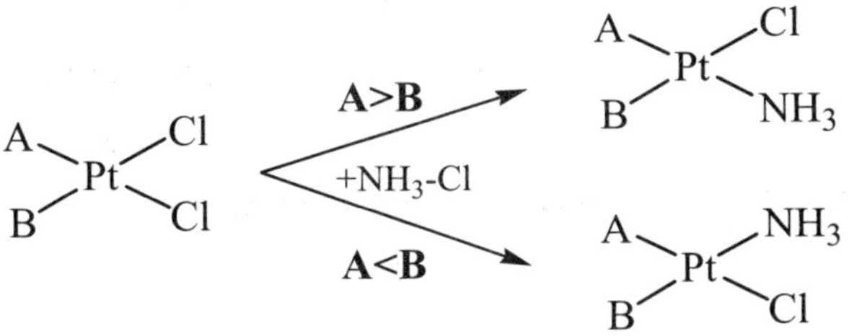

A>B, $+NH_3$-Cl (5.28)

A<B (5.29)

Trans effect의 경향을 대략적인 순서로 나열하면 다음 식 (5.30)과 같다.

$$H_2O < OH^- < NH_3 < py < Cl^- < Br^- < I^-,\ SCN^-,\ NO_2^- < SR_2,\ CH_3^- < PR_3,\ H^- < C_2H_4,\ CN^-,\ CO \qquad (5.30)$$

(예제 5.15) Trans effect를 이용하여 $[Pt(NH_3)_4]^{2+}$와 $[PtCl_4]^{2-}$로부터 cis-와 trans-$[PtCl_2(NH_3)_2]$ 착화합물을 합성하는 방법을 제시하시오.

## 5.4.3 산화·환원 반응

전이금속은 원자가전자가 원자핵에 의한 영향을 강하게 받지 않는 d 궤도함수에 있으므로 한 가지 이상의 산화가를 갖는다. 두 배위화합물 간에 일어나는 반응 중 산화와 환원 반응에 대해 살펴보자. 산화·환원 반응은 두 가지 메카니즘에 의해 일어난다고 본다. 하나는 내부권 메카니즘(inner-sphere mechanism)이고, 다른 하나는 외부권 메카니즘(outer-sphere mechanism)이다.

전자는 식 (5.31)에서와 같이 산화와 환원 결과 생성된 화합물들의 리간드가 변하는 결과를 보이는데, 이것은 전이 상태에서 리간드가 다리 결합을 이루었다가 이동하기 때문으로 본다. 반면 후자는 리간드의 전이 등 다른 변화는 없으며 식 (5.32)에서와 같이 단지 착화합물의 전하만 변하는 경우로, 두 반응물이 근접할 때 순간적으로 전자가 전이된다고 본다. 물론 이 때 반응물과 생성물 간에 에너지 차가 작을수록 전자 전이에 유리하다.

$$[Co(NH_3)_5Cl]^{2+} + [Cr(OH_2)_6]^{2+} \rightarrow [(H_3N)_5Co \ldots Cl \ldots Cr(OH_2)_5]^{4+} + H_2O$$
$$\downarrow$$
$$[(H_3N)_5Co]^{2+} + [ClCr(OH_2)_5]^{2+} \qquad (5.31)$$

$$[Fe(CN)_6]^{4-} + [Mo(CN)_8]^{3-} \rightarrow [Fe(CN)_6]^{3-} + [Mo(CN)_8]^{4-} \qquad (5.32)$$

[1] 내부권 메카니즘(innersphere mechanism)

반응 (5.31)이 진행할 때 $1^{36}Cl^-$의 동위원소를 첨가하여도 생성물에 첨가된 것을 발견하지 못하였으므로 리간드에 존재하는 $Cl^-$는 $Co^{3+}$ 착화합물에서부터 전해진 것으로 보아야한다. 이러한 메카니즘을 유도할 수 있는 리간드는 양쪽의 금속과 결합이 가능한 리간드이어야 하므로 아래 식 (5.33)과 같은 것들이 가능한 리간드들이다.

$$:\ddot{\underset{..}{Cl}}:^- \qquad :N\equiv N: \qquad :\ddot{N}=N=\ddot{N}:^- \qquad :S-C\equiv N:^- \qquad :C\equiv N:^- \qquad (5.33)$$

[2] 외부권 메카니즘(outersphere mechanism)

다리결합을 할 수 없는 리간드들을 갖거나 잘 떨어지지 않는 치환속도가 매우 느린 리간드들로 이루어진 착화합물에서는 외부권 메가니즘에 의해 산화와 환원이 이루어진다. 특히 이러한 과정으로 이루어지는 산화와 환원 반응은 리간드 치환 반응에 비해 매우 빠르다.

이 메카니즘은 두 가지 개념을 포함하는데, 전자에 비해 핵은 무게가 크므로 전자 전이 동안 핵은 움직이지 않는다고 가정한다(Born-Oppenheimer approximation). 따라서 전자 전이는 순간적으로 일어난다. 또한 두 반응물의 거리가 전이 상태에서와 유사하면 두 핵 사이에 새로운 파동함수가 존재할 수 있으며 두 핵 사이를 전자가 왕래하는데 에너지 소모가 거의 없을 것이다.

## 5.5.4 Alkyl 이동(alkyl migration) 또는 CO 삽입(CO insertion) 반응

Carbonyl 착화합물에서 식 (5.34)와 같이 CO가 금속과 methyl 기 사이에 끼어 들어간 반응이 발견되었다.

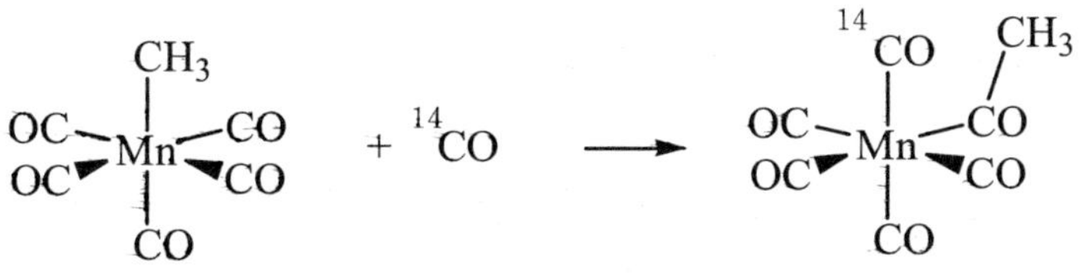

$$Mn(CH_3)(CO)_5 + {}^{14}CO \longrightarrow Mn(COCH_3)({}^{14}CO)(CO)_4 \qquad (5.34)$$

그러나 몇 가지 실험적 데이터에 의하면 CO가 이동한 것이라기 보다 methyl 기가 이동한 것으로 보는 것이 더 적절하였다. 우선 $[Mn(CH_3)(CO)_5]$의 반응보다 $[Mn(CH_2NO_2)(CO)_5]$의 반응이 더 느렸고, $(\eta-C_5H_5)Fe(CO)_2R$ $(R=CHDCHDCMe_3)$에서 반응물에서의 alkyl기의 stereochemistry가 그대로 유지되었으며, 전이상태에서의 entropy가 $\Delta S^{\ddagger}$=-88.2 J/K · mol로 음의 값을 가졌다. 이것은 전이상태에서 무질서도가 감소했다는 의미이며 몰 수가 적어지는 회합성 메카니즘을 거쳤다는 의미이다.

따라서 이러한 반응을 기존에 부르던 CO 삽입 반응 이외에 alkyl 이동(alkyl migration)이라고도 부른다. 이 반응은 식 (5.35)의 반응에서와 같은 리간드의 치환 반응의 중간체를 만드는 과정에서 나타나기도 하고, 촉매 반응에서 탄소의 수를 늘리는 반응에 이용하기도 한다(6장 참조).

$$[(CH_3)Mn(CO)_5] \longrightarrow \left[ (OC)_2(OC)_2Mn(Sol)(CO)(COCH_3) \right] \xrightarrow{+PPh_3} [(CH_3)Mn(CO)_4PPh_3] + CO \qquad (5.35)$$

## 5.4.5 산화·첨가 반응(Oxidative addition)

$d^8$의 평면 사각형의 착화합물들은 금속 주위에 16개의 전자를 갖는다. 이러한 착화합물들이 반응식 (5.36)과 같은 반응성을 보인다.

$$\underset{(a)}{trans\text{-}[Ir(CO)Cl(PR_3)_2]} + H_2 \longrightarrow [Ir(CO)Cl(PR_3)_2\cdots H_2] \longrightarrow \underset{(b)}{[IrH_2(CO)Cl(PR_3)_2]} \qquad (5.36)$$

금속에 결합되지 않은 $H_2$의 결합 해리 에너지는 436 kJ/mol이지만, 식 (5.36)을 따르면 활성화 에너지가 20-40 kJ/mol에 불과하므로 쉽게 H-H 결합을 끊을 수 있다. 반응식을 깊이 살펴보면, 반응물 (a)에서는 Ir의 산화가가 +1가이고 배위수는 4이다. 그러나 (b) 생성물에서는 +3가와 6 배위를 갖는다. 즉 반응이 진행됨에 따라 산화되고 배위수가 첨가되므로, 이를 산화 · 첨가 반응이라 한다.

이 반응의 가능한 메카니즘을 살펴보면 <그림 5.43>에서와 같이 4 가지 경우가 있을 수 있다. (1) 결합하려는 반응물, HX가 극성 용매하에서 불균일 해리가 일어나 평면사각형의 착화합물에 $H^+$가 결합하여 양이온화시킨 후 $X^-$가 결합하는 방법, (2) 금속의 비공유 전자쌍이 반응물을 $S_N2$ 형태로 공격한 후 $X^-$가 금속에 결합하는 경우, (3) 다른 free radical에 의해 균일 해리가 일어나 radical 형태로 반응이 진행되는 경우, (4) 비극성 화합물의 경우 동시에 두 결합이 생성되도록 반응하는(concerted process) 경우이다.

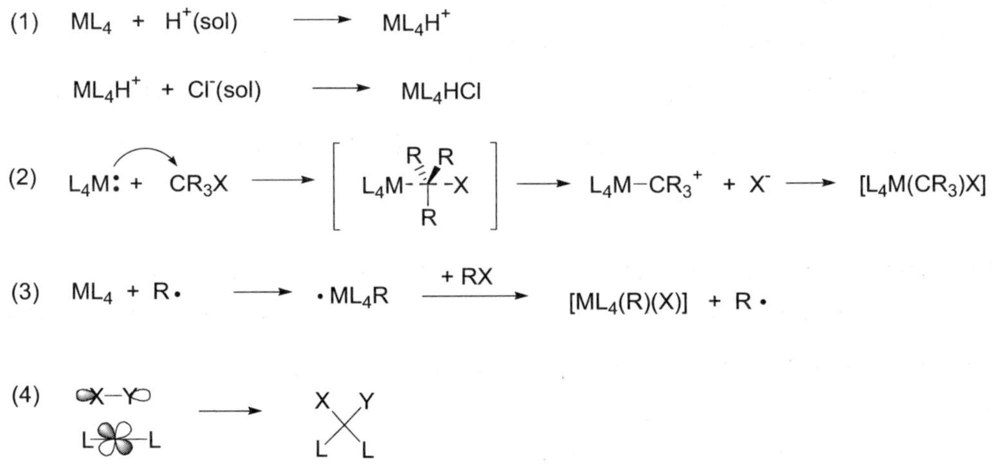

(1) $ML_4 + H^+(sol) \longrightarrow ML_4H^+$

$ML_4H^+ + Cl^-(sol) \longrightarrow ML_4HCl$

(2) $L_4M\!: + CR_3X \longrightarrow [L_4M\cdots CR_3\cdots X] \longrightarrow L_4M{-}CR_3^+ + X^- \longrightarrow [L_4M(CR_3)X]$

(3) $ML_4 + R\cdot \longrightarrow \cdot ML_4R \xrightarrow{+RX} [ML_4(R)(X)] + R\cdot$

(4) X–Y + L–M–L ⟶ X, Y, L, L

〈그림 5.43〉산화첨가 반응의 가능한 4 가지 메카니즘: (1) 극성용매하에서 극성 분자의 공격, (2) 금속의 전자쌍에 의한 친핵성 공격, (3) 라디칼 반응, (4) conerted reaction.

이들의 예상 결과들과 실제 나타난 결과들을 비교해보자. 우선 (1)은 극성 용매하에서 극성 분자들만 해당하는 반응이고, (2)의 경우는 많은 결과들이 설득력 있다. 반응 결과 탄소 화합물의 입체적 구조가 뒤바뀌어 있고(inversion), 탄소 화합물의 치환체가 클수록 반응 속도가 매우 느리며, 금속에 의한 공격 반응이 속도결정단계 반응으로 느리다. (3)의 경우 radical 반응은 공기 중에 존재하는 산소 분자($O_2$)에 의해서도 소멸될 수 있다. (4)의 경우는 비극성 분자의 반응도 설명되며, 반응물의 입체적 구조가 그대로 유지되며(retension), 두 개의 새로운 결합이 cis로 위치하는 특성을 갖는다.

(4)의 반응 경로를 거치면 전이금속의 d 궤도함수와 결합하여야 하므로 사인이 같은 $X-Y$의 반결합 궤도함수에 전자가 찬다. 수소 분자의 결합해리 에너지는 436 kJ/mol이나, 전이금속에 수소 분자가 결합하는 반응의 활성화 에너지는 20-40 kJ/mol로 이미 $H-H$ 간 결합이 꽤 끊어져 있음을 의미한다.

위 반응 메카니즘은 반응 조건에 따라 선택된다고 볼 수 있는데 그 예로 반응 (5.37)

은 용매가 비극성인 경우는 cis 이성질체만, 젖은 용매나 극성 용매를 사용하는 경우는 cis와 trans 이성질체가 섞여서 생성된다. 이것은 비극성 조건하에서는 (4)의 concerted 메카니즘을 따르고 극성 조건하예서는 (2)의 이온성 메카니즘을 따르기 때문으로 본다.

$$trans-IrCl(CO)(PPh_3)_2 + HCl(g) \rightarrow IrHCl_2(CO)(PPh_3)_2 \quad (5.37)$$

이러한 산화 · 첨가 반응이 일어나기 위해서는 몇 가지 조건이 필요하다.

(1) 금속에 비결합 전자쌍이 있어야 한다.

(2) 착화합물에 비어있는 배위자리가 있어야 한다.

(3) 금속의 산화가가 +2가 만큼 산화되어도 안정해야 한다.

위의 조건에 맞는 금속들은 $d^8$ 또는 $d^{10}$의 전자배치를 갖는 금속들($Fe^0$, $Ru^0$, $Os^0$; $Rh^I$, $Ir^I$; $Ni^0$, $Pd^0$, $Pt^0$; $Pd^{II}, Pt^{II}$)이며, 주변의 리간드들이나 용매, 온도, 압력 등의 영향을 받는다.

산화 · 첨가 반응의 역반응은 환원 · 제거 반응(reductive elimination)이라고 부르며, 전이금속의 산화가는 2가 만큼 감소하여 환원되고, cis 위치에 결합하여 있던 두 개의 리간드들이 떨어져나감으로 인해 배위수가 2개 감소한다(식 5.38).

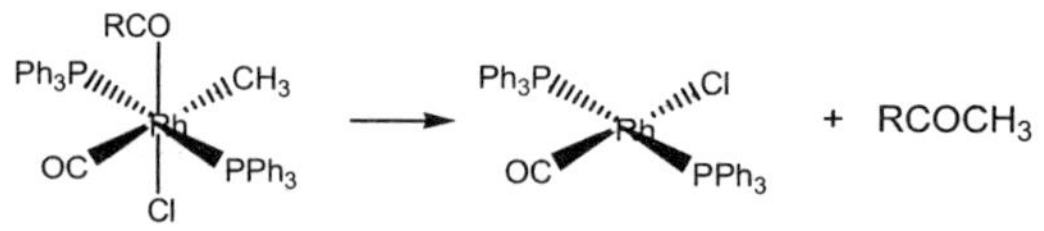

RCO, $Ph_3P$, $CH_3$, Rh, OC, $PPh_3$, Cl → $Ph_3P$, Cl, Rh, OC, $PPh_3$ + $RCOCH_3$ (5.38)

이 두 반응은 촉매 반응에 중요한 요소가 된다(6장 참조).

### 5.4.6 β-수소 제거 반응(β-hydrogen elimination)

금속으로부터 β 위치에 수소가 존재하면 <그림 5.44>과 같은 전이 상태에서 금속과 결합이 강해지면서 C-H 간 결합이 약해져 결국 M-H 간 결합이 형성되어지는 반응을 β-수소 제거 반응(β-hydrogen elimination)이라 한다.

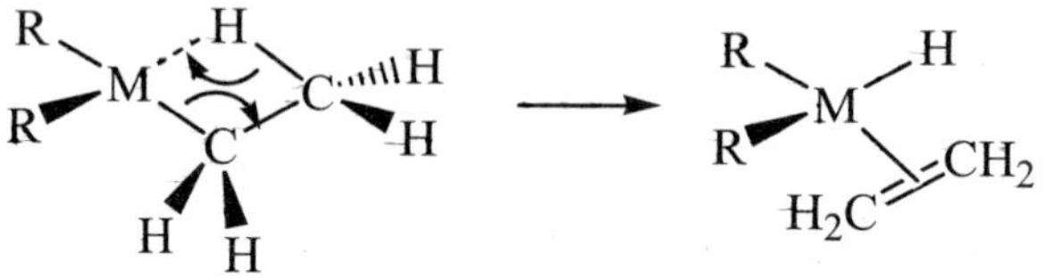

R, R, M, H, C, H, H, C, H, H → R, H, M, R, $CH_2$, $H_2C$

〈그림 5.44〉 β-수소 제거 반응(β-hydrogen elimination)의 전이 상태

## 5.5 배위화합물의 안정성

화합물의 반응은 반응 속도와 반응 평형으로 비교할 수 있다. 반응속도가 매우 빠르나 평형상수가 매우 작아 적은 양의 생성물 밖에 얻지 못하는 반응이 있는 반면, 반응속도는 느리나 평형상수 값이 매우 커서 반응물의 대부분이 생성물로 변하는 반응이 있다. 즉 반응속도를 좌우하는 활성화 에너지($E_a$)와 평형상수를 좌우하는 반응열($\Delta H_{rxn}$)은 구분해야 한다. 반응속도가 빠름은 활성화 에너지가 작고 반응물이 불안정함을 의미하나 평형상수가 큼은 생성물이 안정함을 의미한다. 반응물에서 결합이 약하여 쉽게 떨어지는 경우를 변하기 쉬운(labile) 결합이라고 하며 매우 단단한 경우를 활동력이 없는(inert) 결합이라고 한다. 변하기 쉬우나(labile) 치환반응의 평형상수 값이 작은 경우는 결합은 잘 떨어질 수 있으나 그 화합물이 매우 안정함을 뜻하며 평형에 빠르게 이른다.

치환 반응에 대해 상대적인 반응 진행 정도를 표시할만한 수치로 평형상수를 이용할 수 있다. 예를 들어 수용액 중 $Fe(II)$ 이온이 수용액 중에서 $CN^-$(cyanide)와 반응하여 결과적으로 $[Fe(CN)_6]^{4-}$를 형성하는 반응을 단계적으로 보자. 수용액 중에서 $Fe(II)$ 이온은 물과 결합된 $[Fe(OH_2)_6]^{2+}$의 형태로 존재한다. 이 때 $CN^-$로 $H_2O$ 리간드를 치환하는 반응식 (5.39)를 생각하자.

$$[Fe(OH_2)_6]^{2+} + CN^- \rightleftharpoons [Fe(OH_2)_5(CN)]^+ + H_2O \tag{5.39}$$

위 반응은 평형을 유지하게 되며 이 평형에 대한 상수는 식 (5.40)과 같다. 물은 용매로 반응이 진행하여도 그 농도는 거의 일정하므로 평형상수에 포함시키지 않는다.

$$K_1 = \frac{[Fe(OH_2)_5(CN)^+]}{[Fe(OH_2)_6^{2+}][CN^-]} \tag{5.40}$$

$K_1$은 1보다 매우 큰 값을 가지므로 평형은 오른쪽으로 치우쳐 생성물이 많이 생성된다. 두 번째 $CN^-$의 치환반응이 계속되면 반응식 (5.41)이 되고 그 때 평형상수는 식 (5.42)가 된다.

$$[Fe(OH_2)_5(CN)]^+ + CN^- \rightarrow [Fe(OH_2)_4(CN)_2] + H_2O \tag{5.41}$$

$$K_2 = \frac{[Fe(OH_2)_4(CN)_2]}{[Fe(OH_2)_5(CN)^+][CN^-]} \tag{5.42}$$

이 두 단계의 치환반응을 식 (5.43)과 같이 하나로 쓰고 이것에 대한 평형상수를 쓴다면 식 (5.44)로 쓸 수 있다.

$$[Fe(OH_2)_6]^{2+} + 2CN^- \rightarrow [Fe(OH_2)_4(CN)_2] + 2H_2O \tag{5.43}$$

$$K = \frac{[Fe(OH_2)_4(CN)_2]}{[Fe(OH_2)_6^{2+}][CN^-]^2} \tag{5.44}$$

$$= \frac{[Fe(OH_2)_5(CN)^+]}{[Fe(OH_2)_6^{2+}][CN^-]} \times \frac{[Fe(OH_2)_4(CN)_2]}{[Fe(OH_2)_5(CN)^+][CN^-]}$$

$$= K_1K_2 = \beta_2$$

이렇게 단계별로 누적된 평형상수는 마지막 생성물이 형성되어지는 정도를 나타내므로 총안정도상수(overall stability constant) 또는 총형성상수(overall formation constant)라 하고 $\beta_2$로 쓴다. 같은 방법으로 $CN^-$가 3번째, 4번째, 5번째, 마지막으로 6번째 치환되는 평형상수는 각각 $K_3, K_4, K_5, K_6$이며, 이 단계적 치환반응을 이용하여 6개의 $CN^-$가 치환되는 식 (5.45)로 표현할 때 $\beta_6$는 식 (5.46)으로 쓴다.

$$[Fe(OH_2)_6]^{2+} + 6CN^- \rightarrow [Fe(CN)_6]^{4-} + 6H_2O \tag{5.45}$$

$$\beta_6 = \frac{[Fe(CN)_6^{4-}]}{[Fe(OH_2)_6^{2+}][CN^-]^6} \tag{5.46}$$

위 식을 일반적인 n에 대해 정리하면 식 (5.47)이 된다.

$$\beta_n = K_1 \times K_2 \times K_3 \times \cdot \cdot \cdot K_n = \frac{[ML_n]}{[M][L]^n} \tag{5.47}$$

$\beta_n$은 착화합물이 생성되는 정도이므로 다른 말로 착화합물의 안정성이라고 할 수도 있다. 따라서 $\beta_n$의 값이 클수록 생성물을 선호한다는 것이며 보통 $\log\beta_n$으로 표현한다.

리간드로 킬레이트를 사용하는 경우 일배위의 리간드에 비해 형성상수가 매우 크다. 이를 킬레이트 효과(chelate effect)라 한다. 예를 들면 식 (5.48)과 (5.49)와 같이 금속에 결합하는 원소가 질소로 같은 암모니아와 ethylenediamine이 반응할 때 평형상수 값이 다르다.

$$[M(OH_2)_6]^{2+} + 6NH_3 \rightleftarrows [M(NH_3)_6]^{2+} + 6H_2O \tag{5.48}$$

$$[M(OH_2)_6]^{2+} + 3en \rightleftarrows [M(en)_3]^{2+} + 6H_2O \tag{5.49}$$

$$K_{(5.28)} < K_{(5.29)} \tag{5.50}$$

평형상수와 자유에너지와의 관계는 식 (5.51)에서 보이는 바와 같이 엔탈피와 엔트로피의 영향으로 볼 수 있다.

$$\Delta G^0 = -RTlnK = \Delta H^0 - T\Delta S^0 \tag{5.51}$$

평형상수—이 반응식에서는 형성상수($K$)—가 크다는 것은 자유에너지가 더 큰 음의 값을 갖는다는 것이며, 금속과 결합하는 원소가 $NH_3$나 $en$에서 같은 원소 $N$이므로 결합력은 유사하다고 볼 수 있으므로 엔탈피의 차는 무시한다(식 5.52).

$$\Delta H_{(5.28)} \approx \Delta H_{(5.29)} \tag{5.52}$$

따라서 자유에너지의 차는 엔트로피의 차로 이해해야하며, 더 큰 음의 자유에너지는 반응의 엔트로피가 더 증가함을 뜻한다(식 5.53).

$$\Delta S_{(5.28)} < \Delta S_{(5.29)} \tag{5.53}$$

반응식 (5.49)에서는 3개의 ethylenediamine이 결합하면서 6개의 물 분자를 떨어뜨리나 반응식 (5.48)에서는 6개의 아민이 6개의 물 분자를 떼어내므로 무질서도의 변화가 식 (5.49)의 경우 더 크게 일어난다. 이렇듯 일반적으로 킬레이트 리간드는 일배위 리간드에 비해 큰 평형상수를 갖는다.

# 제6장 유기 금속 화합물

'유기금속 화합물(Organometallic compounds)'이란 금속 또는 준금속과 탄소 간의 결합을 적어도 하나 이상 갖는 화합물을 통칭한다. 금속에 결합된 탄소는 그 반응성이 다른 유기물에서와는 다르므로 촉매 반응에서나, 생화학적 응용에서, 무기 신소재 개발 등 여러 방면에서 활용도가 높다. 전기양성도(electropositivity)가 큰 금속과 탄소가 결합함으로써 다양한 반응성을 보이므로 그 반응이 무질서하게 보일 수도 있다. 그러나 모든 화학 반응에서와 같이 규칙성을 찾을 수 있으며, 유기화합물과의 대칭성도 발견할 수 있다. 홀전자를 갖는 화합물은 유기화합물 중 라디칼과 비유되고 평면사각형 구조를 갖는 백금화합물은 18 electron을 채우기 위해 친핵성 공격을 받음으로써 carbonium ion과 같은 행동을 한다.

무기화학의 궁극적 목적이 금속 화합물의 응용이므로 기본 반응성을 이해하여야 한다. 전형원소와 전이원소에 대해 모두 살펴보는 것이 마땅하나, 본 교재에서는 전이금속의 유기금속 화합물들만을 다루겠다.

## 6.1 명명법

전이금속의 유기금속 화합물은 앞의 5.2.4절에서와 언급한 것과 유사한 규칙을 적용한다. benzene(tricarbonyl)molybdenum(0)과 같이 리간드를 알파벳 순으로 나열한 후 금속 이름을 쓰거나, IUPAC에서 정한대로 금속 이름 후에 알파벳 순으로 리간드 이름을 쓰기도 한다. <표 6.1>에 흔히 사용되는 유기 리간드의 이름과 간단한 표기법을 열거하였다.

〈표 6.1〉 유기금속 화합물에서 흔히 쓰이는 유기 리간드의 이름

| 화학식 | 화합물명 | 대체명(약어) |
|---|---|---|
| $CH_3-$ | Methyl | (Me) |
| $CH_3CH_2-$ | Ethyl | (Et) |
| $(CH_3)_2CH-$ | 1-Methylethyl | lsopropyl(iPr) |
| $CH_2=CHCH_2-$ | 2-Propenyl | Allyl |
| $(CH_3)_2CHCH_2-$ | 2-Methylpropyl | lsobutyl(iBu) |
| $(CH_3)_3C-$ | 1,1-Dimethylethyl | tert-Butyl(tBu) |
| $C_5H_5^-$ | Cyclopentadienyl | (Cp) |
| $C_6H_5^-$ | Phenyl | (Ph) |
| $H_2C=$ | Methylene | |
| $HC\equiv$ | Methylidyne | |

## 6.2 산화수와 형식전하

착화합물에서의 산화가는 이온화합물에서 만큼의 의미를 갖지는 않으나 전자밀도의 경향이나 반응성을 이해할 때 많은 도움이 된다. 착화합물에서는 흔히 리간드의 산화가를 먼저 고려하고 착화합물의 전하로부터 금속 원자의 산화가를 계산한다.

리간드의 산화가는 팔우설에 맞게 리간드의 안정한 Lewis 구조를 그리는 과정에서 확인할 수 있는데, 기존에 음이온으로 알려져 있는 것은 음이온 리간드로, 중성 분자는 중성 리간드로 고려하면 된다. 예를 들면 할로겐 원소들($Cl$, $Br$ 등)과 준할로겐 이온들($CN$, $SCN$ 등)은 -1가로 $NH_3$, $PR_3$, $CO$, benzene($C_6H_6$) 등은 중성으로 본다.

중심 금속의 산화가를 계산하는 방법의 예를 들면, $[Co(NH_3)_4Cl_2]$에서 $NH_3$는 중성 리간드로 $Cl$은 -1가의 리간드로 고려하면 '$Co$는 +2가의 산화가를 갖는다'고 말할 수 있다. 또 다른 예를 들면 $[IrBr_2(CH_3)(CO)(PPh_3)]$에서는 $CO$와 $PPh_3$는 중성이나 $Br$과 $CH_3$는 각각 -1가의 음이온으로 생각하면 $Ir$의 산화가는 $x+(-1)\times 3+0\times 2=0$의 계산에 의해 +3가의 산화가를 갖는다.

**(예제 6.1)** $[Ir(CH_3)(Cl)(I)(CO)(PPh_3)_2]$의 착화합물에서 $Ir$과 $Cl$의 산화가를 계산하시오.

**(예제 6.2)** 다음 착화합물에서 전이금속의 산화가를 계산하시오.
(a) $[Re(\eta^5-Cp)(CH_3)(NO)(PMe_3)]$ (b) $[W(CO)_5(COR)^-]Li^+$
(c) $[Cr(C_6H_6)_2]$

## 6.3 18개 전자 규칙(18-electron rule)

전형 원소들은 팔우설을 만족하도록 Lewis 구조를 그리는 반면, 전이금속의 경우는 최대 10개의 전자를 가질 수 있는 d 궤도함수를 포함하므로 18개의 전자를 주변에 가질 때 안정하게 된다고 본다.

<표 6.2>에 몇 가지 리간드에 대해 금속에 배위할 때 줄 수 있는 전자의 개수를 보였다. 5장에서 언급하였듯이 금속 이온과 리간드 간의 결합을 Lewis acid-base의 반응이라 생각하므로 금속 이온을 양이온으로 리간드를 중성 또는 음이온으로 생각한다. Methyl기는 $CH_3$로 2개의 전자 주개로 생각하고, alkene 리간드는 중성이면서 2개의 전자 주개로 생각한다. Hapticity란 결합하는 정도를 말하는 것으로 $H_2C=CHCH_2^-$의 allyl기의 경우 <표 6.2>(1) methyl기에서처럼 탄소 하나만 결합하고 2개의 전자를 주거나 (3)에서처럼 음이온과 π 전자가 conjugate되어 3개의 탄소와 결합하면서 4개의 전자 주개로 작용할 수 있는데, 전자는 monohapto라 하고 $\eta^1$라 쓰며 후자는 trihapto라 하고 $\eta^3$라고 쓴다.

18개 전자 규칙은 팔우설 만큼 정확히 지켜지지는 않으나, 착하합물의 반응성이나 구조를 예상하기엔 충분한 정보를 준다. 예를 들면 $Fe(CO)_5$는 $d^8(Fe)+2\times5(CO)=18$이 된다. $[CoCl_2(NH_3)_4]$는 $d^6(Co^{3+})+2\times6(Cl^-,NH_3)=18$개로 계산된다.

금속에 alkene이 결합된 경우 π 결합 전자가 배위하므로 2개의 전자 주개로 생각하면 된다. 따라서 <표 6.2>의 (4) butadiene이 $\eta^4$로 결합하면 이중 결합 두 개가 모두 배위결합에 참여한 것이므로 4개의 전자 주개로 생각한다. 만일 같은 butadiene이나 $\eta^2$로 결합하면 2개의 전자 주개로 세어야 한다. (6)의 cyclopentadienyl 리간드는 $C_5H_6$에서 양성자가 떨어져 나간 음이온($C_5H_5^-$)으로 ring 구조에 6개의 π 전자가 존재한다. 4n+2개의 p 전자가 ring에 존재할 때 aromaticity를 갖는다는 Hückel theory에 따라 안정한 음이온을 형성한다. 결합하는 형태에 따라 배위할 수 있는 전자의 개수도 $\eta^1$일 경우 2개, $\eta^3$일 경우 allyl과 같이 4개, $\eta^5$는 6개의 전자를 줄 수 있다. Benzene의 경우도 $\eta^6$이면 6개의 π 전자 주개로 배위한다.

〈표 6.2〉 몇 가지 유기 리간드의 결합 방법과 배위 전자수

| 번호 | 배위하는 전자수 | Hapticity | 리간드 | 결합구조 |
|---|---|---|---|---|
| (1) | 2 | $\eta^1$ | Methyl<br>$CH_3-$ | M — $CH_3$ |
| (2) | 2 | $\eta^2$ | Alkene | 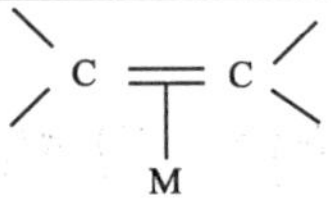 C = C, M |
| (3) | 4 | $\eta^3$<br>$\eta^2$ | Allyl<br>$C_3H_5-$ | 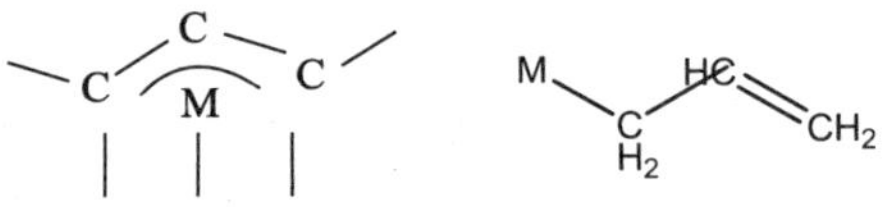 C C C, M; M, $CH_2$, HC, $CH_2$ |
| (4) | 4 | $\eta^4$ | 1,3-Butadiene | 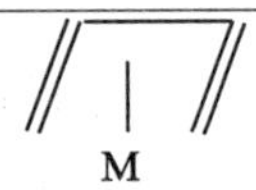 M |
| (5) | 4 | $\eta^4$ | Cyclobutadiene | 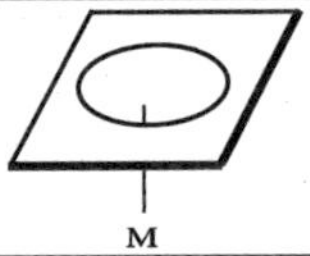 M |
| (6) | 6<br>4<br>2 | $\eta^5$<br>$\eta^3$<br>$\eta^1$ | Cyclopentadienyl<br>$C_5H_5(Cp)$ | 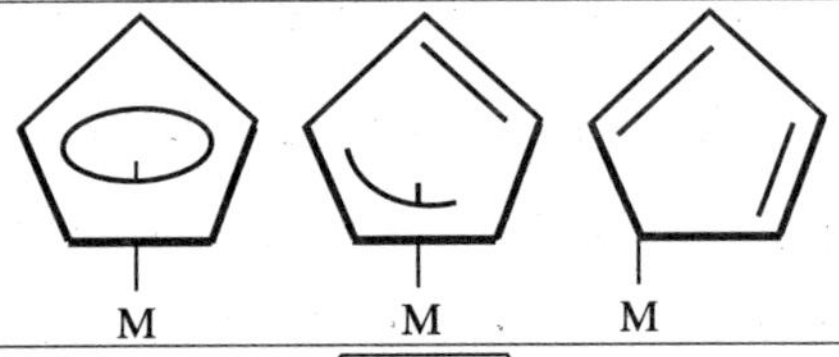 M M M |
| (7) | 6 | $\eta^6$ | Benzene<br>$C_6H_6$ | 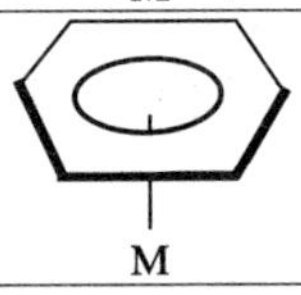 M |
| (8) | 8<br>6<br>4 | $\eta^8$<br>$\eta^6$<br>$\eta^4$ | Cyclooctatetraenyl<br>$C_8H_8$(cot) | 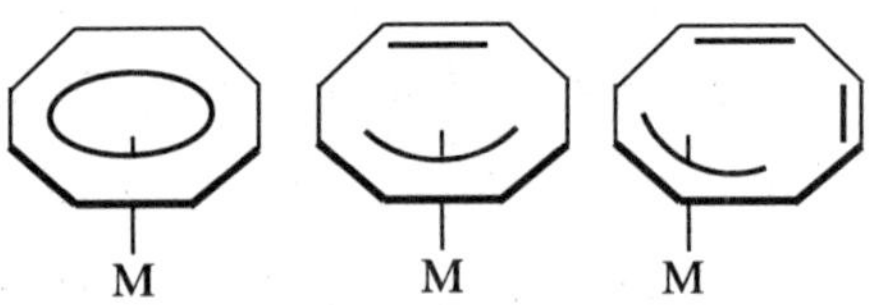 M M M |

**(예제 6.3)** 다음 착화합물들에 대해 18개 전자 규칙에 따르는지 확인하시오.

(a) $[IrBr_2(CH_3)(CO)(PPh_3)]$ (b) $[Cr(\eta^5-C_5H_5)(\eta^6-C_6H_6)]$

리간드들 중 다리 결합을 하는 것들도 있는데, 이들의 전자는 양쪽의 결합 모두에게 2개의 전자를 주는 배위 결합을 한다고 본다. 예를 들면 $[PtCl(PPh_3)]_2(\mu-Cl)_2]$의 경우 각 Pt 이온은 주변에 $d^8+2(Cl)+2(PPh_3)+2\times2(\mu-Cl)=16$개의 전자를 갖는다.

Carbonyl group은 하나의 금속에 2개의 전자를 주면서 배위 결합을 하지만 <표 6.3>에 보이듯 다리결합도 한다. Carbonyl이 다리 결합을 할 때에는 2개의 전자를 양쪽의 금속에 고루 나눈다고 보아 1개의 전자로 센다. 이 때 금속에 대해 18개 전자를 만족하도록 결합을 구성할 수 있다.

〈표 6.3〉 4주기 원소의 carbonyl 화합물에 대한 전자수 세기

| 분자식 | 전자수 | 구조 |
|---|---|---|
| $Cr(CO)_6$ | $d^6 + 2 \times 6(CO) = 18$ | |
| $Mn_2(CO)_{10}$ | $d^7 + 2 \times 5(CO) + 1(Mn)$ | |
| $Co_2(CO)_8$ | $d^9 + 2 \times 4(CO) + 1(Co)$ | |

전이금속은 크기가 6 배위 이상을 갖기 어려우므로 18개의 전자와 함께 배위수는 6개를 넘지 않도록 해야 한다. $Co_2(CO)_8$는 18개의 전자를 가지려면 금속 간 서로 하나의 전자를 주고 받아야 하며 4개의 $CO$를 리간드로 하면 18개의 전자는 만족한다. 그러나 배위수가 5배위로 불안정하므로 금속이 가지고 있던 리간드 하나씩을 다리 결합시킴으로써 6배위를 이룰 수 있다. 반면 $Mn_2(CO)_{10}$은 금속 간의 결합을 이룸으로써 18 전자를 만족하고 배위수도 6 배위를 이룸으로써 $CO$의 다리 결합을 이루지 않는다.

**(예제 6.4)** $Fe_2(CO)_9$와 $Fe_3(CO)_{12}$의 구조를 그리시오.

**(예제 6.5)** $Mo(CO)_7$이 존재할 수 있는가?

**(예제 6.6)** $[IrCl(CO)(PPh_3)_2]$과 $[V(CO)_6]$에서 금속 주위의 전자수를 계산하시오.

18개의 전자를 만족시키지 않는 화합물도 많다. $d^8$의 전자를 갖는 금속의 경우 리간드장 이론에 따라 <그림 5.16>과 같이 평면사각형의 구조를 갖는 것이 낮은 에너지를 가지므로 $d^8+2\times4=16$개의 전자를 갖는 화합물이 된다. 예를 들면 Zeise's salt라 불리는 음이온 촉매 $[PtCl_3(C_2H_4)]^-$는 $d^8(Pt^{2+})+2\times3(Cl^-)+2(ethylene)=16$개의 전자만을 가지는 착화합물들도 존재한다.

$[W(CH_3)_6]^{5-}$와 $[Cr(\eta^5-C_5H_5)(CO)_2(PPh_3)]$는 17개의 전자를 갖는다. 이러한 화합물들은 다소 불안정하여 외부로부터 전자를 쉽게 받아 18개의 전자를 맞추려한다. 마치 라디칼(radical)과 같은 반응성을 지니게 된다.

## 6.4 유기금속 착화합물의 리간드

[1] Carbonyl

앞 절 5.4.2에서 언급한 대로 CO는 $\sigma$ 주개와 π-backbonding에 의해 전이 금속과 강한 결합을 한다(그림 6.1).

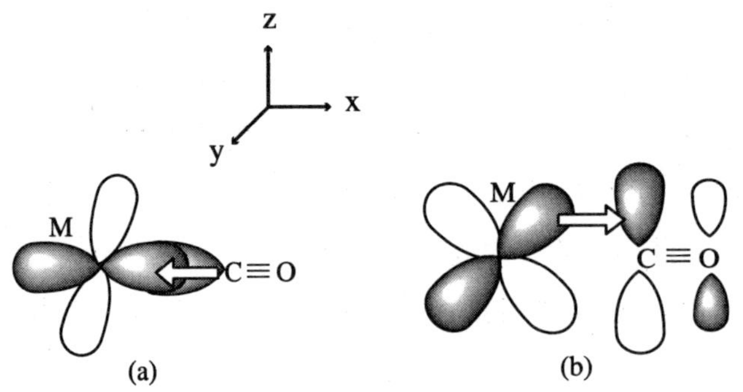


〈그림 6.1〉 $CO$와 전이 금속 간의 배위 결합. (a) HOMO(sp 혼성 궤도함수)와 $d_{x2-y2}$ (b) LUMO(π*)와 $d_{xz}$

CO는 sp-혼성궤도함수로 σ 결합을 하며, 그렇게 쌓인 금속의 전자밀도를 $\pi^*$ 궤도함수에 의한 π-backbonding을 함으로써 감소시키는 효과도 있다. 역으로 말하면 금속의 전자밀도가 클수록 π-backbonding에 의한 결합은 강해진다. 예를 들면 금속에 π-backbonding을 하는 CO만 결합한 경우보다 π-backbonding은 하지 못하고 σ-주개만

하는 $NH_3$ 등의 아민이 화합물 내에 존재하는 경우 금속과 CO 간의 결합이 더 강하게 나타난다.

결과적으로 $CO$의 반결합 궤도함수인 π*에 전자 밀도가 쌓임으로 $CO$ 간 결합은 약화되고 $CO$간 결합 길이도 길어진다. 따라서 전이 금속과 $CO$ 간 결합 강도를 확인하려면 간접적으로 IR spectrum에서 $CO$의 stretching frequency를 비교하면 된다. 배위하지 않은 $CO$의 파동수($\bar{\nu}$)는 2143 $cm^{-1}$이나, 배위한 $Cr(CO)_6$에서는 2000 $cm^{-1}$으로 파동수가 작아진다. 전이 금속의 전자 밀도가 클수록 $CO$의 π-backbonding이 강해지면서 $CO$의 결합이 더욱 약해지는 것을 볼 수 있는데, <표 6.4>에는 금속의 전하가 감소할수록 $CO$의 stretching frequency가 감소하는 것을 보이고 있다. 또한 $[Cr(CO)_4(PPh_3)_2]$에서 $CO$의 $\bar{\nu}$는 1889 $cm^{-1}$으로 6개의 $CO$가 배위된 경우 보다 $CO$결합이 약해진 것을 볼 수 있다. 이것은 $PPH_3$ 리간드가 $CO$보다 π-backbonding을 잘하지 못하여 금속에 전자를 쌓이게 함으로써 나타난 결과라 하겠다.

〈표 6.4〉 $CO$의 stretching band의 파장수에 착하합물의 전하가 미치는 영향

| 착화합물 | $\nu(cm^{-1})$ |
|---|---|
| $[Mn(CO)_6]^+$ | 2090 |
| $[Cr(CO)_6]$ | 2000 |
| $[V(CO)_6]^-$ | 1860 |
| $[Ti(CO)_6]^{2-}$ | 1750 |

$CO$가 다리 결합을 하는 경우는 <그림 6.2>에서와 같이 전이 금속 두 개 이상에 $CO$의 HOMO인 σ 결합궤도함수의 2개 전자를 배위하여 생성되는 것이다. 따라서 결합 차수는 하나의 전이 금속과 결합할 때에 비해 약해진다. 하나의 금속에만 배위한 경우 진동 파동수는 1900~2100 $cm^{-1}$이나 두 개의 전이 금속과 배위했을 때는 1750~1900 $cm^{-1}$, 세 개의 금속과 배위한 경우는 1600~1800 $cm^{-1}$으로 나타난다.

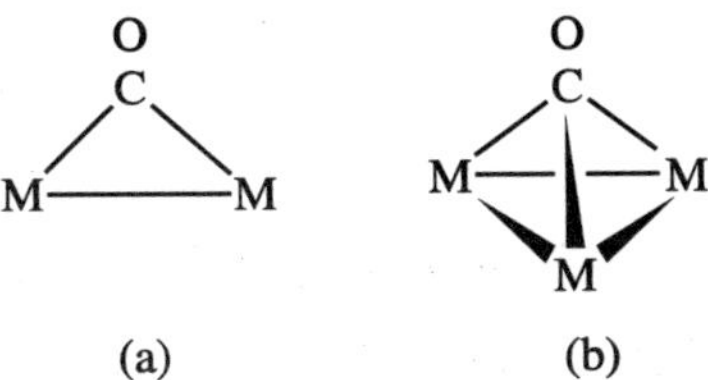


〈그림 6.2〉 $CO$의 다리 결합 방법 (a) 2개의 금속, (b) 3개의 금속

CO와 같은 개수의 전자를 갖는 분자들은 비슷한 σ 주개와 π-backbonding이 가능하

다. 예를 들면, $CN^-$, CS, $N_2$, $NO^+$등이 있는데, 각기 π-backbonding의 정도가 다르다.

$CN^-$는 음이온으로 전자가 풍부하여 σ 주개로는 강하나 π-backbonding은 강하지 못하다. CS는 CO 보다는 무른 염기로 낮은 산화가의 금속과 강한 π-backbonding을 할 수 있다. $N_2$는 분자의 대칭성으로 인해 σ 주개로의 역할이 약하다. 따라서 $N_2$의 착화합물이 드물며, 합성된 것이라도 불안정하다. $NO^+$는 $:N\equiv O:^+$로 Lewis 구조를 쓸 수 있다. 이것은 두 가지 형태의 결합방법을 갖는데, <그림 6.3>(a)와 같이 선형 구조를 갖는 경우 $:N\equiv O:^+$로 생각하며, (b)와 같이 꺾어진 형태로 결합하는 경우는 $NO^-$로 생각한다. $[Cr(\eta^5-Cp)(Cl)(NO)_2]$에서는 거의 선형 구조를 가지나 $[IrCl(CO)(NO)(PPh_3)_2]^+$에서는 꺽인 형의 결합을 갖는다. 어떤 구조를 선호하는지는 금속 주위의 전자 개수와 착화합물에 존재하는 다른 리간드들의 공간적인 관계도 배려해야 하며 몇 가지 예를 <표 6.5>에 보였다.

M—N≡O (a)  M—N̈=O (b)

〈그림 6.3〉(a) $NO^+$로 결합할 때 (b) $NO^-$로 결합할 때

〈표 6.5〉 Nitrosyl (NO) 착화합물의 구조

| | ∠M-N-O(°) | M-N(Å) | N-O(Å) |
|---|---|---|---|
| $[IrCl(CO)(NO)(PPh_3)_2]^+$ | 124 | 1.97 | 1.16 |
| $[IrI(CO)(NO)(PPh_3)_2]BF_4 \cdot C_6H_6$ | 125 | 1.89 | 1.17 |
| $[Co(en)_2Cl(NO)]ClO_4$ | 124 | 1.82 | 1.11 |
| $[Cr(\eta^5-Cp)(Cl)(NO)_2]$ | 170 | 1.71 | 1.14 |
| $[Cr(\eta^5-Cp)(NCO)(NO)_2]$ | 171 | 1.72 | 1.16 |
| $[Cr(CN)_5(NO)][Co(en)_3] \cdot 2H_2O$ | 176 | 1.71 | 1.21 |
| $[Mn(CO)_2(NO)(PPh_3)_2]$ | 178 | 1.73 | 1.18 |
| $[Fe(CN)_4(NO)]^{2-}$ | 177 | 1.65 | 1.16 |

Carbonyl 착화합물들은 유기금속 화학에서 매우 중요한 반응물로 사용되는데, 촉매 반응이나 생무기 화학의 중요한 시점이 되기도 한다. Ni의 경우 원광을 환원시킨 후 $CO$ 기체와 반응시키면 $Ni(CO)_4$의 액체를 얻으며, 이 착화합물을 분해시키면 순수한 Ni을 얻을 수 있다.

## [2] Hydride

전기양성도가 큰 금속과 결합한 수소는 음이온으로 생각하여 -1의 산화가를 갖는다고 생각한다. 비록 식 (6.1)에서와 같이 $H^+$ 양성자가 결합하여도 결과로 생성되는 생성물에서의 산화가는 $H^-$, hydride로 생각한다.

$$[Mn(CO)_5]^-(aq) + H^+(aq) \rightarrow HMn(CO)_5(s) \tag{6.1}$$

실제로 $^1$H-NMR에서 6-10족의 전이 금속의 hydride 착화합물들은 chemical shift($\delta$)가 매우 가리워진 영역인 $\delta$ = -8 to -60 ppm에 나타난다. 그러나 용액 중에서의 반응성을 보면 착화합물에 따라 $H^+$를 내놓는 산성을 보이기도 한다. 특히 리간드들 중 $\pi$ 결합을 강하게 하는 것이 있으면 $H^+$를 내놓은 후 생성되는 음이온을 안정화시킬 수 있으므로 산성이 보다 강하게 나타난다. 예를 들면 $[CoH(CO)_4]$는 산성을 보이나 $[CoH(PMe_3)_4]$는 hydride의 성격을 보인다. 즉, 전이금속에 결합된 수소는 공유결합 성향을 띠며, 수소보다 금속이 전기양성도가 크나(electropositive), 실제로 $H^-$ 음이온으로 이온화되지는 않는다.

(예제 6.7) $[IrCl(H)_2(CO)(PPh_3)_2]$에서 Ir의 산화가를 계산하시오.

## [3] Alkene과 polyene

C=C 이중 결합을 갖는 리간드들로 이중 결합 하나당 $\eta^2$, 2개의 전자 주개로 생각한다. 5.4절에서 언급한 바와 같이 C=C의 $\pi$ 전자를 이용한 리간드에서 금속으로의 $\sigma$ 주개 결합과, 금속으로부터 리간드의 $\pi^*$ 궤도함수로의 $\pi$-backbonding에 의한 결합을 이룬다. Polyene도 금속의 필요한 전자수에 따라 2개, 4개, 6개, 8개의 전자들을 줄 수 있다. 고리형의 polyene의 경우 샌드위치형을 이루기도 한다. <그림 6.4>에 몇 가지 예를 보였다.

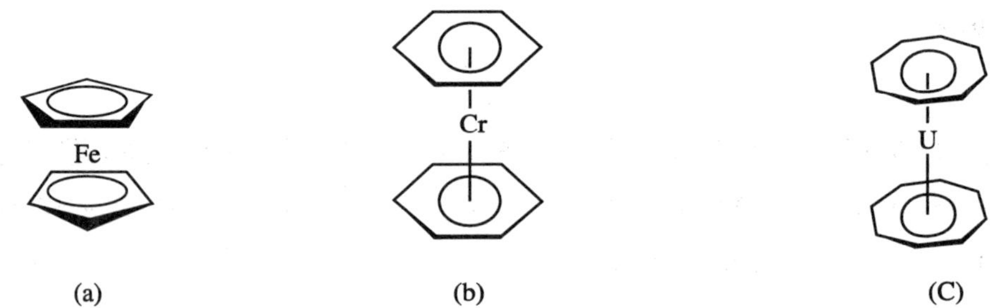


〈그림 6.4〉 cyclopolyene의 샌드위치형 착하합물 (a) ferrocene, $[Fe(\eta^5-Cp)_2]$ (b) bis(benzene)chromium, $[Cr(\eta^6-C_6H_6)_2]$ (c) uranocene, $[U(\eta^8-C_8H_8)_2]$

## [4] Allyl

6.2 절에서 언급하였듯이 allyl 기($CH_2=CH-CH_2^-$)는 <그림 6.5>(a)에서와 같이 $\eta^1$으로 작용하여 2개의 전자 주개로 쓰이거나 (b)에서와 같이 $\eta^3$로 4개의 전자 주개로 쓰일 수 있다.

〈그림 6.5〉 Allyl 기의 전이 금속과 결합 방법 (a) $[Fe(\eta^1-C_3H_5)(CO)_2(\eta^5-Cp)]$에서 2개 전자 주개, (b) $[Co(\eta^3-C_3H_5)(CO)_3]$에서의 4개 전자 주개

## [5] Alkyne

Alkyne은 2개의 π 결합을 모두 결합에 사용할 수 있으며, 4개의 전자 주개로 작용할 수 있다. <그림 6.6>에 보이는 분자의 C≡C 간 결합이 두 개의 금속에 다리 결합을 하면서 두 개의 π 궤도함수간의 각도인 90°를 유지하고 있다.

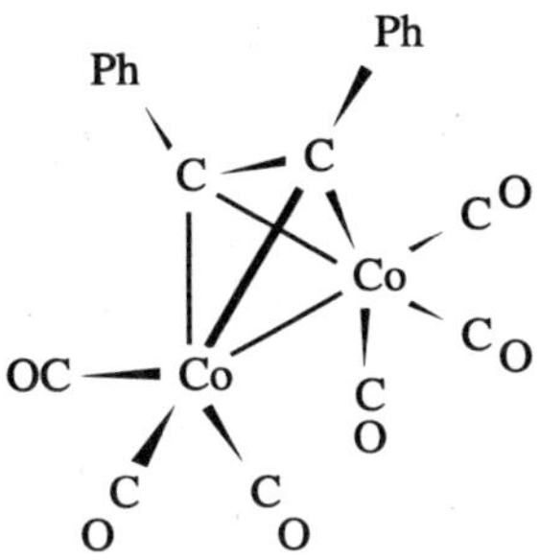

〈그림 6.6〉 $[Co_2(PhC=CPH)(CO)_6]$에서 두 $CO$ 금속을 다리 결합하고 있는 ethyne.

## [6] Alkylidene

전이 금속과 탄소 사이에 이중 결합을 갖는 리간드를 말한다. <그림 6.7>(a)에 도식화 그림과 같이 금속에 $sp^2$ 혼성 궤도함수를 이용하여 σ 주개로, 금속으로부터 p 궤도함수를 이용하여 π 받개로 결합한다. 이것은 구체적으로 두 가지 형태로 구분할 수 있는데, <그림 6.7>에서 보이는 바와 같이 (b) 탄소에 산소 등의 전기음성도가 큰 원소가 결합되어 있는 경우('Fischer carbene')와 (c) 탄소에 같은 탄소가 결합되어 있는 경우('Schrock carbene')가 있다. 두 경우 모두 $\eta^1$으로 2개의 전자 주개 리간드이다. 단 반응성에서 차이가 있는데, Fischer carbene은 전기음성도가 큰 원소에 의해 탄소의 전자 밀도가 적어지면서 친핵성(nucleophilic) 공격을 받는다. 반응식 (6.2)에서 amine의 공격을 받아 OR이 치환됨을 볼 수 있다. 반면, Schock carbene은 금속과의 σ, π 결합으로 인한 전자 밀도가 그대로 탄소에 쌓임으로 친전자성(electrophilic) 공격을 받는다. 반응식 (6.3)에서 carbene이 Si을 공격한 것을 보이고 있다.

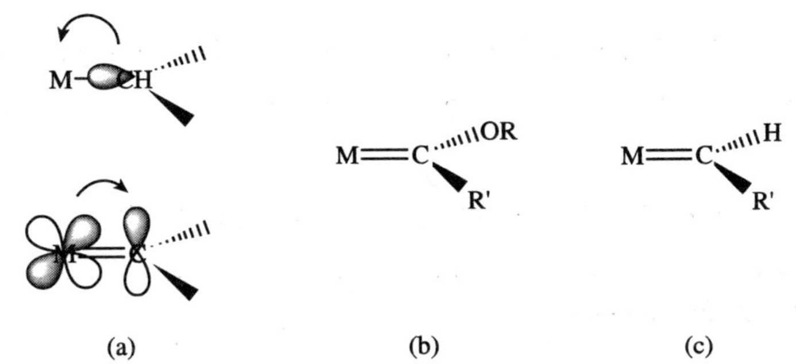


〈그림 6.7〉(a) Alkylidene의 전이금속에 결합하는 σ와 π 결합 (b) Fischer carbene (c) Schrock carbene

$$(OC)_5Cr=C(OMe)(Ph) + :NHR_2 \longrightarrow \left[(OC)_5Cr-C(OMe)(Ph)-NHR_2\right] \longrightarrow (OC)_5Cr=C(NR_2)(Ph) + MeOH \quad (6.2)$$

$$Cp_2Ti(CH_2)Me + Me_3SiBr \rightarrow [Cp_2Ti(CH_2SiMe_3)Me]^+ + Br^- \quad (6.3)$$

[7] Alkylidyne

Alkylidyne 리간드는 금속과 탄소 사이에 삼중 결합을 갖는 것으로 monohapto($\eta^1$)이며 3개의 전자 주개이다. 리간드에서 금속으로 σ 주개 이외에 <그림 6.8>에서와 같이 $d_{xy}$과 $p_y$와 $d_{xz}$와 $p_z$간의 두 개의 π 결합으로 이루어진다.

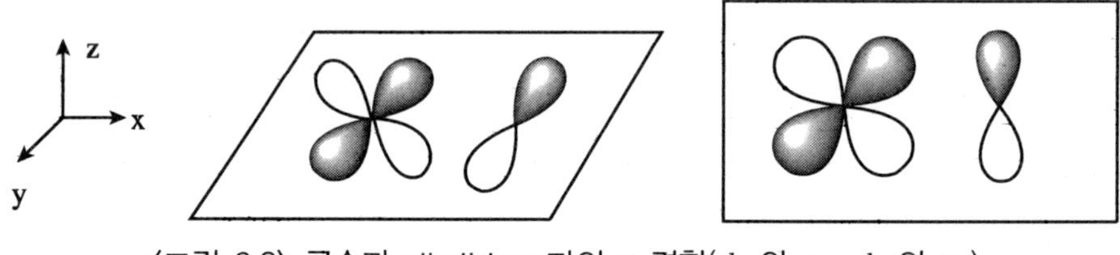

〈그림 6.8〉 금속과 alkylidene과의 π 결합($d_{xy}$와 $p_y$, $d_{xz}$와 $p_z$)

## 6.5 촉매 반응

유기금속 화합물들은 촉매 반응에 많이 사용되며 반응을 온건한 조건 하에서 원하는 생성물을 얻도록 한다. 그 중 몇 가지 예를 <표 6.5>에 보였다.

〈표 6.5〉 몇 가지 전이 금속 촉매를 이용한 반응들

Hydroformylation of alkenes

$$RCH=CH_2 + CO + H_2 \xrightarrow[\text{or Pt(II)}]{\text{Co(I),Rh(I).}} RCH_2CH_2CHO + RCH(Me)-CHO$$

Oxidation of alkenes (Wacker process)

$$H_2C = CH_2 + O_2 \xrightarrow{Pd(II)\ or\ Cu(II)} H_3CC(=O)H$$

Monsanto process

$$CH_3OH + CO \xrightarrow{[RhI_2(CO)_2]^-} H_3CC(=O)OH$$

Oligomerization of ethene

$$n\,H_2C = CH_2 \xrightarrow{Ni} H_2C = CH(CH_2CH_2)_{n-2}CH_2CH_3$$

Asymmetric hydrogenation of prochiral alkenes

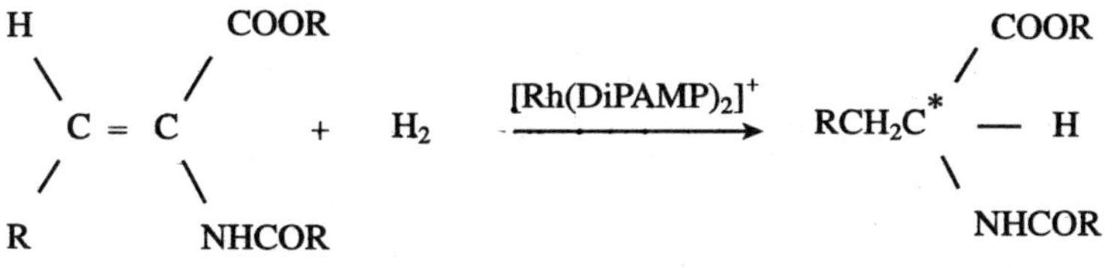

$$(H)(R)C = C(COOR)(NHCOR) + H_2 \xrightarrow{[Rh(DiPAMP)_2]^+} RCH_2C^*(COOR)(NHCOR)-H$$

L type (90%)

cyclotrimerization of acetylene

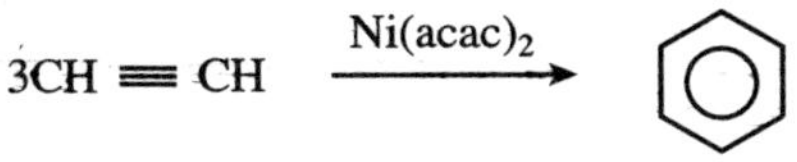

$$3CH \equiv CH \xrightarrow{Ni(acac)_2} C_6H_6$$

---

[1] 이성질화(Isomerization)

$$M-H + C=C-C \rightarrow [M-C-C-C] \rightarrow M-H + C-C=C \quad (6.4)$$

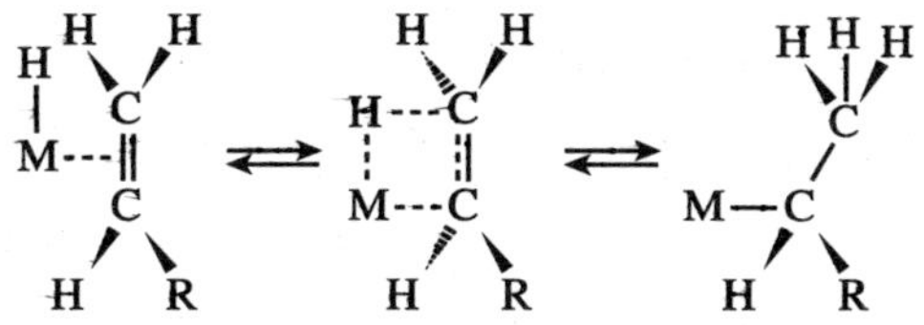

〈그림 6.9〉 Alkene의 이중 결합이 이동하는 메카니즘.

반응식 (6.4)에서 보듯이 이중 결합의 위치가 이동하는 데 금속에 결합된 수소 리간드가 필요하다. <그림 6.9>의 메카니즘에서는 β-수소 제거 반응의 역반응이 일어나서 alkene 리간드를 alkyl 리간드로 바꾼 후 다른 쪽의 β-수소를 떼어냄으로써 이중 결합의 위치가 바뀌도록 한다.

금속에 alkene이 결합한 후 hydride가 결합하는 탄소가 어떤 쪽인가에 따라 <그림 6.10>에서와 같이 (a) 1차 alkyl 기가 리간드일 수 있고, (b) 2차 alkyl 기가 리간드일 수도 있다.

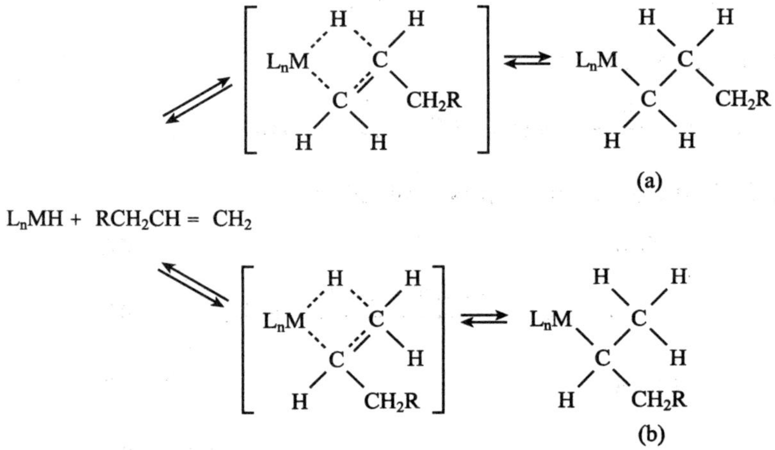

$L_nMH + RCH_2CH = CH_2$

(a)

(b)

〈그림 6.10〉 금속에 결합된 hydride가 alkene의 탄소에 결합할 수 있는 방법들

## [2] 수소화 (Hydrogenation)

불포화된 유기 화합물들을 수소화시킬 수 있다. 많이 알려진 촉매는 Wilkinson 촉매로 $RhCl(PPh_3)_3$이며 $H_2$ 기체를 공급하여야 한다. 그 반응 메카니즘은 <그림 6.11>에 보이고 있다.

<그림 6.11> 중 (a)에서 (b)로 진행하는 것은 산화 · 첨가 반응이며, (d)에서 (e)는 β-수소 제거반응의 역반응이고, (f)에서 (a)는 환원 · 제거 반응으로 촉매의 회수가 이루어짐을 보였다. 생성물로 포화된 alkane 화합물을 얻었다. 이러한 촉매에 방관자 리간드인 L을 변화시키면 보다 더 큰 선택성을 갖는 촉매를 얻을 수 있다. 이중 결합 중 공간적으로 비좁은 이중 결합은 수소화 시키지 않는다거나, prochirality를 갖는 이중 결합으로부터 원하는 chirality를 갖는 alkane을 얻을 수 있다.

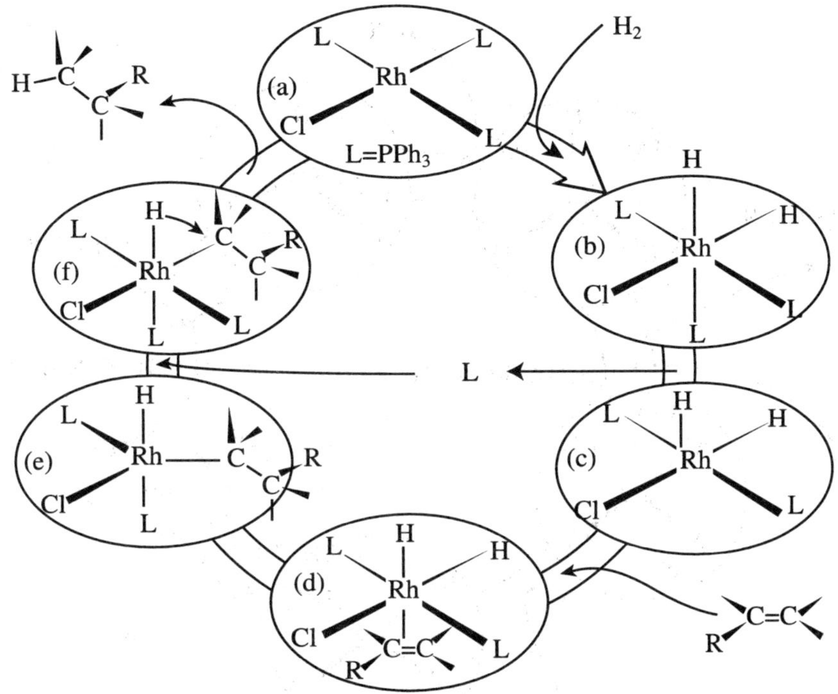

〈그림 6.11〉 Wilkinson 촉매의 반응 메카니즘

[3] Hydroformylation

이 반응은 반응물에 -CHO를 결합시키는 반응을 말한다. 결과적인 반응식은 식(6.5)이며, 실제로 작용하는 촉매는 식(6.6)으로 얻는다.

$$RCH = CH_2 + H_2 + CO \rightarrow RCH_2CH_2CHO \tag{6.5}$$

$$[Co_2(CO)_8] + H_2 \rightleftarrows 2[CoH(CO)_4] \tag{6.6}$$

활성화된 촉매는 <그림 6.12>과 같이 반응을 진행시킨다. (a)에서 (b)로는 들어오는 CO에게 배위 자리를 물려주기 위해 수소의 전이가 일어나고, (b)에서 (c)로는 CO 삽입 반응 또는 alkyl 이동 반응이 일어난다. 수소 분자가 금속에 결합된 후 탄소로 이동함으로써 반응물보다 -CHO가 늘어난 생성물을 얻는다. 이 반응에서 가장 중요한 것은 활성화된 촉매를 얻기 위해 $[Co_2(CO)_8]$의 안정한 화합물에 수소 기체를 가해주어야 하는 것이다.

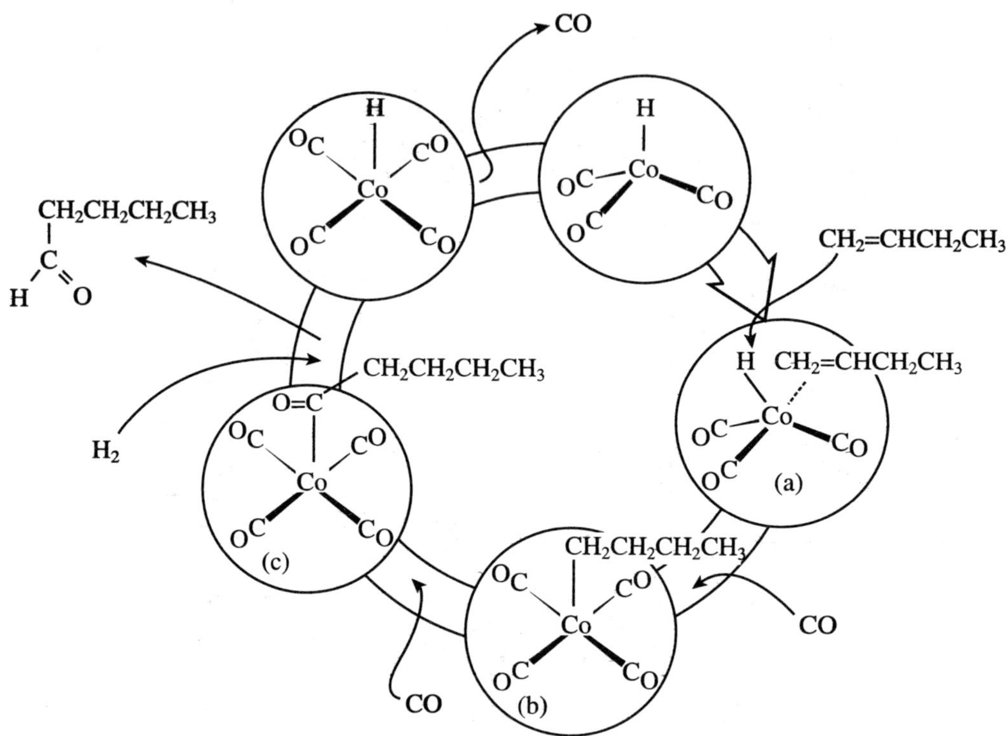


〈그림 6.12〉 Hydroformylation 촉매 반응의 메카니즘

### [4] Monsanto 초산 합성

Monsanto 회사가 methanol로부터 초산을 합성하는 방법으로 고안한 것이다. 결과 반응은 식(6.7)이며, 촉매의 반응 메카니즘은 <그림 6.13>와 같다.

$$CO + 2H_2 \rightarrow CH_3OH$$

$$CH_3OH + CO \xrightarrow[{[Rh(CO)_2I_2]^-}]{HI} CH_3COOH \tag{6.7}$$

우선 methanol을 methyl iodide로 전화시킨 후 촉매와 반응시킨다. <그림 6.13> 중 (a)에서 (b)로 가는데 산화・첨가반응이 일어났고, (b)에서 (c)로는 alkyl 이동 반응이며, (d)에서 촉매 (a)를 회수하는 반응에는 환원・제거 반응이 이용되었다. 생성된 $CH_3COI$는 가수분해하여 원하는 생성물인 초산을 얻는다.

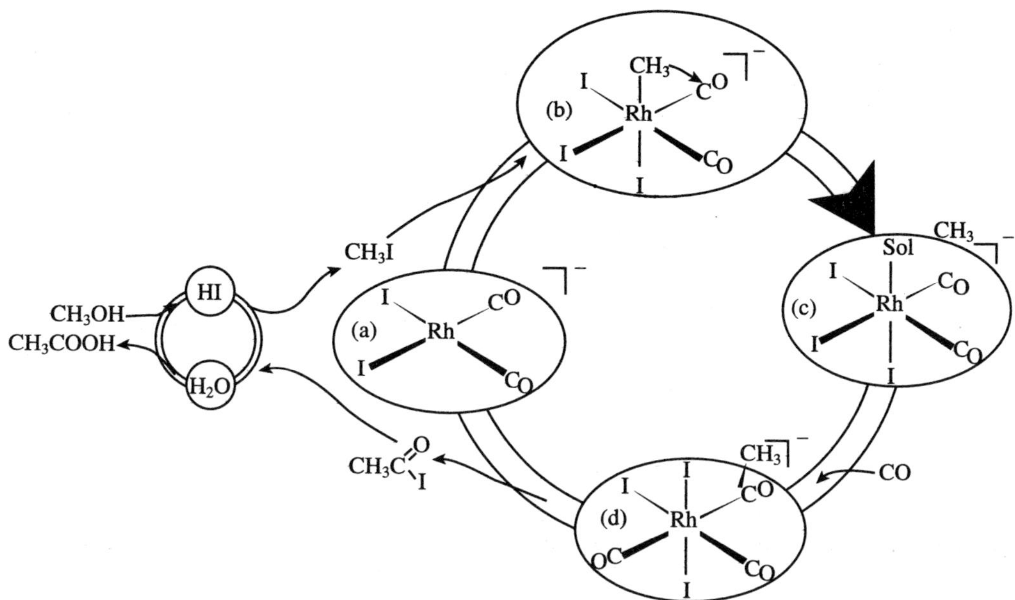


〈그림 6.13〉 Monsanto 초산 합성에서 촉매의 메카니즘

# 제7장 생무기 화학

인간의 몸에 존재하는 원소들 중 H, O, C, N 외에 많이 존재하는 것은 Na, K, Ca, Mg 등의 금속과 P, S, Cl 등이다. 생명의 근원이었던 바다에는 원소들의 양이 O, H, Cl, Na, Mg, S, Ca, K, C, Br, B의 순으로 존재하며, 육상 생물들이 원소들을 공급 받는 지표에는 O, Si, Al, Fe, Ca, Mh, Na, K, Ti, H, P의 순으로 존재한다. 세 가지 경향을 살펴보면 인간이 필요로 하는 원소들의 순서는 바다나 지표상에 존재하는 순서와는 다름을 알 수 있다. 즉 생명체는 바다나 지구상의 원소들 중 필요에 의해 적절한 원소들을 적절한 양으로 흡수하고 있다고 결론지을 수 있다. 그렇다면 무슨 목적으로 주변에 소량으로 존재하는 원소들을 애써서 흡수하는 것일까? 본 장에서는 금속 원소들이 어떻게 흡수되고, 귀중한 원소들을 어떻게 저장하며, 어떻게 이용되는지를 살펴보고자 한다. 그 과정에서 무기화학 분야와 생화학 분야의 연구가 통합적으로 이루어지게 되고 이 학문을 특별히 생무기화학(Bioinorganic chemistry)이라 부른다. 생체 내에 존재하는 원소들 중에는 전형 원소들 외에도 전이 원소들이 상당한 종류와 양으로 존재하며, 이러한 금속들을 포함하는 생화학적 물질들은 앞의 장에서 언급하였던 결합이론이나 결합구조들을 따름을 볼 수 있을 것이다.

아미노산들의 구조를 <표 7.1>에 정리하였다. 1차 아민($-NH_2$, $-NRH$)과 phenolic hydroxyl기($Ph-O^-$), acid 음이온($-COO^-$), cysteine의 -SR 등은 금속과 쉽게 결합할 수 있는 리간드이므로 효소의 반응 자리를 만들거나 반응물로 이용될 수 있다. 또한 nucleotide의 염기도 1차 아민을 포함하므로 리간드로 작용할 수 있다.

〈표 7.1〉 아미노산의 분류($NH_2CHRCOOH$)

| 분류 | 이름 | 약자 | | R− |
|---|---|---|---|---|
| Hydrophobic **R** | Glycine | gly | G | H— |
| | Alanine | ala | A | $CH_3$— |
| | Valine | val | V | $(CH_3)_2CH$— |
| | Leucine | leu | L | $(CH_3)_2CHCH_2$— |
| | Isoleucine | ile | I | $CH_3CH_2CH(CH_3)$— |
| | Phenylalanine | phe | F | 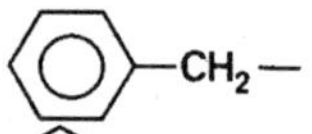 $C_6H_5$—$CH_2$— |
| Inert heteroatom **R** | Tryptophan | trp | W | 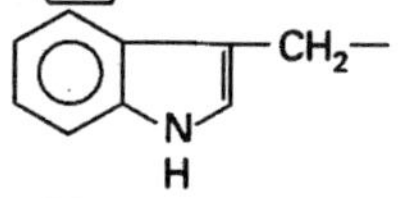 (indol-3-yl)—$CH_2$— (N–H) |
| Hydroxylic **R** | Serine | ser | S | $HOCH_2$— |
| | Threonine | thr | T | $HOCH(CH_3)$— |
| | Tyrosine | tyr | Y | 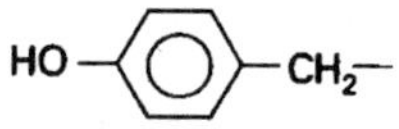 HO—$C_6H_4$—$CH_2$— |
| Carboxylic **R** | Aspartic acid | asp | D | $HOOCCH_2$— |
| | Glutamic acid | glu | E | $HOOCCH_2CH_2$— |
| Amine **R** | Lysine | lys | K | $H_2NCH_2CH_2CH_2CH_2$— |
| | Arginine | arg | R | $H_2N$—C(=NH)—$NHCH_2CH_2CH_2$— |
| Amide **R** | Aspargine | asn | W | $H_2NC(=O)CH_2$— |
| | Glutamine | gln | Q | $H_2NC(=O)CH_2CH_2$— |
| Imidazole **R** | Histidine | his | H | 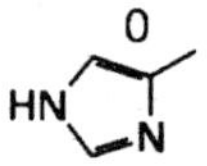 HN, N (imidazolyl)— |
| Sulfur-containing **R** | Cysteine | cys | C | $HSCH_2$— |
| | Methionine | met | M | $CH_3SCH_2CH_2$— |
| Others | Proline | pro | P | 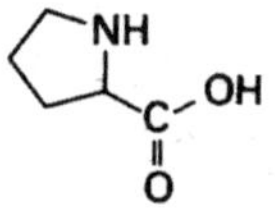 (pyrrolidine, NH)—C(=O)—OH |

## 7.1 생체 내에서 금속 원소들의 역할

생체 내에 쓰이는 원소들은 30 개를 넘는다. 이 원소들의 역할을 크게 다음과 같이 구분하여 보겠다.

### [1] 구조 형성

뼈와 근육, 혈액을 형성하는 구성원이다. 뼈를 구성하는 Ca은 인간의 몸에 가장 많이 존재하는 금속이며 보통의 성인에서 총 1 kg 정도 존재하는데, 그 중 99%가 인산칼슘의 형태로 뼈에 존재한다. 세포외액(extracellular fluid)에는 22.5 mmol이 존재하고 세럼에는 이것의 40%가 존재하는데 매일 2 g의 Ca이 뼈와 세포외액 사이에서 교환된다. 총 Ca의 양은 세럼 중의 Ca 양으로부터 추정할 수 있으나, 실제로 생체에 영향을 미치는 Ca은 이온 형태로 존재하는 양이다. 신장은 Ca을 배출하기도 하지만 혈액 내에 Ca의 양이 많으면 다시 흡수하여 뼈를 형성하도록 돕는다. 이 때 Vit. D와 칼시토닌이 이용된다.

### [2] 물질의 이동과 저장

산소를 전달할 때 인간은 철을 포함한 단백질인 헤모글로빈을 이용하고, 이 때 사용되는 철을 몸에 흡수하고 간 등에 저장하기 위한 단백질을 가지고 있다.

### [3] 에너지 이용과 저장

ATP(adenosine triphosphate)와 ADP(adenosine diphosphate) 간의 변환 과정에서 전자가 전달되며 이 전자를 가역적으로 받는 과정에서 에너지 저장과 소모가 가능하다.

### [4] 촉매 반응

단백질내의 펩타이드 결합을 끊는 반응이나 질소로부터 아미노산을 합성하는 효소 등에 해당한다.

### [5] 의약적 목적

체내의 필수적인 금속 원소들을 공급할 때나, 치료적인 목적으로 투여하는 금속 화합물들에 대한 연구가 활발히 진행되고 있다. 그러한 예로는 항암제와 조영제 등이 있다.

생체 내에서는 중요한 역할을 하는 원소들임에도 불구하고 과량으로 존재하거나 적절하지 못한 자리에 존재하는 경우 해가 된다. 예를 들면 산소를 전달해야 하는 헤모글로빈에 CO나 $CN^-$가 결합하면 π-backbonding에 의한 강한 결합으로 인해 가역적인 결합이 이루어지지 않게 되며, 결국 뇌에 산소 전달이 어려워지게 된다. 또 다른 예로는 신체 내부로 들어온 중금속이 단백질 중에 존재하는 질소와 산소 특히 무른 염기인 황과 강한 결합을 함으로써 체외로 배출되지 못하고 체내에 누적되어 중독 현상을 일으킬 수 있다. Zn 이온은 단백질의 아미노산과 결합하여 고리 형태를 이룸으로써 입체적 구조를 안정화시킨다. 따라서 이 특수 구조를 'zinc finger'라 부르는데, $Ca^{2+}$ 이온은 $Zn^{2+}$ 이온과 유사하여 Zn 자리를 치환시킬 수 있다. 따라서 많은 양의 $Ca^{2+}$ 이온은 독성이 있다.

본 장에서는 이렇게 필수 요소이면서도 독성을 갖는 원소 특히 금속에 관해 구체적인 역할 메카니즘과 이를 의약 화학 분야에서는 어떻게 이용하고 있는지를 살펴보겠다.

## 7.2 산소 운반체

사람의 혈액에 존재하는 헤모글로빈(hemoglobin)과 근육에서 산소 전달을 하는 미오글로빈(myoglobin)은 중심에 철 원자를 가지고 있으며, 갯지렁이 등의 몇몇 바다 벌레들은 헴에리스린(hemerythrin)에 철 원자를 포함하며, 달팽이류(연체동물)와 가재(갑각류)는 헤모시아닌(hemocyanin)에 구리 원소를 갖는다. 철 원자를 포함한 앞의 세 구조물은 붉은 색을 띠나 구리 원자를 갖는 헤모시아닌은 푸른색을 띠는 등 구조 뿐 만 아니라 효율이 다르다. 그 이유는 중심원소의 종류와 결합되어 있는 리간드들 때문이다.

헤모글로빈은 사람의 혈액 내에서 산소 분자를 전달하는 단백질로 heme(철 중심의 구조)+globin(주위의 단백질)으로 구성되며 4개의 단위($2\alpha+2\beta$)로 이루어져 있다(그림 7.1). 미오글로빈은 하나의 단위체만을 갖는다는 것 외에는 헤모글로빈과 유사한 구조를 갖는다. 철 원자는 porphyrin의 평면 구조를 갖는 4 배위 마크로싸이클 리간드로 <그림 7.2>와 같이 결합되어 있으며 평면 아래는 histidine의 N과 결합하고 평면 위는 $O_2$ 분자가 가역적으로 결합하는 자리가 된다.

〈그림 7.1〉 헤모글로빈의 4개 단위체

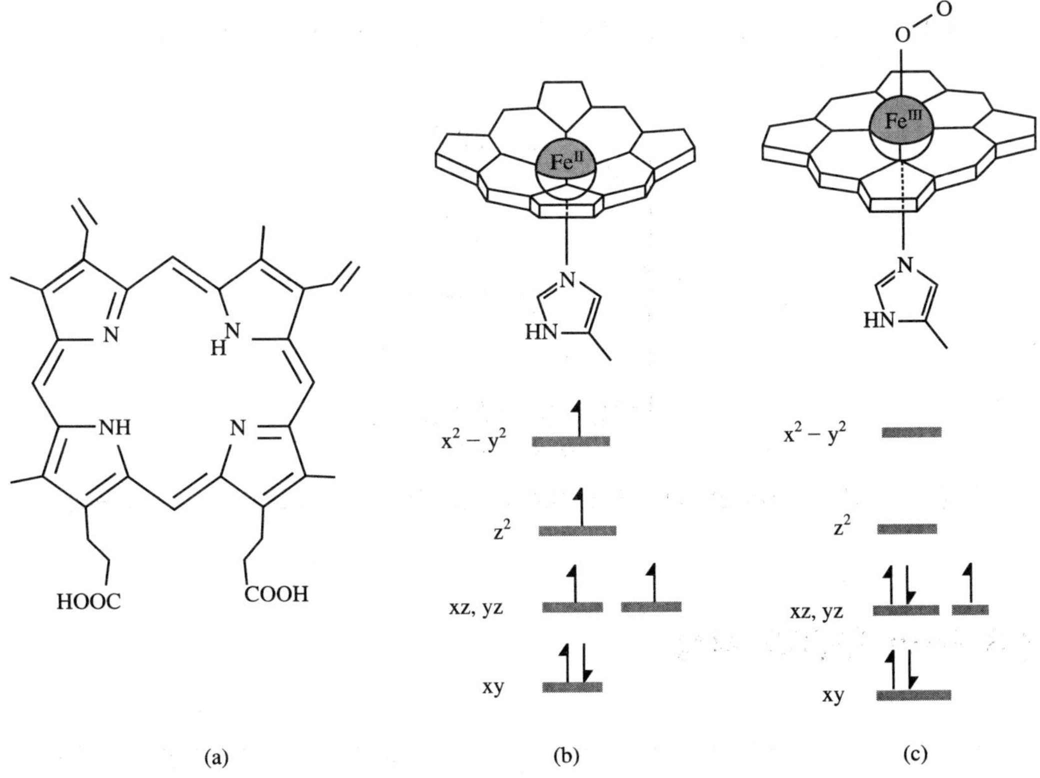


〈그림 7.2〉 헴(heme)의 구조 (a) 포르피린(porphyrin) 링의 구조 (b) $O_2$가 결합되지 않은 형태 (c) $O_2$가 결합한 형태

포르피린 링은 컨쥬게이트된(conjugated) 마크로싸이클 링으로서 $O_2$가 결합되지 않은 상태는 *Fe*의 산화가가 +2가로 <그림 7.2>(b)에서 보이는 바와 같이 낮은 산화가로 인한 high spin으로 포르피린 링의 구멍 보다 약간 큰 이온 반경을 가져서 포르피린 평면에서 벗어나 있다. 여기에 $O_2$가 결합하면 $O_2$의 비공유 전자쌍을 이용해 σ 결합을 하고 따라서 결합각이 약 120°를 이루며 Fe는 산화가가 +3가로 (c)와 같이 low spin을

갖는다. 반경이 작아진 $Fe^{3+}$ 이온은 링의 평면 안으로 들어오고 Fe에 결합된 histidine이 딸려 이동하면서 4개의 단위로 이루어진 헤모글로빈의 단백질 체인이 조금씩 움직이게 된다. 어로 인해 헤모글로빈이 미오글로빈의 단순한 4배의 결합력 보다 큰 $O_2$ 결합력을 보인다.

헤모글로빈은 근육에 이르면 미오글로빈에 산소를 전달하고 정맥을 통해 돌아오는데, 이 현상은 산소의 분압에 대한 반응이 <그림 7.3>과 같이 다르기 때문이다. 헤모글로빈은 산소의 분압이 높은 상태에서 산소의 포화도가 급증하나, 미오글로빈은 산소의 분압이 낮은 상태에서도 포화도가 높다. 체내에서 근육의 낮은 산소 분압 하에서 헤모글로빈에 결합되어 있던 산소가 미오글로빈으로 옮겨가는 것이 자발적이라 하겠다.

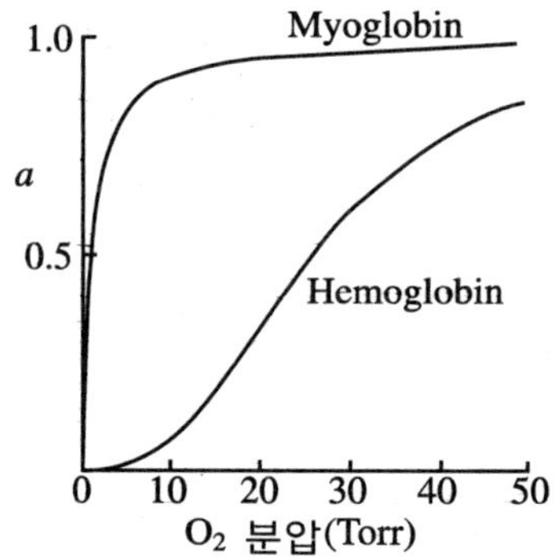


〈그림 7.3〉 pH 7.2에서 산소의 분압에 따른 미오글로빈과 헤모글로빈의 산소 포화도(α)

## 7.3 Fe의 운반과 저장

체내에서 철은 다양한 역할을 하며 가장 많은 양이 필요한 금속이다. 그러나 철의 하루 권장 허용치는 18 mg인데 반해 실제로 몸에서 사용되는 양은 약 2 mg인 것을 보면 철의 흡수가 어렵다는 것을 알 수 있다. 그리고 섭취되는 철은 대부분 용해도가 좋지 않은 +3가의 이온이나 체내에서 활성화된 것은 +2가임을 고려할 때 체내에서 저장하였다가 사용하는 것이 필요함을 이해할 수 있다.

체내에서 철을 저장하는 것은 페리틴(ferritin)이며 중심의 크기는 40-88 Å 정도의 단백질 덩어리로 중심에 4500 개 정도의 철 원소를 포함하고 있다. 철은 주로 수화된 산화물의 형태로 존재하는 것으로 알려졌다. 체내에서 독성이 없도록 저장하며 체내에 골고루 퍼져 있으나 주로 간, 비장, 골수에 존재한다. 섭취한 철은 +3가로 산화되어 페리

틴으로 옮겨 저장하고, 안정한 형태로 존재하는 철을 필요할 때 꺼내서 이동시키는 것이 트랜스페린(transferrin)이다. 보통은 철과 단단한 결합을 하고 있으나 $CO_3^{2-}$ 나 $HCO_3^-$ 이온이 존재하면 가역적으로 결합하는 성질을 가졌다.

이외에 박테리아도 생존하는데 철분이 필요하다. 자연 중에서 $Fe^{3+}$ 이온의 용해도($Fe(OH)_3$의 $pK_{sp} \approx 38$)는 매우 낮아 고체로 존재하는데 이것을 세포 안으로 들여오기 위해 박테리아는 자신만의 화합물을 생산해 낸다. 이를 시데로포(siderophore)라 하며, 이는 몇 개의 아미노산이 연결된 유기물이다. 아미드(amide) 결합은 <그림 7.4>에서 보듯이 hard base로 $Fe^{3+}$와 쉽게 결합할 수 있다. 더욱이 한 분자가 6개의 배위를 할 수 있는 킬레이트로 작용한다면 그 결합력은 고체의 철을 쉽게 용해할 수 있는 착화합물로 만들 수 있을 것이다.

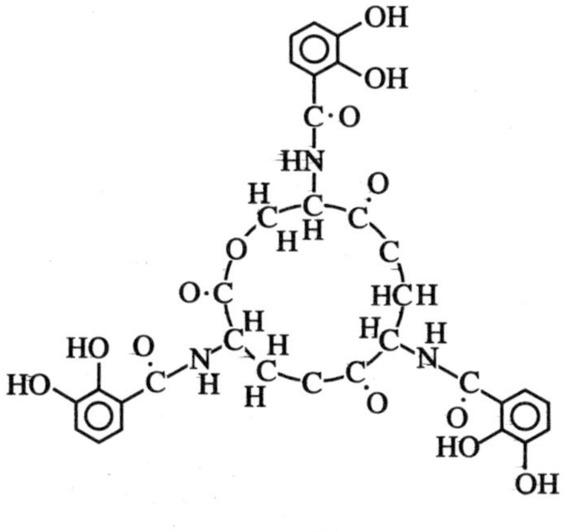

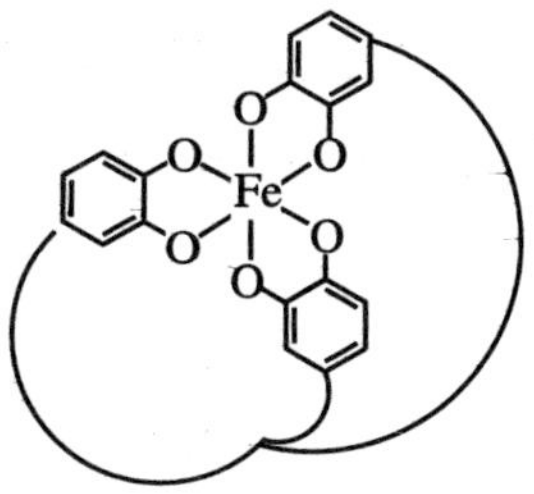

(a) (b)

〈그림 7.4〉(a) Enterobactin의 구조 (b) $Fe^{3+}$와 enterobactin의 착화합물 구조(결합에 쓰이는 Catechol 작용기외의 결합은 단순화 하였다)

인체에 기생하는 박테리아 역시 숙주인 인체로부터 철을 흡수하기 위해 시데로포를 방출한다. 시데로포의 철에 대한 결합력은 온도가 올라가면 감소하므로 인체는 자연스럽게 열을 내는 것이며 미열은 우리의 방어 수단인 것이다.

## 7.4 철의 산화 · 환원 반응

$Fe^{2+}$와 $Fe^{3+}$ 사이에 산화와 환원을 거쳐 전자를 전달하는 촉매가 있다. 에너지 전달

과정 중 전자전달계에서 $O_2$에 전자를 전달하는 역할을 하는 치토크롬(cytochrome)은 색소를 갖는 세포란 뜻이며, a, b, c 형이 있다. 그 중 가장 많이 알려진 c형에 대해 설명하겠다.

헴과 같이 포르피린 링에 결합되어 있다. 차이점은 헴은 축상의 결합이 가역적이며 강한 결합을 갖지 않는데 반해 시토크롬 c는 축 상의 두 개의 결합이 histidine의 N과 methionine의 S가 강한 결합을 이룬다는 것과 $Fe^{2+}$와 $Fe^{3+}$가 결합했을 때 구조적인 변화가 없다는 것이다. 산화와 환원 반응을 하는 동안 분자 구조가 변하지 않을 때 반응이 쉽게 일어날 수 있음은 앞에서 외부권 메카니즘(outer-sphere mechanism)을 언급할 때와 같다. 이로 인해 시토크롬 c는 전자 전달 시스템을 연구할 때 좋은 모형을 제시한 예가 되었다.

## 7.5 비타민 $B_{12}$

비타민 $B_{12}$는 코발트 함유 조효소로, 이것이 부족하면 악성 빈혈이 생긴다. <그림 7.5>에 보이는 코발아민(cobalamin)은 비타민 $B_{12}$의 유도체로 코린(corrin)이라고 불리는 4

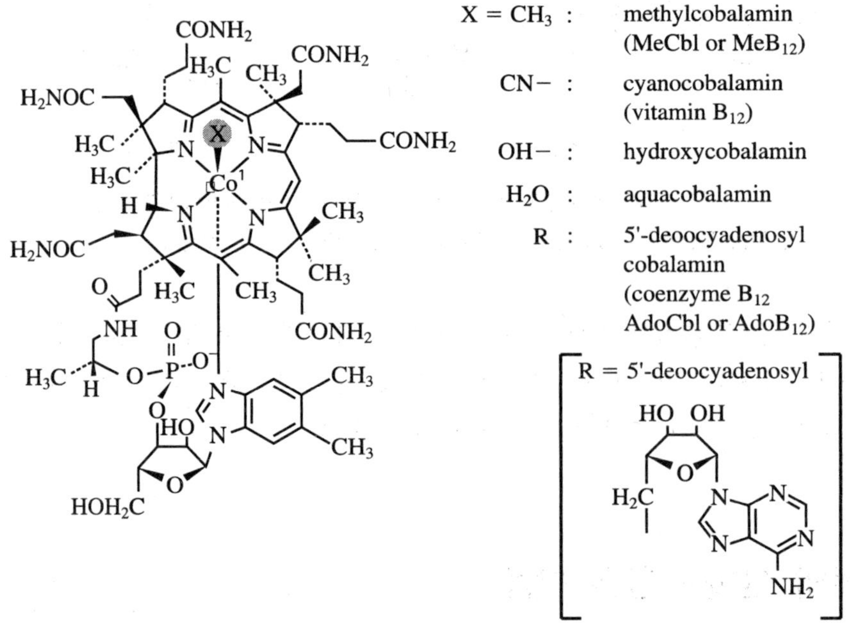


〈그림 7.5〉 코발아민의 구조. 축 상의 결합에 따라 다른 유도체를 형성한다.

배위 리간드 링에 결합되어있다. 코린 링은 같은 4 배위 리간드인 포르피린 링과 유사하게 보이나 다소 다르다. 탄소 하나가 모자라며, 컨쥬게이션이 부족하다. 또한 포르피린 보다 곁가지가 많아 공간적으로 채워져 있다. 축 상의 리간드는 생체 내에서는 5′-deoxyadenosine이나 수용액에서는 $H_2O$이고 실험시에는 $CN^-$를 사용한다. 생체상에서 나타나는 유기금속 화합물로는 5′-deoxyadenosine과 methyl 유도체이다.

비타민 $B_{12}$ 조효소는 $Co^+$를 포함하고 있어서 친핵성 공격을 할 수 있고 환원제로 이용될 수 있다. 이러한 기본 성격을 바탕으로 산화・환원 반응과 교환 반응(rearrangement), methyl기 결합 반응(methylation)을 일으킨다.

교환 반응은 <그림 7.6>의 메카니즘과 같이 라디칼을 생성하는 과정을 거친다.

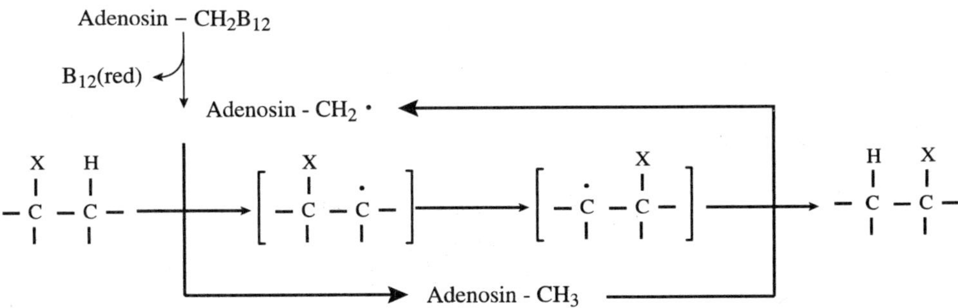


〈그림 7.6〉 비타민 $B_{12}$ 조효소로 인해 발생하는 1,2-shift 교환 반응의 메카니즘

교환 반응의 예로는 <표 7.2>에 보이는 glutamate의 변환(식 1)과 ethanolamine의 변화(식 2), diol의 aldehyde로의 변환(식 3) 등이 있다.

〈표 7.2〉 *Vit.* $B_{12}$와 관련된 효소 반응

| | 효소 | 반응물 | 생성물 |
|---|---|---|---|
| (1) | glutamate mutase | $NH_2$ HOOC COOH | $NH_2$ HOOC COOH |
| (2) | ethanolamine ammonia lyase | $H_2N$ OH | OH $NH_2$ → O H + $NH_3$ |
| (3) | diol dehydrase | OH OH | OH OH → O + $H_2O$ |
| (4) | ribonucleotide dismutase | O O O -O-P-O-P-O-P-O O Base OH OH | O O O -O-P-O-P-O-P-O O Base OH H |

산화 · 환원 반응으로는 식 (4)와 같이 ribonucleoside를 deoxyribonucleoside로 －OH 기를 －H 기로 환원시키는 것이 있다.

Methyl cobalamin은 보통은 작용하지 않는 유도체로, 수은의 퇴적물이 많은 지역의 무산소성 박테리아는 용해되지 않는 수은을 용해되는 $CH_3HgX$로 만들어 배출하기 위해 methyl cobalamin을 합성한다. 이렇게 배출된 수은은 먹이 피라밋을 통해 인체로 흡수된다. 수은 화합물은 $RS^-$와 강한 결합을 하며(식 7.4), 중성 또는 염기성 상태에서 1차 아민의 수소를 쉽게 치환한다(식 7.5).

$$R'SH + RHgX \longrightarrow R'\text{-}Hg\text{-}R + HX \qquad (7.4)$$

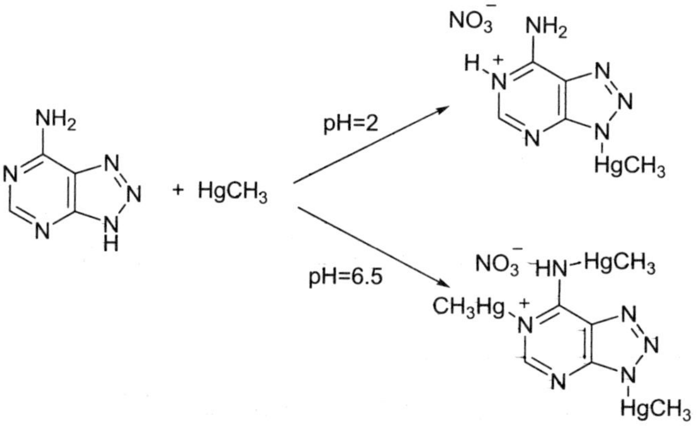


(7.5)

## 7.6 탄산 탈수 효소(Carbonic anhydrase)

반응 (7.6)는 생체적 산도를 유지하기 위해 많은 유기체들에게 필수적이다. 그러나 촉매 없이는 반응이 매우 느려 환경에 민감하게 반응하기 어렵다. 이 반응을 도와주는 효소가 탄산 탈수 효소이며, 아연 이온을 포함하고 있다.

$$CO_2(aq) + H_2O(l) \rightleftarrows H^+(aq) + HCO_3^-(aq) \qquad (7.6)$$

$Zn^{2+}$ 이온은 $d^{10}$으로 LFSE 상 Oh 구조를 선호할 이유가 없고, 리간드끼리의 반발을 고려하면 사면체 구조를 선호함을 이해할 수 있다. 활성화 자리의 배위는 <그림 7.7>과 같으며 물 분자가 Zn에 배위해 있음을 주시하라. 이러한 활성화 자리에서 일어나는 반응 메카니즘은 <그림 7.8>에 나타내었다. (a)의 물 분자는 다른 물 분자에 의해 가수분

해되는 과정에서 $H_3O^+$와 Zn－OH (b) 형태를 이루고, $CO_2$를 공격하여 (d)의 Zn－O－$CO_2$를 형성한다. 이성질화 과정을 거친 후 물 분자의 공격을 받아 $HCO_3^-$로 이탈한다.

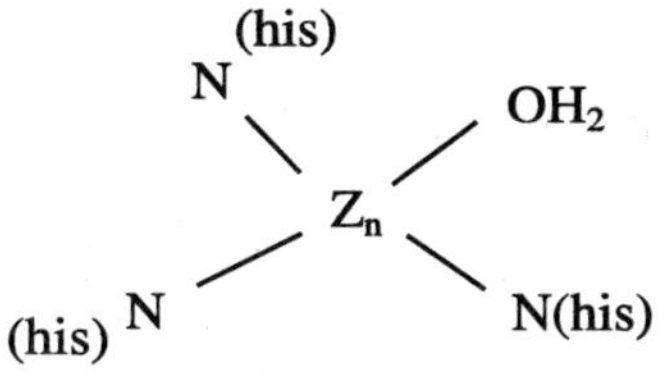

(his)
N
$OH_2$
Zn
(his) N
N(his)

〈그림 7.7〉 탄산 탈수 효소의 활성화 자리 구조

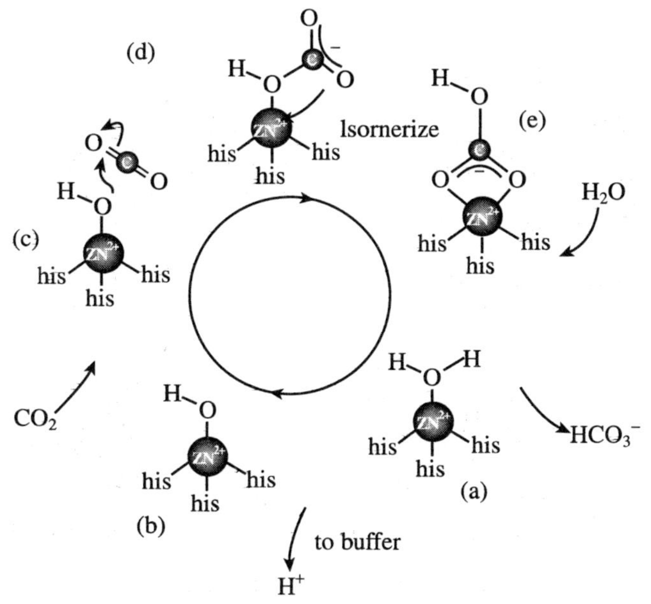


〈그림 7.8〉 탄산 탈수 효소의 반응 메카니즘

이때 Zn가 반드시 필요한 금속으로 보이지 않는다. 실제로는 $Mn^{2+}$나 $Co^{2+}$이온은 비슷한 활성도를 보인다. 그러나 $Zn^{2+}$ 이온은 산화나 환원에 대해 안정한 금속 이온이나 다른 이온들은 그렇지 못하므로 이 반응에서 효소로 사용되기 어렵다.

# 7.7 의약 화학에서 사용되는 착화합물

## 7.7.1 항암제

항암제로 이용되고 있는 cisplatin의 원조격인 화합물은 $cis\text{-}[PtCl_2(NH_3)_2]$이다. 부작용을 줄이기 위한 많은 노력으로 다양한 리간드를 사용하였으나 아직도 부작용이 따르는 화학요법 치료제이다. 그 작용 메카니즘은 <그림 7.9>와 같이 cisplatin의 Cl 리간드는 쉽게 떨어져 나가고 염기중 guanine과 결합하여 DNA의 자기 복제를 막아 암세포의 확산을 막는 것이다.

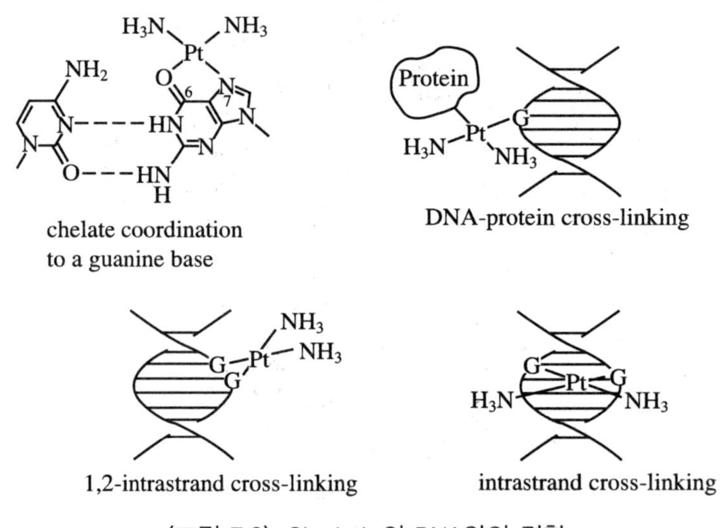


〈그림 7.9〉 Cisplatin의 DNA와의 결합

이외에도 류마티즘을 위한 Au 화합물의 처방은 고대 이집트와 중국에서부터 있어왔으며, 체내에 과잉으로 존재하는 중금속을 배출시키기 위한 노력으로 리간드를 합성해왔다. 인공 헤모글로빈의 합성은 철분의 흡수를 향상시키는 것이 목표이며, 필수 영양소인 금속의 소화 흡수를 돕기 위한 많은 노력들이 진행 중이다.

# 찾아보기

(A)
acceptor 159
alkyl 이동 반응 169
alkylidene 187
alkylidyne 188
alloy 102
amphoterism 70
antibonding 50
aprotic solvent 76
Arrhenius 63
associative mechanism 162
Atomic spectroscopy 15
Aufbau Principle 29
austenite 100

(B)
Balmer 17
band theory 119
body-centered cubic 96
Bohr magneton 146
bond order 54
bonding 50
borderline acid 75
brass 103
Brönsted-Lowry 63

(C)
Carbonic anhydrase 204
carbonyl 136, 169, 181, 182
charge-transfer 74
chelate 129, 174
chelate effect 174
cis isomer 133
cisplatin 206
closest packing 98
CO 삽입 반응 169
cobalamin 202
complex 123
conduction band 120
conjugate acid 64
conjugate base 64
coordination compound 123
coordination isomerism 132
corrin 202
crystal field theory 139, 140
crystal stabilization energy 142
cubic closest packing 99
cyclopentadienyl 179
cytochrome 202

(D)
degenerate 25, 119
disproportionation 80
dissociative mechanism 162

(E)
Electron affinity 37
electropositivity 125, 177
electrostatic parameter 76
Enterobactin 201
ethylenediamine 129

(F)
face-centered cubic 96
facial 134
Faraday 83
ferrite 100
ferritin 200
ferrocene 186
ferroelectricity 109

Fisher carbene 187
formal charge 41
Friedel- Craft reaction 촉매 11
Frost diagram 89

(G)
geometrical isomerism 133
globin 198
Goldschmidt 101
Grignard reagent 125
ground state 17
group 16

(H)
hapticity 179
heme 11
hemerythrin 198
hemocyanin 198
hemoglobin 198
hexagonal 98
hexagonal closest packing 99
high-temperature superconductivity 109
highest occupied molecular orbital HOMO 55, 183
Hund's rule 30
hybrid 41
Hybridization 45
hydride 185
Hydroformylation 188, 191
hydrogen bonding 60
Hydrogenation 190

(I)
inner-sphere mechanism 168
inorganic complex 10, 11
insulator 120
interchange mechanism 163
Intermetallic compounds 103
interstitial alloy 102
intrinsic semiconductor 121
inverse spinels 110
Ionization energy 35
ionization isomerism 132
Isomerization 189
isothiocyanato 132

(J)
Jahn-Teller distortion 149

(L)
lanthanide 34
Latimer diagram 87
lattice 95
lattice enthalpy 113
leveling effect 69
Lewis 64
Lewis 구조 39, 179
Lewis acid and base 72
ligand 125
ligand field splitting parameter 141, 149
ligand field theory 140
London 힘 61
low spin 144
lowest unoccupied molecular orbital LUMO 55, 154
Lyman 17

(M)
Madelung 상수 114
Mendeleev 9, 15
meridional 134
Methyl cobalamin 204
methyl migration 170
Meyer 9, 15
Molecular Orbital 50
monoclinic 98

monohapto 179, 188
Monsanto process 189
myoglobin 198

(N)
Nernst Equation 84
Niels Bohr 16
node 19, 26, 119
nonbonding 52

(O)
octahedral 44, 49
Octet rule 39
Oligomerization 189
optical isomerism 134
organometallic 10, 11, 125, 177
orthorhombic 98
outer-sphere mechanism 168, 202
overall formation constant 174
overall stability constant 174
overpotential 87
oxidation 77
oxidation state 42
oxidative addition 170
oxidizing agent 77

(P)
Paschen 17
Pauli의 배타원리 28
periods 16
perovskite 109
peroxide 43
phthalocyanine 129
$\pi$-backbonding 159
piezoelectricity 109
Planck 17
polarizability 75
porphyrin 128, 198, 199
primative cubic 96
proportionation 91
protic solvent 76

(Q)
quantized 17
quantum dynamics 19
quantum number 22

(R)
reduction 77
reducing agent 77
reduction potential 80
reductive elimination 172
resonance 41
rhombohedral 98
rutile 109

(S)
Schrock carbene 187
Schrödinger 19
semiconductor 120
shell 25
shielding effect 31
siderophore 201
spinel 110
steady state approximation 163
stretching band 183
stretching frequency 183
strong field 142
subshells 25
substitution alloy 102
superoxide 43

(T)
tetragonal 98, 103
tetrahedral 44, 48, 104
thiocyanato 132

trans effect 166, 167
transferrin 201
triclinic 98
trigonal bipyramidal 44, 48

(U)
uncertainty principles 20
unit cell 95
uranocene 186

(V)
valance band 120
valence electron 31
VSEPR 모델 43

(W)
Wacker process 189
Werner, Alfred 123
Wilkinson 촉매 190, 191
Wurtzite 107

(Z)
$Z_{eff}$ 31
Zeise's salt 182
Zeolite 12
Ziegler-Natta 촉매 11
Zinc blende 106

(ㄱ)
가리움 효과 31, 34
가수분해 67, 192
강산 65
강유전성 109
격자 95
격자 엔탈피 113, 115
결정장 안정화에너지 142
결정장 이론 139, 140
결합 50
결합 궤도함수 53, 154
결합 이성질체 131
결합차수 54
고온 초전도성 109
공명구조 41
공유결합 반경 58
과전압 87
광학 이성질체 134
교환성 메카니즘 162, 163
굳은 산 74
굳은 염기 74
균등화 반응 91
극성 결합 59
극성 분자 60
극성화 75
금속 산화물 70
금속간 화합물 103
기전력 82
기하 이성질체 133

(ㄴ)
낮은 스핀 144
내부권 메카니즘 168
내성반도체 121
놋쇠 103
높은 스핀 143

(ㄷ)
다리 결합 136, 168, 186
다양성자산 65, 68
단사정계 98
단순 입방구조 96
단위 세포 95
띠이론 118, 119

(ㄹ)
란탄족 수축 34

루틸 구조 109
리간드 125, 128, 133, 135, 139, 149, 154, 158, 164, 179, 182
리간드장 분리인자 141, 149
리간드장 이론 140

(ㅁ)
면심 입방구조 96
무기 착화합물 10, 11
무른 산 74
무른 염기 74
물의 산화와 환원 84
미오글로빈 198

(ㅂ)
바닥상태 17, 31
반결합 궤도함수 53, 74, 154
반도체 120
반자기성 146
반쪽 반응 78, 82
배위 이성질체 132
배위수 111
배위화합물 123
β-수소 제거 반응 172
부껍질 25
부양자수 23
분광학적 계열 141
분자궤도 함수 50
불균등화 반응 80
불포화지방산 62
불확실성의 원리 20
비결합 52
비결합 궤도함수 154
비극성 결합 59
비극성 분자 59
비금속 산화물 70
비소화 니켈 구조 108
비양성자성 용매 76
비타민 $B_{12}$ 202, 203

(ㅅ)
사각기둥 126
사면체 구멍 104
사면체 구조 44, 45, 146, 147, 148, 204
사방면체정계 98
사방정계 98
산소산 68
산 · 염기 63
산화 77
산화 · 첨가 반응 170
산화가 42
산화염 118
산화제 77
삼각 이중 피라미드 44, 48
삼방정계 98
삼사정계 98
상자기성 146
생성 엔탈피 113
선 스펙트럼 16, 18
섬아연광 구조 106
섬유아연석 구조 107
수소 결합 60, 76
수소 전극 81
수소화 190
수화엔탈피 116
스피넬 구조 110
스핀양자수 25
승화 엔탈피 113
$\sigma$ 주개 154
시데로포 201
시토크롬 202
십이면체 126
18개 전자 규칙 179
쌍극자 간의 인력 60, 117
쌍극자 모멘트 60, 158

(ㅇ)
아미노산 196
아연 전극 81
암염 구조 105
압전성 109
약산 65
양성자성 용매 76
양자 역학 16, 19
양자수 22
양자화 17
양쪽성 70
역스피넬 구조 110
연속 스펙트럼 16
열분해 117
열역학적 표준 상태 81
염화세슘 구조 106
에너지 준위 51
엔테로박틴 201
외부권 메카니즘 168, 202
외성 반도체 121
용해도 116
원자 스펙트럼 15
원자가 밴드 120
원자가 전자쌍 반발 모델 43
원자각 25
원자궤도함수 22
원자반경 32, 103
유기금속 화합물 10, 11, 125, 177
유효핵전하 31, 111
육면체 126
육방 조밀 쌓임 99
육방정계 98
이성질화 189, 205
이온반경 32, 111
이온 반경 비 112
이온화 에너지 68
이온화 이성질체 132
이온화상수 65
이온화에너지 35
인산 67
입방 구조 96, 98
입방 조밀 쌓임 99

(ㅈ)
자기 모멘트 146
자기양자수 23
자오선 134
전기양성도 125, 177
전도성 밴드 120
전압 83
전위차 83
전자배치 30
전자친화도 37
전하 이동 74
절 19, 26, 119
절연체 120
정류상태 근사법 163
정방정계 98, 103
제올라이트 12
조밀 구조 98
족 16
주개-받개 74
주기 16
주양자수 22
짝산 64
짝염기 64

(ㅊ)
착화합물 123
청동 103
체심 입방구조 96
총안정도상수 174
총형성상수 174
최외각 전자 33
최외각전자 31
축퇴 25, 119

치환형 합금 102, 103
치토크롬 202
침투효과 31

(ㅋ)
코린 202
코발아민 202
킬레이트 129
킬레이트 효과 174

(ㅌ)
탄산염 117
탄산 탈수 효소 204
트랜스페린 201
틈새형 합금 102, 103

(ㅍ)
파동함수 19, 45
π-받개 159
π-주개 157
팔면체 44
팔면체 구조 139
팔면체 구멍 104
팔우설 39, 72, 179
페로브스카이트 구조 109
페리틴 200
평면 사각형 구조 166
평준화 효과 69
평형상수 65, 75, 173
포르피린 199
포화지방산 62
프리즘 126
피라밋 구조 127

(ㅎ)
합금 102
해리성 메카니즘 161, 162
헤모글로빈 11, 198, 200
헤모시아닌 198
헴 11
헴에리스린 198
형석 구조 107
형성상수 175
형식전하 41
혼성궤도 45
혼합 41
환원 77
환원 기전력 80, 81, 87, 89, 91
환원·제거 반응 172
환원제 77
황동 103
회합성 메카니즘 162

▶ 지은이 소개


- 서울대학교 화학교육과(학사)
- 서울대학교 화학교육과(석사)
- 콜럼비아 대학교 대학원(이학박사)
- 버클리대 화학과 연구원
- 현재 홍익대학교 화학시스템공학과 교수


# 무기화학강의


2023년 8월 31일 초판 6쇄 발행

지은이 이 승 희

발행인 박 종 성

발행처 사이플러스 Science plus

우 07202 / 서울시 영등포구 양평로 30길 14
세종앤까뮤스퀘어 1106호

전화 332_6171 / 팩스 332_6185

등록 2005.10.20. 제 2022-000100호

ISBN 978-89-92603-29-4 93430 값 23,000원